现代交换原理与设备

主　编　张中荃
副主编　白文华
参　编　王程锦　闫　帅　田八林

机 械 工 业 出 版 社

本书以交换技术发展的基本脉络为线索，对现代交换原理与设备进行了系统介绍。重点介绍了程控交换原理、多协议标记交换和 IP 多媒体子系统，简述了 ATM 交换的基本机理，并介绍了典型交换设备及其业务配置流程。全书内容共 7 章，包括：交换技术与通信网、程控交换原理、ATM 交换原理、多协议标记交换、IP 多媒体子系统、典型程控交换设备和典型 IMS 交换设备。本书注重基本概念、基本原理和现实应用，力求做到内容新颖、知识全面，由浅入深、通俗易懂，在传授理论知识的同时，培养学生开拓进取的创新精神。

本书可作为普通高校通信工程、电子信息工程等相关专业的教材和相关专业技术人员的培训教材。

图书在版编目（CIP）数据

现代交换原理与设备 / 张中荃主编. -- 北京 ：机械工业出版社，2025. 6 (2026.2重印). -- ISBN 978-7-111-78215-5

Ⅰ. TN91

中国国家版本馆CIP数据核字第202557MU80号

机械工业出版社（北京市百万庄大街22号　邮政编码100037）

策划编辑：吉　玲　　　　责任编辑：吉　玲　张振霞

责任校对：韩佳欣　张　薇　　封面设计：张　静

责任印制：郜　敏

河北虎彩印刷有限公司印刷

2026年2月第1版第2次印刷

184mm × 260mm · 14.25印张 · 353千字

标准书号：ISBN 978-7-111-78215-5

定价：59.00 元

电话服务　　　　　　　　网络服务

客服电话：010-88361066　　机　工　官　网：www.cmpbook.com

010-88379833　　机　工　官　博：weibo.com/cmp1952

010-68326294　　金　　书　　网：www.golden-book.com

机工教育服务网：www.cmpedu.com

前言

PREFACE

随着信息技术的发展和互联网的普及，交换技术与设备也在不断进步和演变，传统的交换设备逐渐向IP化设备转变，实现了语音、数据和视频的统一传输，在各领域的信息化和智能化进程中发挥了重要作用。交换技术作为通信和网络发展的关键技术，不仅在通信领域有着重要地位，在其他领域也有着广泛的应用。例如，在电力系统中，交换技术被用于智能电网的建设，实现对电力系统的智能监测和管理；在安防领域，交换技术被用于视频监控网络的构建，提供高效的视频数据传输和存储；在工业自动化领域，交换技术则被用于物联网的构建，实现各种设备的互联互通。交换技术与设备正朝着更快的速度、更大的容量和更多样化的领域发展，在促进信息社会发展、提高生产效率、改善人民生活质量等方面发挥着重要作用。因此，掌握现代交换技术及设备的基本原理和组织运用方法，对通信工程、电子信息工程以及其他相关专业领域的技术人员来说是非常必要的。

本书是在《现代交换技术》（第3版）和《交换技术与设备应用》（张中荃主编）的基础上，结合编者多年教学的心得体会和当前教学需要，基于交换技术新成果和新型交换设备的发展应用，重构教材内容编写而成。现代交换技术可以分为电路交换和分组交换两大类。从技术发展角度看，自从20世纪60年代计算机技术应用于通信领域以来，程控交换技术成为公用电信网发展中具有重大意义的转折点，它是电路交换的典型代表；为满足人们日常生活对宽带业务的需要，产生了以ATM为代表的宽带交换技术，ATM兼有电路交换与分组交换的优点，能支持宽带业务的发展需要；随着互联网技术的发展，ATM面临新的挑战，IP与ATM融合势在必行，相继出现了IP交换、标记交换，并发展到多协议标记交换（MPLS），MPLS为各类业务信息实现快速有效承载提供了技术支撑；随着信息通信的IP化及宽带化、网元功能软件化，基于TDM的PSTN话音网逐步向基于IP的分组交换数据网演进，软交换是第一阶段，IMS是在软交换基础上的进一步发展和演进，IMS固网功能、固定与移动融合功能和相应技术规范得到了不断完善。从设备应用角度看，程控交换设备目前依然是通信网中的重要组成部分；ATM交换设备已经退出骨干网络，目前主要应用于机动通信领域；IP交换与标记交换是IP与ATM融合的初级阶段，MPLS是现代宽带网络高速路由器的关键技术之一；软交换设备已基本退网，被IMS替代，IMS设备已在我国得到全面部署使用。因此，限于教材篇幅，本书就以程控交换、ATM交换、IP交换、标记交换、MPLS、软交换、IMS交换的技术发展基本脉络为线索，在介绍交换技术与通信网的基础上，基于深浅有度的原则，重点介绍了程控交换原理、多协议标记交换（MPLS）和IP多媒体子系统（IMS），简述了ATM交换的基本机理；设备部分选取现行典型程控交换设备和IMS交换设备进行介绍。

本书内容共7章，第1章是交换技术与通信网，从人们较为熟悉的电话通信入手，引入通信与通信网、交换的基本概念，对基于电路交换和分组交换的各类交换技术进行了比较，阐述了交换技术发展的基本情况。第2章是程控交换原理，重点讨论了数字交换网络（T型时分接线器）的工作原理、用户/中继接口电路的功能组成；从呼叫接续过程入手，分析讨论了输入处理、内部分析、输出处理的呼叫处理基本原理；在介绍电话网与信令网的基础上，介绍了用户与交换机间、交换机与交换机间电话呼叫接续的信令配合关系。第3章是ATM交换原理，在简述ATM相关概念、系统组成和信息传输方式的基础上，重点讨论了ATM交换网络的构造机理和信元交换的控制原理。第4章是多协议标记交换，从IP与ATM融合的技术模型入手，重点介绍了MPLS技术的相关概念、MPLS的网络体系结构和MPLS的工作原理。第5章是IP多媒体子系统，从传统PSTN到软交换、IMS的演进入手，引入了IMS网络的体系架构，给出了IMS网络的用户注册流程、IMS域内/域间的会话流程、IMS与其他网络的会话互通流程。第6章是典型程控交换设备，以ZXJ10B为例，在介绍系统组成、硬件配置和软件操作的基础上，解释了用户呼叫硬件工作机理，给出了业务配置的基本流程。第7章是典型IMS交换设备，介绍了华为IMS系统设备组成、主要网元设备和组网应用，给出了业务配置的基本流程。各章节内容阐述注重基本概念、基本原理和现实应用，力求做到内容新颖、概念准确、知识全面，语言流畅、由浅入深、通俗易懂。

本书由张中荃担任主编、白文华担任副主编，参加编写的还有王程锦、闫帅、田八林，全书由张中荃教授统稿。

由于编者水平有限，书中不当之处难以避免，敬请读者斧正。

编　者

目录

CONTENTS

第 1 章　交换技术与通信网

通信网是由用户终端设备、传输设备和交换设备组成。它由交换设备完成接续，使网内任一用户可与其他用户通信。随着信息技术的发展和互联网的普及，交换技术与设备也在不断进步和演变，传统的交换设备逐渐向 IP 化设备转变，实现了语音、数据和视频的统一传输。交换技术作为通信和网络发展的关键技术，不仅在通信领域有着广泛的应用，还在各领域的信息化和智能化进程中发挥了重要作用。为了更好地掌握交换技术的相关知识，本章从通信与通信网入手，介绍通信要素、电话通信网和交换节点的基本功能，然后重点介绍电路交换与分组交换，最后介绍交换技术的发展。

1.1　通信与通信网

在日常生活中，人们会因为各种生产、生活等活动需要经常性地进行相互交流，既有面对面的，也有间隔一定空间或者距离的，或者是依托某些手段来进行的。交流过程就是一种通信过程，这里先介绍通信与通信网的相关概念。

1.1.1　通信及通信要素

1. 通信

通信的基本目的是由信源向信宿传送消息，如图 1-1 所示。一个通信系统至少应由终端和传输媒质组成。终端将含有信息的消息（如语音、文本、数据及图像等）转换成可被传输媒质接收的电信号，并将来自传输媒质的电信号还原成原始消息。传输媒质则是把电信号从一个地点传送到另一地点。这种仅涉及两个终端的通信称为点对点通信。

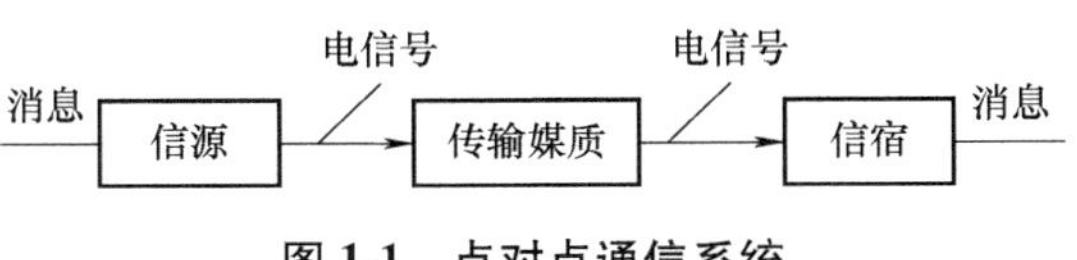

图 1-1　点对点通信系统

2. 通信要素

从图 1-1 可知，点对点通信系统必须具备信源、传输媒质、信宿等基本通信要素。在人们的日常生活中，实际的通信系统很复杂，信源、信宿等通信终端的数量及类型都很多，不同的信源与信宿之间都需要进行通信，传输媒质也是多种多样。人们希望任意两个终端之间都可以进行点对点通信，不同终端之间需要采用传输媒质按照个个相连的方法（即全互连方式）来进行相互连接，再加上相应的开关控制即可实现。如图 1-2 所示，其中小圆圈表示用户终端，每两个终端之间用一对互连线连接，若用户数为 N，则互连线对数为 $N(N-1)/2$。

例如 $N=8$，则互连线需要 28 对。这种连接方式存在下列缺点：互连线对数随终端数的二次方增加；终端间距离较远时，需要大量的长途线路；为保证每个终端与其他终端相连，每个终端都需要有 $N-1$ 个线路接口；当增加第 $N+1$ 个终端时，必须增设 N 对线路。因此，当 N 较大时，这种全互连方式是很不经济的，且操作复杂，无法实用化。点对点通信系统不能满足现实社会生活的实际需要。

于是引入了交换节点（也称交换机或交换设备），所有用户终端经用户线连接至交换节点上，由交换节点控制任意用户间的接续，如图 1-3 所示。图中小圆圈表示用户终端。

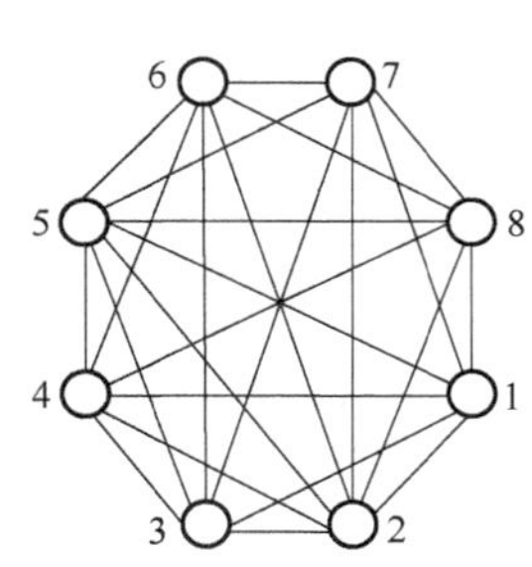

图 1-2　用户个个相连

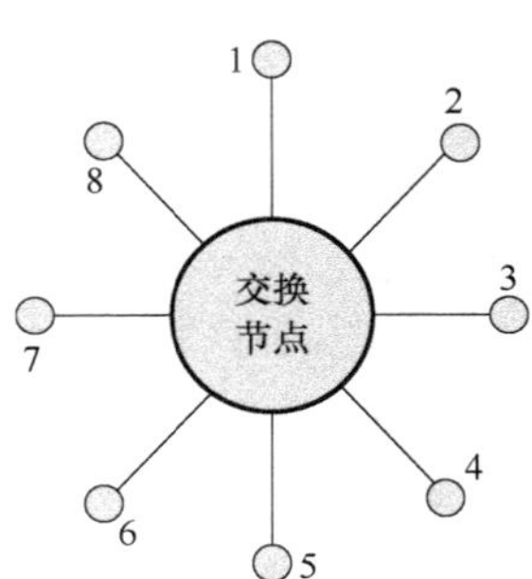

图 1-3　交换节点的引入

由此可见，实现通信必须要有三个要素，即终端、传输和交换。

自从 1876 年贝尔（Bell）发明电话，电话通信成为人们日常生活中最常用的通信方式。电话交换是电信交换中最基本的一种交换业务，它是指任何一个主叫用户的信息，可以通过交换节点，经由传输媒质发送给所需的任何一个或多个被叫用户。

当电话用户分布的区域较广时，由于受到交换节点容量等因素的限制，就需设置多个交换节点，交换节点之间用中继线相连，如图 1-4a 所示。当交换的范围更大时，多个交换节点之间也不能做到个个相连，而要引入汇接交换节点，如图 1-4b 所示。

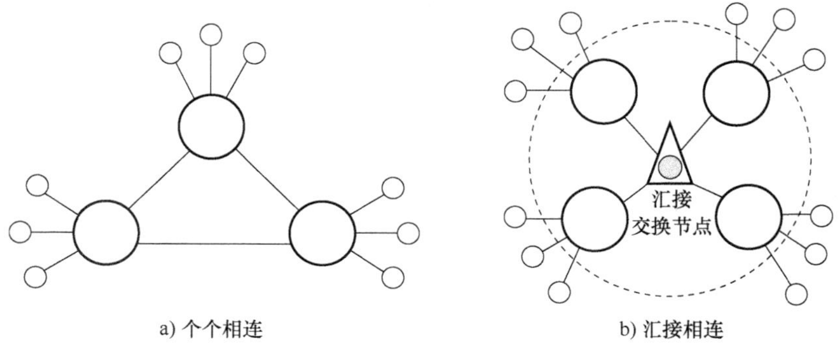

图 1-4　多个交换节点的连接方式

1.1.2　电话通信网

通信网是在一定范围内以终端设备和交换设备为点、以传输设备为线，点线按一定顺序相连的系统，它可以完成端到端的用户间通信。电话通信网（简称电话网）是通信网的最基本形式，是可以进行交互型话音通信、开放电话业务的电信网，即公用电话交换网

(PSTN)。电话网的最基本结构是传输设备、交换设备和终端设备的组合，传输设备负责把用户终端和交换设备连在一起，交换设备负责把各个用户终端连接起来，终端设备包括电话机、数据终端等用户终端。复杂一些的电话网会包括若干个交换设备，交换设备与许多用户终端相连接。随着电话通信网规模的不断扩大，通信的自动化、信息的数字化以及大型光传输系统的广泛应用，对于现代电话通信网来说，除了原有终端、传输和交换三个要素之外，还必须有信令、同步等支撑系统，才能确保电话通信网的稳定可靠运行。信令系统提供各类通信设备协调工作的配合协议，同步系统为通信网同步工作提供准确统一的参考时钟，从而保证电话通信网中的所有设备协调一致地工作。

为实现电话服务的公共电信网络称为公共电话网（Public Telephone Network，PTN）或公用电话交换网（Public Switched Telephone Network，PSTN)，设置在用户住宅或办公室的电话机通过连通全国乃至全球的电话网络实现与所拨打电话号码的用户话机相连接。在用户拨打电话号码时，公共电话网内的各交换机相互配合、协同工作，向所拨电话号码的用户进行线路连接，呼叫对方，在对方拿起电话的那一刻，就意味着可以开始进行相互通话；在通话结束时切断所连接的电话线路。正因为有了这样的电话网功能，才使得人们可以每天尽情享受电话服务带来的方便。

按照通信覆盖面大小划分，电话网可分为本地电话网、长途电话网、国际电话网。电话网结构如图 1-5 所示。

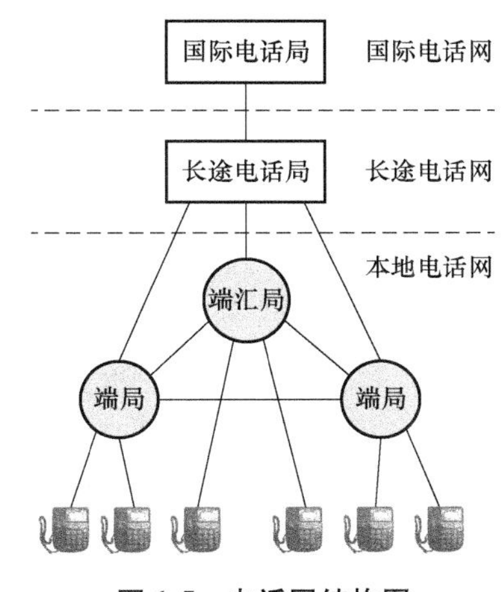

图 1-5　电话网结构图

1. 本地电话网

本地电话网（简称本地网）是相对于全国长途电话网而言的局部地区电话网，指在相同长途区号的一个封闭区域内，由若干个端局（或由若干个端局和汇接局）、局间中继线、长市中继线、用户线以及话机等所组成的电话网络。

2. 长途电话网

长途电话网（简称为长途网）是用传输设施把各个分散的电话局有组织地相互连接起来的电信系统实体，担负县以上城市之间的长途电话业务，也包括部分非话业务（如话路数据、用户传真等）。长途网一般在每一个长途编号区设置一个长途电话交换中心（即长途电话交换局，简称长途局），汇集本编号区内的长途电话，进行长途电话的接续。

3. 国际电话网

每个国家的长途电话网中都有一个或几个长途交换中心直接与国际电话网的国际出入口局连接，完成国际电话的接续。由各国（或地区）的国际交换中心（ISC）和若干国际转接中心（ITC）组成国际电话网。国际交换中心又称国际出入口局，它的任务是连通国际电话网和国内电话网。

1.1.3　交换节点

1. 交换节点的接续类型

交换节点的交换接续类型主要有以下 4 种。

① 本局接续：本局用户线之间的呼叫接续。
② 出局接续：在用户线与出中继线之间的呼叫接续。
③ 入局接续：在入中继线与用户之间的呼叫接续。
④ 转接接续：在入中继线与出中继线之间的呼叫接续。

2. 交换节点的基本功能

为完成上述的交换接续，交换节点必须具备如下基本功能。
① 能正确接收和分析从用户线或中继线发来的呼叫信号。
② 能正确接收和分析从用户线或中继线发来的地址信号。
③ 能按目的地址正确地进行选路以及在中继线上转发信号。
④ 能控制连接的建立。
⑤ 能按照所收到的释放信号拆除连接。

1.2 电路交换和分组交换

众所周知，通信所传输的消息有多种形式，如符号、文字、数据、语音、图形以及图像等。根据不同的通信形式，交换技术有着多种不同的分类方法，但最基本的是电路交换和分组交换两种。因此，这里重点介绍电路交换和分组交换的基本概念。

1.2.1 电路交换

1. 传统电路交换

电路交换（Circuit Switching，CS）是指固定分配带宽（传送通路），连接建立后，即使无信息传送也占用电路的一种交换方式。电路交换是最早出现的一种交换方式。例如，最早的人工电话的交换机采用的就是电路交换方式。电路交换是一种实时交换，当任意一个用户呼叫另一个用户时，应立即在这两个用户间建立电路连接；如果没有空闲的电路，呼叫就不能建立而遭受损失，故应配备足够的连接电路，使呼叫损失率（简称呼损率）不超过规定值。目前还在广泛应用的程控交换机就是采用电路交换方式。电路交换的基本过程包括呼叫建立阶段、信息传送（通话）阶段和连接释放阶段，如图 1-6 所示。

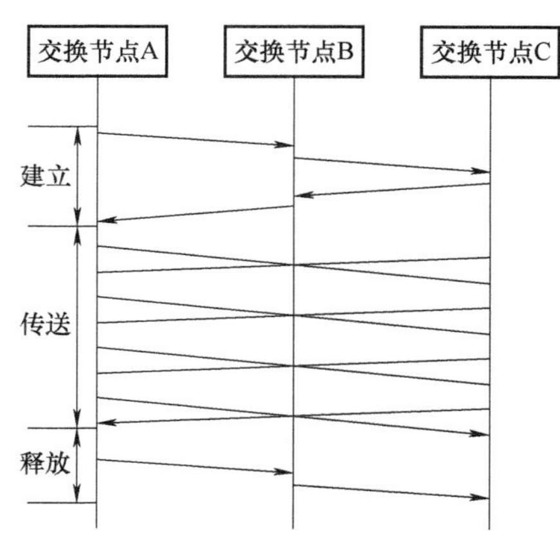

图 1-6 电路交换的基本过程

传统电路交换的特点是：采用固定分配带宽，电路利用率低；要预先建立连接，有一定的连接建立时延，通路建立后可实时传送信息，传输时延一般可以不计；无差错控制措施，对于数据交换的可靠性没有分组交换高；用基于呼叫损失制的方法来处理业务流量，过负荷时呼损率增加，但不影响已建立的呼叫。因此，电路交换适合于电话交换、文件传送、高速传真，不适合突发（Burst）业务和对差错敏感的数据业务。

2. 多速率电路交换

多速率电路交换（Multi-Rate Circuit Switching，MRCS）是基于传统电路交换的一种改进方式，它可以对不同的业务提供不同的带宽，包括基本速率（例如 8kbit/s 或 64kbit/s ）及其整数倍；在节点内部的交换网络及其控制上可以采用两种方法来实现多速率交换的要求，即采用多个不同速率的交换网络和采用一个统一的多速率交换网络。多速率电路交换具有以下缺点：基本速率较难确定；速率类型不能太多，否则很难实现，缺乏灵活性；固定带宽分配，不适应突发业务的要求；控制较复杂等。

3. 快速电路交换

快速电路交换（Fast Circuit Switching，FCS）是电路交换的又一种形式，是为了克服传统电路交换中固定分配带宽的缺点和提高灵活性而提出的。快速电路交换的基本思路是只在信息要传送时才分配带宽和有关资源，并快速建立通道，用户没有信息传输时则释放传输通道。其具体过程是：在呼叫建立时，用户请求一个带宽为基本速率的某个整数倍的连接，有关交换节点在相应路由上寻找一条适合的通道；此时并不建立连接和分配资源，而是将通信所需的带宽、所选的路由编号填入相关的交换机中，从而“记忆”所分配的带宽和去向，实际上只是建立了“虚电路”（Virtual Circuit，VC），或称为逻辑连接（Logical Connection，LC）；当用户发送信息时，通过呼叫标识可以查到该呼叫所需的带宽和去向，才激活虚电路，迅速建立物理连接。由于快速电路交换并不为各个呼叫保留其所需的带宽，因此当用户发送信息时并不一定能成功地激活虚电路，会引起信息丢失或排队时延。

1.2.2 分组交换

分组交换的思想来源于报文交换，它们交换过程的本质都是存储-转发。在报文交换中，信息的格式是以报文为单位的，包括报头、正文和报尾三部分。报头由发信站地址、终点收信站地址及其他辅助信息组成；正文是传输的用户信息；报尾是报文的结束标志（若报文长度有规定，则可省去此标志）。报文交换的主要缺点是时延大，且时延的变化也大，不利于实时通信；需要有较大的存储容量。

1. 传统的分组交换

分组交换（Packet Switching，PS）虽然采用了报文交换的“存储-转发”方式，但不像报文交换那样以报文为单位交换，而是把用户所要传送的信息（报文）分割为若干个较短的、被规格化了的“分组”（packet）进行交换与传输。每个分组中有一个分组头，其内含有可供选路的信息和其他控制信息；分组交换节点采用“存储-转发”方式对所收到的各个分组分别处理，首先将所接收的分组暂时存储下来，然后按其中的选路信息选择去向，在目的方向路由上排队，接着向能够到达目的地的下一个交换节点完成分组转发。这个存储转发的过程就是分组交换的过程。

（1）分组交换中的相关概念

① 通信线路的资源共享。分组交换的最基本思想就是实现通信资源的共享，从而克服电路交换中电路利用率低的问题。现有通信线路（模拟信道和数字信道）具有一定的传输能力，而数据终端对实际通信速率的要求随着应用的不同，差别是很大的，希望根据当前线路的忙闲程度，交换机能动态分配合适的物理线路，以便充分利用资源。经济有效地使用通信线路的方法就是组合多个低速的数据终端共同使用一条高速的线路，也就是多路复用。从

如何分配传输资源的观点来考虑，多路复用方法可以分为两类：预分配（预分配复用或固定分配）资源法和动态分配（或统计时分复用）资源法。

② 交织传输。在预分配复用方式下，每个用户传输的数据都在特定的子信道中流动，接收端很容易把它们区分开。在统计时分复用方式下，各个用户数据共用同一通信物理线路以动态共享和复用方式进行传输，在通信线路上互相交织传输，因此不能再用预先分配时间片的方法把它们区分开。为了识别来自不同终端的用户数据，可将交织在一起的各种用户数据在发送到线路上之前，先给它们打上与终端（或子信道）有关的“标记”，通常是在用户数据之前加上终端号或子信道号，这样在接收端就可以通过识别用户数据的“标记”把它们清楚地分开。

用户数据交织传输的方式有三种：比特交织、字节交织和分组交织。比特交织的优点是时延最小，但是每一个用户数据比特都要加“标记”，传输效率很低，一般不采用。分组交织（或信息块交织）的传输效率最高，因增加的“标记”信息与用户数据相比所占比例很小，但是它可能引起比较大的时延，且该时延随着通信线路的数据传输速率的提高而减小。字节交织（或字符交织）的时延和传输效率等性能介于比特交织与分组交织之间，由于计算机和数据终端常以字节（或字符）为单位发送和接收数据，因而可以采用字节交织方式。通常，中高速线路适用于采用分组交织方式，低速线路适用于采用字节交织方式。

③ 分组的形成。从上述分析可知，把一条物理线路分成许多逻辑上的子信道，将线路上传输的数据组附加上逻辑信道号，就可以让来自不同数据源的数据组在一条线路上交织传输，接收端很容易将它们按逻辑信道号区分开，实现了线路资源的动态分配。为了提高复用的效率，就将用户通信的数据划分成多个较小的等长数据段（即分组信息段），在每个数据段的前面加上一个首部（即分组头），这样就形成了许多个分组（Packet）。每一个分组中包含一个分组头，其中包含所分配的逻辑信道号和其他控制信息。

④ 分组的交换。分组交换是将数据报文分成多个分组来独立传送，收到一个分组即可以发送，减少了存储的时间，因而分组交换的时延小于报文交换。分组长度的确定是一个重要的问题，分组长度缩短会进一步减少时延而增加开销（每个分组都有分组头），分组长度加大会减少开销但会增加时延。通常，分组长度的选择要兼顾到时延与开销两个方面。

分组交换的主要优点是：第一，为用户提供了在不同速率、不同代码、不同同步方式、不同通信控制协议的终端之间能够相互通信的灵活的通信环境；第二，采用逐段链路的差错控制和流量控制，出现差错可以重发，提高了传送质量和可靠性；第三，利用线路动态分配，使得在一条物理线路上可以同时提供多条信息通路。

分组交换的缺点是：协议和控制复杂，信息传送时延大，通常只用于非实时的数据业务。

（2）虚电路和数据报

分组交换可提供虚电路（Virtual Circuit，VC）和数据报（Datagram，DG）两种服务方式。所谓虚电路方式，就是在用户数据传送前先要通过发送呼叫请求分组建立端到端之间的虚电路；一旦虚电路建立后，属于同一呼叫的数据分组均沿着这一虚电路传送，最后通过呼叫分组来拆除虚电路。

虚电路不同于电路交换中的物理连接，而是逻辑连接。虚电路并不独占线路，在一条物理线路上可以同时建立多个虚电路，也就是建立多个逻辑连接，以达到资源共享。从另一方面看，虽然只是逻辑连接，但也需要建立连接，因此不论是物理连接还是逻辑连接，都是面向连接的方式。虚电路有两种：交换虚电路（Switched Virtual Circuit，SVC）和永久虚电路（Permanent Virtual Circuit，PVC）。通过用户发送呼叫请求分组来建立虚电路的方式称为交换虚电路。如果应用户预约，由网络运营者为之建立固定的虚电路，就不需要在呼叫时临时建立虚电路，而可直接进入数据传送阶段，称之为永久虚电路。

数据报方式不需要预先建立逻辑连接，而是按照每个分组头中的目的地址对各个分组独立进行选路的分组交换方式，是一种无连接方式。

下面是虚电路与数据报两种方式的比较。

① 分组头。数据报（DG）方式的每个分组头要包含详细的目的地址，而虚电路（VC）方式由于预先已建立逻辑连接，分组头中只需含有对应于所建立的虚电路的逻辑信道标识即可。

② 选路。VC 方式预先有建立过程，有一定的处理开销，但一旦虚电路建立，在端到端之间所选定的路由上的各个交换节点都具有映像表，存放出入逻辑信道的对应关系，每个分组到来时只需查找映像表，而不用进行复杂的选路。当然，建立映像表也要有一定的存储器开销。DG 方式则不需要有建立过程，但对每个分组都要独立地进行选路。

③ 分组顺序。VC 方式中，属于同一呼叫的各个分组在同一条虚电路上传送，分组会按原有顺序到达终点，不会产生失序现象。DG 方式中，由于各个分组是独立选路的，可以从不同的路由转送，有可能引起失序。

④ 故障敏感性。VC 方式对故障较为敏感，当传输链路或交换节点发生故障时可能引起虚电路中断，需要重新建立。DG 方式中，各个分组可选择不同路由，对故障的防卫能力较强，从而可靠性较高。

⑤ 应用。VC 方式适用于较连续的数据流传送，其持续时间显著地大于呼叫建立时间，如文件传送、传真业务等。DG 方式则适用于面向事务的询问/响应型数据业务（突发业务）。

（3）路由选择

路由选择是指选择从源点到达终点的信息传送路径。分组能够通过多条路径从源点到达终点，这是分组交换网的重要特征之一。因此，选择什么路径最合适就成了交换机必须解决的问题。分组交换网不论是采用虚电路方式还是采用数据报方式，都需要确定网络的路由选择方案。所不同的是，虚电路方式是为每一次呼叫寻找路由，在一次呼叫之内的所有分组都沿着由路由选择软件确定的路径通过网络；而数据报方式是为每一个分组寻找路由。路由选择方法通常有扩散式路由法、查表路由法和虚电路路由表法三种。

① 扩散式路由法。扩散式路由法是指分组从原始节点发往与它相邻的每个节点，接收该分组的节点检查它是否已经收到过该分组，如果已经收到过，则将它抛弃；如果未收到过，则该节点便把分组再发往其所有相邻的节点（除了该分组来源的那个节点之外）。这样，一个分组的许多备份便尝试着通过各种可能的路径到达终点，其中总是有一个分组以最小的时延首先到达终点，此后到达的该分组的备份将被终节点抛弃。

扩散式路由法的路由选择与网络的拓扑结构无关，即使网络严重故障或损坏，只要有一条通路存在，分组也能到达终点，因此分组传输的可靠性很高。但是，其缺点是分组的无效传输量很大，网络的额外开销也大，网络中业务量的增加还会导致排队时延的加大。

② 查表路由法。查表路由法是在每个节点中使用路由表，它指明从该节点到网络中的任何终点应当选择的路径。分组到达节点之后按照路由表规定的路径前进，分组从一个节点前进到另一个节点可以有多个路由，其中可以区分出主用路由和备用路由，或者是第 1，2，3 路由等。分组首先选择第 1 路由前进，如果网络故障或通路阻塞，则自动（或人工）选择第 2，3 路由等。路由表是根据网络拓扑结构、链路容量、业务量等因素和某些准则（如最短距离原则、时延最小原则等）计算建立的。

查表路由法与网络结构参数有关，又分为最短距离法和最小时延法。最短距离法是分组经过的中继线数越少越好，这样会使分组的时延减小；但是当许多分组都按照这一原则蜂拥到某些路径上的时候，将导致分组的队列变长而且时延加大。最短距离法主要依赖于网络的拓扑结构，因网络结构不经常变化，故这种路由表的修改也不很频繁，因而有时也称查表路由法为静态路由表法。最小时延法依据的是网络结构（相邻关系）、中继线速率和分组队列长度，因分组队列长度是一个经常变化的因素，当某条线路上的分组队列较长时，计算该线路上的时延也较大，按路由原则将导致一些分组绕道。这种随着网络的数据流或其他因素的变化而自动修改路由表的方法称为自适应路由法（或动态路由法）。

③ 虚电路路由表法。虚电路方式是对一次呼叫确定路由，路由选择是在节点接收到呼叫请求分组之后执行的，在此之后到达的数据分组将沿着由呼叫请求分组建立的路径通过网络。也就是说，在网络中存在一个端到端的虚电路路由表，该表分散在各节点中，指明了虚电路途径的各节点的端口号和逻辑信道号（Logical Channel Number，LCN）之间的链接关系，同一条线两端的端口号可以不同，但是与同一条虚电路相对应的 LCN 必须相同。有了这个虚电路路由表，数据分组可以快速地找到输出方向，虚电路方式的分组传输时延比较小。虚电路路由表的内容随着呼叫的建立而产生，随着呼叫的清除而消失，是随呼叫而动态变化的。

虚电路的重连接是由以虚电路交换方式工作的网络提供的一种功能。在网络中，当由于线路或设备故障而导致虚电路中断时，与故障点相邻的节点能够检测到该故障，并向源节点和终节点发送清除指示分组，该分组中包含了清查工作的原因和诊断码。当源节点交换机接收到该清除指示分组之后，就会发送新的呼叫请求分组，而且将选择新的替换路由与终节点建立新的连接。所有未被证实的分组将沿新的虚电路重新发送，保证用户数据不会丢失，终端用户感觉不到网络中发生了故障，只是出现暂时性的分组传输时延加大的现象。如果新的虚电路建立不起来，那么网络的源节点和终节点交换机将向终端用户发送清除指示分组。

2. 帧交换

通常，分组交换是基于 X. 25 协议的。X. 25 包含三层：第一层是物理层，第二层是数据链路层，第三层是分组层，它们分别对应于开放系统互连（Open System Interconnection，OSI）参考模型的下三层，每一层都包含了一组功能。而帧交换（Frame Switching，FS）只有下面两层，没有第三层，简化了协议，加快了处理速度。

帧交换是以一种帧方式（Frame Mode）来承载业务的，在数据链路层以上以简化的方式来传送和交换数据单元。通常，第三层传送的数据单元称为分组，第二层传送的数据单元称为帧（Frame）。所以，帧方式是将用户信息流以帧为单位在网络内传送。

帧交换与传统的分组交换比较有两个主要特点：一个是帧交换是在第二层（数据链路

层）进行复用和传送，而不是在分组层；另一个是帧交换将用户面与控制面分离，而通常的分组交换未分离。用户面（User Plane）提供用户信息的传送，控制面（Control Plane）则提供呼叫和连接的控制，主要是信令（Signaling）功能。

3. 快速分组交换

快速分组交换（Fast Packet Switching，FPS）可理解为尽量简化协议，只具有核心的网络功能，以提供高速、高吞吐量、低时延服务的交换方式。有时，FPS 是专指异步转移模式（Asynchronous Transfer Mode，ATM）交换，但广义的 FPS 包括帧中继（Frame Relay，FR）与信元中继（Cell Relay，CR）两种交换方式，信元中继为 ATM 所采用。实际上，ATM 是源自 FPS 和异步时分交换的。

帧中继是典型的帧方式。与帧交换比较，帧中继进一步简化了协议，非但不涉及第三层，连第二层也只保留了数据链路层的核心功能，如帧的定界、同步、透明性以及帧传输差错检测等。帧中继只进行差错检验，错误帧被丢弃，不再重发。帧中继采用 ITU-TQ. 922 建议的数据链路层帧方式接入协议（LAPF）的一个子集，对应于数据链路层的核心子层，称为数据链路核心协议（DL-CORE）。帧中继采用可变长度帧，其数据传输采用数据链路连接标识符（Data Link Connection Identifier，DLCI）来指明信息传输通道，DLCI 被填入交换机的路由表中，并没有分配网络资源。只有当数据在终端用户之间传输时，才在相邻交换节点之间、端局节点和终端之间快速分配传输资源。帧中继可适应突发信息传送，很适用于局域网（Local Area Network，LAN）的互连。

ATM 实际是电路交换和分组交换发展的产物。图 1-7 所示的是分组交换、帧中继和 ATM 交换三种方式的功能比较。可以看出，分组交换网的交换节点参与了 OSI 第一层到第三层的全部功能。帧中继节点只参与第二层功能的核心部分（2a），就是帧定界、零比特填充和循环冗余校验（CRC）检验功能；第二层的其他功能（2b）（即差错控制和流量控制）以及第三层功能则交给终端去处理。ATM 网络则更为简单，除了第一层的功能之外，交换节点不参与数据链路层功能，取消了逐段差错控制和流量控制，将这些工作都交给终端去做。

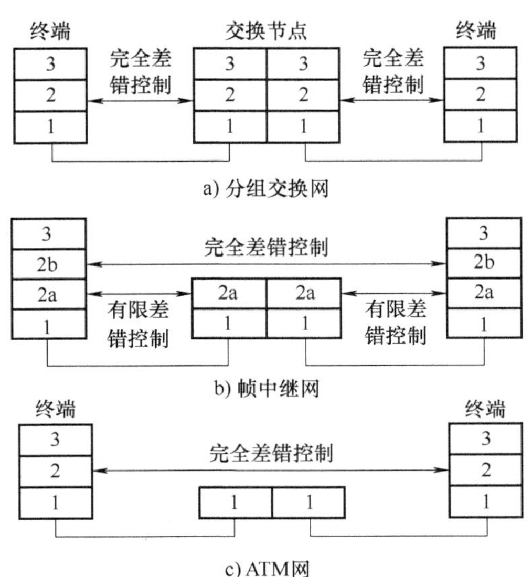

图 1-7　分组交换、帧中继和 ATM 交换三种方式的功能比较

1.3 交换技术的发展

因交换技术种类多、发展过程各有不同，这里就以电话交换、分组交换、ATM 交换、IP 交换的技术发展脉络来进行介绍，以便更好地了解现代交换技术的发展情况。

1.3.1 电话交换技术的发展

1. 人工电话交换

自从 1876 年贝尔（Bell）发明电话，为适应多个用户之间电话交换的要求，在 1878 年就出现了第一部人工磁石电话交换机。磁石电话机要配有干电池作为通话电源，并用手摇发电机发送交流的呼叫信号。后来又出现了人工共电交换机，通话电源由交换机统一供给，共电电话机中不需要手摇发电机，而由电话机直流环路的闭合向交换机发送呼叫信号。共电式交换机比磁石式交换机有所改进，但由于仍是人工接线，接续速度慢，用户使用也不方便。

2. 机电式电话交换

1892 年开通的第一部自动交换机是由史端乔（Strowger）于 1889 年发明的步进制史端乔式自动交换机。用户通过话机的拨号盘发出直流脉冲信号，可以控制交换机中电磁继电器与上升旋转型选择器的动作，从而完成电话的自动接续。步进制的得名源于选择器的上升和旋转是逐步推进的。从此，电话交换由人工时代开始迈入自动化的时代，这是第一个有意义的转变。史端乔式自动交换机最先在美国开通，不久又出现了德国西门子式自动交换机。这些交换机虽然在选择器结构和电路性能等方面有所改进，但其共同特点仍然是由用户话机发出的脉冲信号直接控制交换机的步进选择动作，因此还是属于步进制的直接控制方式。稍后，开始引入间接控制的原理，用户的拨号脉冲由交换机内的公用设备记发器接收和转发，以控制接线器的动作。采用了记发器，可以译码，增加了选择的灵活性，而且可以不按十进制工作。旋转制选择器中的弧刷是做弧形的旋转动作，升降制是做上升下降的直线动作，可统称为机动制。不论是步进制还是机动制，选择器均需进行上升或旋转的动作，噪声大，易于磨损，通话质量欠佳，维护工作量大。

纵横制交换机的出现，是电话交换技术进入自动化以后具有重要意义的转折点。纵横制最先在瑞典和美国获得较广泛的应用，有代表性的是瑞典开发的 ARF、ARM 及 ABK 等系列和美国先后于 1938 年、1943 年和 1948 年开通的 1 号、4 号和 5 号纵横制交换机。日本也研制了系列化的产品，并有所改进和提高，如 C400 和 C460 用于市话，C63 和 C82 用于长话，C410 则具有集中用户交换机（Centrax）功能。法国和英国也都研制了自己的纵横制交换机，如法国的潘特康特型、英国的 5005 型等。我国从 20 世纪 50 年代后期也致力于纵横制的研制，并陆续定型和批量生产。主要型号有用于市话的 HJ921 型，用于长话的 JT801 型，HJ905 型和 HJ906 型则属于用户交换机。

纵横制的技术进步主要体现在两个方面：一方面采用了比较先进的纵横接线器，杂音小、通话质量好、不易磨损、寿命长、维护工作量减少；另一方面采用公共控制方式，将控制功能与话路设备分开，使得公共控制部分可以独立设计，功能增强，灵活性提高，接续速度快，便于汇接和选择迂回路由，可以实现长途电话交换自动化。因此，纵横制远比步进制、机动制先进，而且更重要的是，公共控制方式的实现孕育着计算机程序控制方式的出现。

步进制、机动制和纵横制都属于机电式自动交换。从 20 世纪初到 50 年代，机电式电话交换技术的发展日臻完善。在话路接续方面，从笨重、结构复杂的选择器发展到动作轻巧、比较完善的纵横接线器；在控制方式上，从十进制直接控制（Direct Control）逐步发展到间接控制（Indirect Control），以至完全的公共控制（Common Control）方式。

3. 程控交换

（1）模拟程控交换

1965 年，美国开通了世界上第一个程控交换系统，在公用电信网引入了程控交换技术，这是交换技术发展中具有重大意义的转折点。从此，各国纷纷致力于程控交换系统的研制。世界上较具代表性的模拟程控交换系统有美国的 1ESS、2ESS、3ESS 和 1EAX，日本的 D10、D20 和 D30，法国的 E11，德国的 EWS 系列，瑞典的 AXE10，加拿大的 SP-1，荷兰的 PRX-205，国际电话电报公司（ITT）的梅特康特型。

相对于机电式自动交换而言，程控交换的优越性概括如下。

① 灵活性大，适应性强。程控交换方式可以适应电信网各种网络环境、性能要求和变化发展，在诸如编号计划、路由选择、计费方式、信令方式和终端接口等方面，都具有充分的灵活性和适应性。

② 能提供多种新服务性能。程控交换方式主要依靠软件提供多种新服务性能，如缩位拨号、热线、闹钟服务、呼叫等待、呼叫前转、会议电话等。

③ 便于实现共路信令。共路信令（即公共信道信令）是在交换系统的控制设备之间相连的信令链路上传送大量话路的信令，控制设备必须进行高速的处理。显然，只有在采用了程控交换方式以后，才能促进共路信令的实现与发展。

④ 操作维护管理功能的自动化。使用软件技术，可以使交换系统的操作维护管理自动化，并增强其功能，提高质量。例如，硬件的自动测试与故障诊断、话务数据的统计分折、用户数据与局数据的修改等功能，都是机电式交换所无法比拟的。此外，程控交换还可适应集中的维护操作中心和网络管理系统的建立和发展。

⑤ 适应现代电信网的发展。现代电信网要不断开发新业务，要与计算机技术和计算机通信密切结合，因此作为电信网的交换节点的程控化，显然是现代电信网发展的基础条件之一。

（2）数字程控交换

20 世纪 70 年代开始出现数字程控交换，到 20 世纪 80 年代初期，数字程控交换在技术上已日趋成熟，众多型号的数字程控交换系统纷纷推出。例如，阿尔卡特的 E10，贝尔电话设备制造公司（BTM）的 S1240，AT&T 的 4ESS 和 5E5S，爱立信的 AXE10（全数字化），西门子的 EWSD，北方电讯的 DMS，富士通的 FETEX-150，日本电气（NEC）的 NEAX-61，以及 ITATEL 和 UT-10 等系统。其中，1970 年的 E10A 和 1976 年的 4ESS 是最早推出的市话和长话数字交换机；1980 年推出的 DMS-100 是最早的全数字市话交换机；1982 年开通的 S1240 和 5ESS 是最早的分布式控制系统，前者基于功能分担，后者基于容量分担（话务分担）；稍后推出的 UT-10 则对呼叫处理实现更完全的分布式控制。

在数字程控交换发展初期，有些系统由于成本和技术上的原因，曾采用部分数字化，即选组级数字化而用户级仍为模拟型，编译码器也曾采用集中的共用方式，而非单路编译码器。随着集成电路技术的发展，很快就采用单路编译码器和全数字化的用户级。

数字程控交换普遍采用7号共路信令方式。也就是说，一方面从随路信令发展为共路信令，另一方面又从适用于模拟网的6号共路信令发展为适合于数字网的7号共路信令。

随着微处理机技术的迅速发展，数字程控交换普遍采用多机分散控制方式，灵活性高，处理能力增强，系统扩充方便而且经济。在软件方面，除去部分软件要注重实时效率和为了适应硬件要求而用汇编语言编写以外，其他软件普遍采用高级语言，包括C语言、CHILL语言和其他电信交换的专用语言。对软件的要求不再是节省空间开销，而是可靠性、可维护性、可移植性和可再用性，使用了结构化分析与设计、模块化设计等软件设计技术，并建立和不断完善了用于程控交换软件开发、测试、生产、维护的支撑系统。

我国虽然起步较晚，但起点较高，在20世纪80年代中后期到90年代初相继推出了HJD04、C&C08、ZXJ10及SP30等大型数字程控交换系统，这些数字程控交换系统在我国电信网中的比例逐步增加，有些还出口到国外，使我国的数字程控交换技术和产业跻身于世界先进的行列。

相对于模拟程控交换而言，数字程控交换显示了以下的优越性：体积小，节省机房面积；交换网络容量大、速度快、阻塞率低、可靠性高；便于采用数字中继，可灵活组网，与数字中继配合不需要模-数转换，便于构成综合数字网（Integrated Digital Network，IDN）；能适合综合业务数字网（Integrated Services Digital Network，ISDN）的发展。

4. POTS交换节点的发展趋势

用于公用电话交换网（Public Switched Telephone Network，PSTN）的电话交换系统提供的是普通电话业务（Plain Old Telephone Service，POTS）。数字程控交换适应了电信网数字化的发展，为了进一步适应电信网综合化、智能化、个人化的发展，自20世纪80年代中期以来，数字程控交换节点的功能在POTS的基础上不断增强，主要有以下三个方面。

① 增强为窄带综合业务数字网中的交换节点。在POTS交换系统中增加必要的硬件和软件，可以增强为窄带综合业务数字网（Narrow band-ISDN，N-ISDN）的交换节点。

② 增强为智能网中的业务交换点。智能网（Intelligent Network，IN）可以在POTS的基础上提供很多先进的智能网业务，POTS交换系统通过功能增强可以成为智能网中的业务交换点（Service Switching Point，SSP）。

③ 增强为移动网中的移动交换局。实现终端移动性以至个人移动性的个人化是电信网发展的又一主要方向。移动交换中心（Mobile Switching Center，MSC）实际上是在数字程控交换平台上增加无线接口和相应的移动交换性能。

1.3.2 分组交换技术的发展

1. 早期的研究和试验

1964年8月，保罗·巴兰（Baran P）在以分布式通信为题的一组兰德（Band）公司的研究报告中，首先提出了分组交换的有关概念。这一研究是为了建立安全的军事通信系统，包括分布式的分组交换、数字微波和加密能力，但这一计划未能实现。1962—1964年，美国国防部高级研究计划局（Advanced Research Projects Agency，ARPA）对通过广域计算机网链接分时计算机系统产生了强烈的兴趣，亦未付诸实施，但激励了后继的研究工作。

在英国国家物理实验室（National Physical Laboratory，NPL）工作的戴维斯（Davies D）于 1965 年构想了存储转发分组交换系统的原理，并于 1966 年 6 月的建议中提出了“分组（Packet）”这一术语，用来表达在网络中传送的 128B 的信息块，1967 年 10 月公开发表了 NPL 关于分组交换的建议。尽管分组交换显示了不少优点，但通信界仍然难以接受，使得英国在几年内并未建设多节点的分组交换网。Davies 则在 NPL 实现了具有单一分组交换节点的局部网。

1964 年 11 月，拉里·罗伯茨（Roberts L. G）提出计算机网的重要性以及需要新的通信系统来支持。他于 1967 年 1 月加入美国国防部高级研究计划局后促进了计算机网的研究工作，1967 年 6 月发布了 ARPAnet 的计划，用专线将多个节点的小型计算机互连，每台计算机可用作分组交换和接口设备。至 1969 年 11 月，具有 4 个节点的 ARPAnet 已有效地运行，并且很快地扩展，至 1971 年 4 月支持 23 台主计算机，1974 年 6 月支持 62 台主机，1977 年 3 月支持 111 台主机。ARPAnet 的一个重要特性是完全分布式，对每个分组采用基于最小时延的动态选路算法，并考虑了链路的利用率和队列长度。ARPAnet 的成功运行，表明动态分配和分组交换技术可以有效地用于数据通信。

1972 年 10 月，在第 1 届计算机通信国际会议（International Computer Communication Conference，ICCC）上，分组交换首次进行公开演示。在会议地点装设了一个 ARPAnet 的节点，有约 40 个接入终端。在 20 世纪 70 年代，动态分配技术在不少专用网中进行了试验，例如 SITA、TYMNET、CYCLADES、RCP 和 EIN 等网络，这些网络采用了不同的分组长度和选路方法，包括虚电路方式和数据报方式。RCP 是法国邮电部门的分组试验网，用于公用分组交换网的试验。

2. 分组交换公用数据网

ARPAnet 和一些专用分组交换网的试验，促进了分组交换进入公用数据网，形成分组交换公用数据网（Packet Switched Public Data Network，PSPDN）。20 世纪 70 年代前期，不少国家的邮电部或通信运营公司宣布了各自的公用分组交换网的计划，例如英国的 EPSS、美国的 TELENET、法国的 TRANSPAC、加拿大的 DATAPAC 等。

在 1974—1975 年间，已有 5 个独立的公用分组网在建设之中，于是产生了接口标准化的要求，从而在 1976 年 3 月制订了著名的国际电报电话咨询委员会（Consultative Committee of International Telegraph and Telephone，CCITT）的 X. 25 协议。此后，又陆续制订了其他有关的协议，如 X. 28、X. 29 及 X. 75 等。

作为第一个公用分组网，美国的 TELENET 于 1975 年 8 月运行。开始时只有 7 个互连的节点，到 1978 年 4 月增加到 187 个节点，使用了 79 部分组交换机，为美国 156 个城市服务，并与 14 个国家互连。X. 25 协议产生后，TELENET 即采用 X. 25 协议。

1971 年，英国的 EPSS 和加拿大的 DATAPAC 均宣称投入运行；另外在美国，TYMNET 也开始提供公用数据业务。DATAPAC 于 1978 年实现了与 TELENET 的互连。法国的 TRANSPAC 于 1978 年运行，日本、德国、比利时等国家的公用分组网此后也相继开放了公用数据业务。这些公用分组网均基于 X. 25 协议，可以兼容。随着这些公用分组网的运行，分组交换技术得到广泛的应用和发展。

3. 分组交换系统的分代

从技术发展来看，分组交换系统大致可以划分为三代。

(1) 第一代分组交换系统

第一代分组交换系统实质上是用计算机来完成分组交换功能。它将存储器中某个输入队列中的分组转移到某个输出队列中，典型的代表如 ARPAnet 中所用的分组交换系统。不久，在系统中增设了前端处理器（Front End Processor，FEP），执行较低级别的规程，例如链路差错控制，以减轻主计算机的负荷。在第一代系统中，分组吞吐量受限于处理器的速度，一般每秒只有几百个分组，这与当时传输链路的速率基本适配。

(2) 第二代分组交换系统

第二代分组交换系统采用共享媒体将前端处理器互连，计算机主要用于虚电路的建立，不再成为系统中的瓶颈。共享媒体可以是总线型或环形，用于 FEP 之间分组的传送。共享媒体采用时分复用方式，每个时刻只能传送 1 个分组，因此吞吐量受到介质的带宽限制。为此可采用并行的媒体，设置多重总线或多重环。

第二代分组交换系统在 20 世纪 80 年代得到了充分的发展，例如美国国际电话电报公司（AT&T）的 1PSS、阿尔卡特的 DPS2500、西门子的 EWSP、北方电讯的 DPN-100 等系统，吞吐量达到每秒几万个分组。比较完善的第二代分组交换系统的设计目标和技术特征如下：高度模块化和多处理器分布式控制结构；容量和应用系列化的系统结构；适应各种终端接口和网间接口；先进的处理器和高速处理能力。

(3) 第三代分组交换系统

第三代分组交换系统采用空分的交叉矩阵来取代共享媒体。交叉矩阵一直是电话交换和并行计算机系统感兴趣的研究领域，通常是用较小的基本交换单元来构成多级互连网络，增强并行处理功能，可以大大提高吞吐量。实际上，第三代分组交换已进入快速分组交换的范畴。

1.3.3 ATM 交换技术的发展

1. 早期的研究

20 世纪 80 年代初，随着宽带业务的逐步发展及其业务发展的某些不确定性，迫切要求找到一种新的交换方式，能兼有电路交换与分组交换的优点。1983 年出现的快速分组交换（Fast Packet Switching，FPS）和异步时分（Asynchronous Time Division，ATD）交换的结合，导致了 ATM 交换方式的产生。

1983 年，美国贝尔实验室提出了 FPS 的原理，研制了原型机，FPS 源自分组交换，减少了数据链路层协议的复杂性，以硬件来实现协议的处理，从而大大提高了速度。同年，法国 Coudreuse J. P. 提出了 ATD 交换的概念，并在法国电信研究中心研制了演示模型。ATD 源自同步时分（Synchronous Time Division，STD）交换，采用标记复用。

FPS 和 ATD 的概念提出以后，很多设备制造公司、邮电管理部门和标准化组织很快就表示了强烈的兴趣，许多公司均进行了深入地研究、模拟和试验。例如，1984 年即报道了 Starlite 宽带交换机。

由于 ATD 与 FPS 发展的背景不同，存在着一些差异。

① ATD 源自 STD，位于开放系统互连模型（OSI）的第一层，从而控制头的功能减到最小，只用来识别呼叫连接；FPS 则从 PS 发展而来，控制头中含有其他功能，这些功能在 ATD 中移到了高层。

② ATD 采用固定长度的分组，信息域长度为 8~32B；FPS 为可变长度帧，平均约 100B。

③ ATD 用于数据、视频和话音的综合交换，侧重于视频；FPS 则主要用于高速数据的传送和交换。

1985 年，CCITT 开始研究这种新交换方式，开始称之为新传送模式。在 1987 年的 CCITT 第 18 研究组会议上，决定采用信元来表示分组。其中重要的研究课题是采用固定长度信元还是可变长度信元，以及如何规定信元的长度和信头的长度。这些问题与带宽的使用效率、交换速度和实现的复杂性以及网络性能等重要因素均有密切关系。CCITT 第 18 研究组在 1988 年的会议上决定采用固定长度的信元，定名为 ATM，并认定 ATM 用作宽带综合业务数字网（Broadband-ISDN，B-ISDN）的复用、传输和交换的模式。1990 年，CCITT 第 18 研究组制订了关于 ATM 的一系列协议，并在以后的研究中不断地深入和完善。

2. 公用 ATM 交换网

从 20 世纪 80 年代后期到 20 世纪 90 年代初期，不少计算机领域和通信领域的厂商致力于 ATM 技术的研究和 ATM 交换系统的开发。首先推出的是吞吐量在 10Gbit/s 以下的一些小容量 ATM 交换机，用于计算机通信网。随着宽带业务的发展和 ATM 技术的逐渐成熟，ATM 交换技术的应用开始从专用网扩大到公用网，其标志是公用网大容量 ATM 交换系统的纷纷推出和一些公用 ATM 宽带试验网的运行。

（1）公用 ATM 宽带试验网

1994 年 8 月投入运营的美国北卡罗来纳信息高速公路，是美国第一个在州的范围内采用 ATM 和同步光网络（Synchronous Optical Networking，SONET）的公用 ATM 宽带网，被看作未来国家基础信息设施的雏型，用于远程教学、远程医疗、商务、司法和行政管理等领域，可以支持 ATM 信元中继业务、交换型多兆比特数据业务、帧中继业务以及电路仿真业务。

在欧洲，由法国、德国、英国、意大利和西班牙等国发起的泛欧 ATM 宽带试验网于 1994 年 11 月开始运行，后来扩大到欧洲的十多个国家，是覆盖面较广的 ATM 试验网。

在亚洲，日本也建设了 ATM 宽带试验网，在东京、大阪、京都等地设置了 ATM 主交换机，进行局域网（LAN）互连、高清晰度电视（High Definition Television，HDTV）和多媒体业务等试验。我国在北京、上海、广州等地也建设了 ATM 宽带试验网，并实现互连和扩展到其他城市，并在部分城市之间建成 ATM 宽带信息网且投入应用。

（2）公用 ATM 交换系统

公用网 ATM 骨干交换系统必须具有高吞吐量和可扩展性，吞吐量通常为 40~160Gbit/s，应能支持各种接口、业务和连接类型。随着宽带信令标准的日益完善，除去永久虚连接（Permanent Virtual Connection，PVC）以外，应能提供交换虚连接（Switched Virtual Connection，SVC）。公用网 ATM 交换系统还应具有能保证服务质量的业务流控制功能。公用网 ATM 交换系统有富士通的 FETEX-150、爱立信的 AXD301 和 ESP 等。我国的中兴、华为、上海贝尔等公司均推出了 ATM 交换系统。

3. 研究的重点

（1）ATM 交换结构

自从提出 ATM 的概念，ATM 交换结构就一直是研究重点之一，包括拓扑结构、缓冲方式、控制机理、性能分析等。

(2) ATM 网的业务流控制

如何能有效而公平地分配带宽等资源，保证各种特性不同的业务和各种呼叫连接的服务质量，是业务流控制要解决的重要而复杂的问题。

(3) 话音通过 ATM

ATM 网的最终目标是实现包括话音在内的各种业务的综合交换。由于话音实时性强，对时延和时延抖动有严格要求，所以话音通过 ATM（Voice over ATM，VoA）的技术也是 ATM 研究的热点之一。

(4) 与智能网的结合

智能网的能力集 3（Capabilities-3，CS-3）的目标是将智能网（IN）与宽带综合业务数字网（B-ISDN）结合。ATM 交换机是 B-ISDN 中的宽带交换节点，也是 IN 中的业务交换点（Service Switching Point，SSP）。

4. 光交换

光交换作为新一代交换技术而被不断地研究。光交换的实用化，是实现包含光交换的全光宽带通信网的关键技术之一。光交换和 ATM 交换一样，是宽带交换的重要组成。在长途信息传输方面，光纤已经占了绝对的优势。用户环路光纤化也得到很大发展，尤其是宽带综合业务数字网中的用户线路必须要用光纤。这样，处在综合业务数字网中的宽带交换系统上的输入和输出的信号，实际上就都是光信号，而不是电信号了。

光波技术已经在信息传输中得到广泛的应用，其传输过程一般是先把光信号变成电信号才能送入到电交换机，从电交换机送出的电信号又要先变成光信号才能送上传输线路。因此，如果是用光交换机，这些光电变换过程都可以省去了，减少了光电变换的损伤，并可以提高信号交换的速度。

应用光波技术的光交换机也应由传输和控制两部分组成。把光波技术引入交换系统的主要课题是，如何实现传输和控制的光化。光交换的传输路径采用空分交换方式、时分交换方式和波分交换方式。

1.3.4 IP 交换技术的发展

1. 发展背景

近年来，互联网（Internet）在全球范围内快速增长。从 1989 年开始，大约每隔 56 周，Internet 上的主机数就翻一番，呈指数级增长。2000 年以后，每隔 23 周 Internet 上的网站服务器数就翻一番。Internet 上的主要业务由传统的文件传送（FTP）、电子邮件（E-mail）和远程登录（Telnet）等转向多媒体应用丰富的万维网（WWW）。经过 30 多年的发展，根据国际电信联盟（ITU）等机构发布的报告和统计数据，2016—2024 年全球互联网用户数量仍呈波动上升趋势（见表 1-1），根据中国互联网络信息中心（CNNIC）的报告，截止 2024 年 6 月，中国网络用户达 10.9967 亿，较 2023 年 12 月增加 742 万，互联网普及率为 78.0%。

由于用户数的剧增和网上信息流量的持续增加，初期阶段着手解决的重点问题包括：Internet 骨干网的传送容量太小、带宽资源不足、路由器寻址速度低、吞吐量不够以及用户接入速率太低；无连接的 IP 不能使服务质量（带宽、优先级等）与商业上的优先级对应起来；网络规模的进一步增大，而路由器的端口数受限；分层路由器结构和可堆叠式配置使得 IP 包需要经过更多的路由器，导致传输延迟增加、性能下降；IPv4 协议对实时业务、灵活的路由机制、地址资源短缺、流量控制和安全性能的支持不够等。为建立更大规模的网络，许多 Internet 服务提供者（ISP）进行了积极的探索和实践，人们认为在路由器网络中加入交换结构是一个比较好的解决方案。

表 1-1　2016—2024 年全球互联网用户数量呈波动上升趋势

截止时间/年	2016	2017	2018	2019	2020	2021	2022	2023	2024
用户数量/亿	34.9	38.1	41.0	43.8	46.6	49.0	51.5	52.7	55

2. IP 与 ATM 的融合

Internet 是一个统一的、协作的、通用的、透明的信息网络系统，它具有结构简单，容易实现异型网络互连；具有统一的寻址体系，网络扩展性强；几乎可以运行在任何一种数据链路层，适用范围极其广泛等优势；但由于面向无连接的特性，使以 IP 为技术基础的 Internet 无法适应一些新业务的质量要求。ATM 是一种信息复用和交换技术，由于它只涉及 OSI/RM 的下两层，对每个数据包的处理过程大大简化，处理时间大大缩短，并采用定长单元（信元）进行发送，具有带宽宽、吞吐容量大和伸缩性强等特点，可为不同等级的业务提供相应的服务质量（QoS）；但因 ATM 采用的是信令协议，使其与其他网络的互通互连能力差。因此，IP 在技术上需要 ATM，而 ATM 在商业应用方面又需要 IP，能否将 IP 和 ATM 的优势相结合（融合），构筑新一代宽带网络成为人们所关心的问题。

从 IP 与 ATM 协议的关系划分，IP 与 ATM 相融合的技术存在两种模型，即重叠模型和集成模型。不管是哪种模型，均需要解决 ATM 中面向连接的特点与 IP 中面向无连接的特点之间的矛盾，也需要解决 IP 和 ATM 在地址和信令方面的各类问题。

重叠模型就是将 IP 当成一个网络与 ATM 网络互连，不更改 ATM 网络的协议模块，而将 IP 的功能层叠加在 ATM 上。从应用角度看，其主要存在传送 IP 包的效率较低、地址和路由功能重复等缺点。

集成模型是将 IP 路由器的智能和管理性能集成到 ATM 交换中形成的一体化平台。它将 ATM 单元实体与 ATM 网络地址分配策略和路由选择协议分离；ATM 层被看作 IP 层的对等层，ATM 网络实体采用与 IP 协议完全相同的协议体系和地址分配策略；ATM 系统仅需要分配 IP 地址，网络中则采用 IP 选路技术，不再需要 ATM 的地址解析规程。其优点是传送 IP 包的效率比较高，不需要地址解析协议等。采用集成模型方法的技术主要有：IP 交换、标记交换和多协议标记交换（MPLS）等。

3. IP 交换

IP 交换（IP Switch）是由 Ipsilon 公司提出的专门用于在 ATM 网络上传送 IP 分组的技术，它克服了 Classical IP Over ATM 的一些缺陷（如在子网之间必须使用传统路由器等），提高了在 ATM 网络上传送 IP 分组的效率，是一种典型的属于集成模型的技术。

IP 交换的核心是 IP 交换机，由 ATM 交换机和 IP 交换机控制器组成。IP 交换机控制器主要由路由软件和控制软件组成。ATM 交换机的一个 ATM 接口与 IP 交换机控制器的 ATM 接口相连接，用于控制信号和用户数据的传送。在 ATM 交换机与 IP 交换机控制器之间所使用的控制协议为 RFC 1987 通用交换机管理协议（General Switch Management Protocol, GSMP）；在 IP 交换机之间适用的协议是 RFC 1953 Ipsilon 流管理协议（Ipsilon Flow Management Protocol，IFMP）。

IP 交换把输入的数据流划分为持续期长、业务量大的用户数据流（如 FIP 数据、HTTP 数据以及多媒体音频、视频数据等）和持续期短、业务量小、呈突发分布的用户数据流（如 DNS 查询、SN-MP 查询等）这两种类型。对于前者，IP 交换的传输时延小，传输容量大，用户数据流在 ATM 交换机硬件中直接进行交换；对于后者，由于节省了建立 ATM 虚电路的开销，所以交换的效率得到了提高，用户数据流通过 IP 交换机控制器中的 IP 路由软件进行传输，即与传统路由一样，也是一跳接一跳地进行存储、转发传送的。IP 交换的缺点是只支持 IP，同时它的效率有赖于具体用户业务环境。

利用 ATM 网上传送 IP 分组的技术构造 Internet 的骨干传送网，可以克服上述那些阻碍网络扩展的局限因素，具有许多明显的性能优势，比如：网络性能大幅度提高、设备费用降低、服务质量得到保证、可靠性大大增强、增加了可管理性、提高了可扩充性等。

4. 标记交换技术

标记交换是由思科（CISCO）公司推出的一种基于传统路由器的 ATM 承载 IP 技术。虽然 IP 交换技术与标记交换技术都是 IP 路由技术与 ATM 交换技术相结合的产物，但两种技术的产生有着完全不同的出发点。IP 交换技术认为路由器是 IP 网中的最大瓶颈，它希望借助 ATM 技术完全替代传统的路由技术；而标记交换技术则不然，标记交换最本质的特点是没有脱离传统路由器技术，但在一定程度上将数据的传递从路由变为交换，提高了传输的效率。另外，标记交换机既不受限于使用 ATM 技术，也不仅仅转发 IP 业务。

标记交换是一种多层交换技术，它把 ATM 第二层交换技术和第三层路由技术结合起来，能充分利用 ATM 的 QoS 特性支持多种上层协议，能在各种物理平台上实现，是一种性能比较优越的 ATM 上的 IP（IP over ATM，IPoA）技术。标记交换使处于交换边缘的路由器能将每个输入帧的第三层地址映射为简单的标记，然后把打了标记的帧转化为 ATM 信元。

标记交换的体系结构既能在交换信元的系统上运行，又能在交换包的系统上运行。标记交换技术可在各种不同的物理媒体上使用，包括 ATM 链路、高速串行接口（HSSI）以及 LAN 接口等。标记交换网络一般包括边缘标记交换路由器、标记交换机以及标记分发协议三个部分。

标记交换技术不依赖于路由过程中使用的特定网络层协议，因此标记交换技术支持不同的路由协议，如开放式最短路径优先（OSPF）、边界网关协议（BGP）、中间系统-中间系统协议（IS-IS）等，以及各种网络层协议，如网际互连协议（IP）、网间分组交换（IPX）等。标记交换技术也不修改现有的路由协议。标记交换还支持多点广播功能，可以保证有一定 QoS 要求的用户数据的传送。但由于标记交换是 CISCO 公司的专有技术，并非统一的标准，所以构建标记交换网络时端到端都要使用 CISCO 公司的设备，才能完成通信。因此，国际标准化组织开展研究制订统一的多协议标记交换标准成为必然。

5. 多协议标记交换技术

多协议标记交换（Multi-Protocol Label Switching，MPLS）是由国际电信联盟电信标准部（ITU-T）推荐的一种用在公网上的 IP over ATM 技术，它基于标记交换的机制，在 ATM 层上直接承载 IP 业务。MPLS 之所以称为“多协议”，是因为 MPLS 不但可以支持多种网络层面上的协议，如 IPv4、IPv6、IPX 及 CLNP 等，还可以同时兼容第二层上的多种链路层技术。

MPLS 的核心思想就是在网络入口处根据某种特定的映射规则对分组进行分类；依据不同的类别为分组打上标记，将数据流分组头和固定长度的短标记（32 位报头）对应起来；各个 MPLS 设备运行路由算法，在逻辑相邻的对等体间进行标记分配，通过标记的拼接建立起从网络入口到出口的标记交换路径；随后在 MPLS 网络中只依据标记将分组在预先建立起来的标记交换路径上传输。

以 MPLS 设备构成的骨干网上的 MPLS 核要优于常规的路由器核和 ATM 核，这是 MPLS 发展的重要技术动力之一。其网络性能在以下各个方面得到了有效改进。

（1）MPLS 简化了分组转发机制

MPLS 技术把第三层的包交换转换成第二层的交换，其分组转发是不再需要常规的 IP 基于最长地址匹配路由查找的逐跳（hop-by-hop）转发方式，也不再需要对网络中的所有路由器进行第三层路由表的查询，而是基于定长短标记的完全匹配，用硬件实现表项的查找和匹配以及标记的替换，减少了传输路径中后续节点处理的复杂性，大大提高了包的转发性能。

（2）MPLS 实现了有效的显式路由功能

显式路由技术是一种很有效的骨干网路由技术，它是指网络中某个标记交换路由器（LSR），通常是标记交换路径的入口或出口节点，规定好标记交换路径（LSP）中的部分或全部的 LSR，而不是每个 LSR 自己独立决定下一跳的选择。显式路由技术在实现网络负荷调节、保证用户需求的 QoS 要求、提供差分服务等方面起着重要的作用。在纯数据报的无连接选路网中，难以实现完全的显式路由功能；而对 MPLS 而言，在标记交换路径建立时所用的信令分组，允许携带显式路由信息，但并不需要每个分组都携带，这就意味着 MPLS 可以利用显式路由带来许多好处。

（3）MPLS 有利于实现流量工程

在数据报路由方式下，流量工程的实现非常困难，通过调整与网络链路相关的度量能实现一定程度的负载平衡；尤其在大型网络中，每两个节点之间都有多条路径，仅仅靠调整逐跳的路由度量是难以实现所有链路间的流量平衡的。MPLS 可识别并测量在特定的入口节点与出口节点之间的业务流量，又可采用显式路由的标记交换路径，这就为实现业务流量工程提供了有利条件。

（4）MPLS 支持 QoS 选路

QoS 选路是指对特定的数据流，按其 QoS 要求来选择路由的方法。对 QoS 路由计算来说，由于各种原因（如带宽需求、链路可用带宽等），有时候路由器用于计算的信息可能过时，这意味着为一个 QoS 敏感的数据流选择特定路径有可能会失败。而 MPLS 支持显式路由，初始化节点会被告知指定的网络单元不能传送该数据流，需要另外选择一条路径，从而避开了网络拥塞点。

（5）从 IP 分组到转发等价类的映射

从 IP 分组到服务等级的映射可能需要知道发送 IP 分组的用户，从而才可能根据源地址、目的地址、输入接口或其他特征实现分组过滤，但某些信息只能在网络入口节点才能获得。MPLS 只需要在其域的入口进行一次从 IP 分组到转发等价类（FEC）的映射，并可在入口处按照所需的 QoS 别级加以标记，在网络核心实现标记交换转发。

（6）MPLS 支持多网络功能划分

MPLS 引入标记粒度的概念，使其能分层地将处理功能划分给不同的网络单元，让靠近用户的网络边缘节点承担更多的工作；而核心网络则尽可能地简单，只处理纯标记转发。MPLS分层数据流聚合能力将使构建全交换骨干网和业务量交换点成为可能，并将使数据以完全交换的方式通过网络；在到达MPLS网络出口时，再将聚合传送的数据流分拆，送往各自的最终目的地。

（7）MPLS实现了用户不同服务级别要求的单一转发规范

在常规的无连接网络环境中，需要逐段对分组进行分析，检查分组的第三层报头，根据从网络层路由算法中获得的信息做出独立的转发决策。MPLS允许在同一个网络中用单一的转发模式支持多种类型的业务，由于有了单一的转发规范，就容易在同一个网络单元上实现不同的服务要求，而不需要过多地考虑控制平面协议。

（8）MPLS提高了网络扩展性

在MPLS网络的路由协议方面，由于所有的LSR都运行标准的路由协议，所以需要通信的对等路由器和LSR的数量减少到与之在路由层次上逻辑相邻的对等体数量，去掉路由器之间全网格状的n^2个逻辑链路连接，提高了网络的扩展性。

6. 软交换技术

传统的基于时分复用（TDM）的公用电话交换网，虽然可以提供64kbit/s优良品质的语音业务，但由于其交换机的体系结构封闭，控制、交换和接入以设备厂家非标准的内部接口互连，并在物理上合为一体；新业务提供能力差，其业务提供能力完全由程控交换机的软硬件固化，要提供新业务需要较长的周期；面对日益竞争的市场显得力不从心。随着Internet的快速发展并建成了一个覆盖全球的IP网，由于IP网接入简单、互连互通方便等优势，使得国内外电话运营商纷纷利用IP网的廉价资源，大力发展VoIP，特别是新兴电信运营商，更是把VoIP看作发展语音通信的唯一途径，程控电话网IP化、宽带化、网元功能软件化已成为发展方向。

软交换最早由朗讯公司的贝尔实验室于1997年提出，我国于1999年开始研究。软交换即softswitch，是相对于PSTN“硬”交换机而言的。“软”主要体现在：软交换系统的核心——硬件采用通用先进的电信计算平台（ATCA），核心功能都由软件实现。2011年我国已全面使用软交换设备。中国电信在国际、省际部署了固网软交换，同时省内利用软交换实现了固网智能化；利用移动软交换对CDMA网络进行IP化改造，所有时分复用中移动交换中心（TDM MSC）均由软交换替代。中国联通在省际、省内部署了固网软交换；2G、3G网络共用核心网，均为软交换设备。中国移动的2G、3G网络共用核心网，均为软交换设备。软交换的主要缺点是业务和控制未完全分离，分层体系结构未完全实现，限制了业务提供能力；标准化水平不高，协议种类多，不同厂家软交换设备之间的互通性不是很好；主要面向固定网络业务，对移动多媒体的支持不够。

7. IMS技术

IP多媒体子系统（IP Multimedia Subsystem，IMS）是欧洲电信标准化协会（ETSI）从事3G研究的标准化组织第三代合作伙伴计划（3rd Generation Partnership Project，3GPP）在2002年3月的3G R5版本中提出的。当时提出在3G核心网使用IMS的目的是，为了在移动通信网上以最大的灵活性提供IP多媒体业务，以弥补软交换的不足。后来，IMS被国际标准化组织采纳，电信和互联网融合业务及高级网络协议（Telecommunications and Internet converged Services and Protocols for Advanced Networking，TISPAN）主要针对固网应用制定

IMS 标准，补充和加强了固网的功能以及固定、移动融合的功能。基于 IMS 的功能优势和相应技术规范的不断完善，目前我国已经全面部署使用 IMS 设备。

复习思考题

1-1　为什么要引入交换？
1-2　交换节点有哪些基本功能？
1-3　通信的三要素是什么？
1-4　按照通信覆盖面大小划分，电话通信网可分为哪几种？
1-5　交换节点有哪些接续类型？
1-6　什么是电路交换，有何特点？
1-7　什么是分组交换，有何特点？
1-8　在分组交换中，交织传输主要有哪些方法，各有何特点？
1-9　什么是虚电路（VC）？
1-10　什么是虚电路方式和数据报方式？
1-11　虚电路和数据报两种方式各有哪些特点？
1-12　电话交换技术主要经历了哪些阶段？
1-13　什么是路由选择？分组交换中通常采用哪些路由选择方法？

第 2 章　程控交换原理

程控交换是电路交换的最典型形式。为了更好地掌握程控交换机的工作机理，本章首先从程控交换机的总体结构入手，给出了程控交换机硬件系统的基本组成，重点是话路系统的硬件实现，然后介绍呼叫处理的基本原理，最后是电话呼叫接续的信令配合。

2.1　程控交换系统的组成结构

程控交换系统（即程控交换机）是实现电话交换接续的核心设备，了解程控交换机的组成结构及各部分的功能作用，对掌握程控交换机的工作原理具有很好的促进作用。

2.1.1　系统总体结构

程控交换机由硬件系统和软件系统组成，其总体结构如图 2-1 所示。

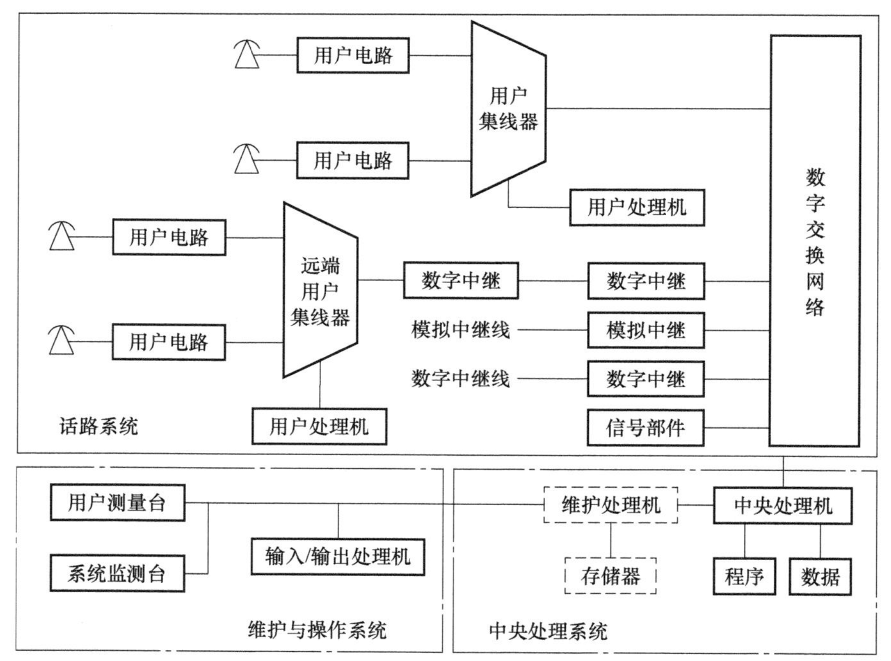

图 2-1　程控交换机的总体结构图

程控交换机的硬件系统包括话路系统、中央处理系统（控制系统）、维护与操作系统三部分。话路系统的作用是构成通话回路，又分为话路设备和话路控制设备，包括用户电路、集线器（用户集线器和远端用户集线器）、用户处理机、中继电路、信号部件、数字交换网络。中央处理系统的主要作用是存储各种程序和数据，进行分析处理，并对话路系统、输入/输出系统各设备发出指令；中央处理系统主要由中央处理机及各种存储器组成，如果是多级系统还有维护处理机和存储器。维护与操作系统主要完成系统的操作与日常维护工作，包括用户测量台、系统监测台、输入/输出处理机等。

从功能组成上看，程控交换机可分为交换单元、控制与信令单元、用户单元、中继单元等部分，如图 2-2 所示。其中，话路系统包含交换单元、用户单元、中继单元和信令单元，交换单元提供数字交换功能，用户单元提供用户接口和用户集线器功能，中继单元提供中继接口功能，信令单元提供交换机之间和交换机与用户之间工作配合的信令功能。

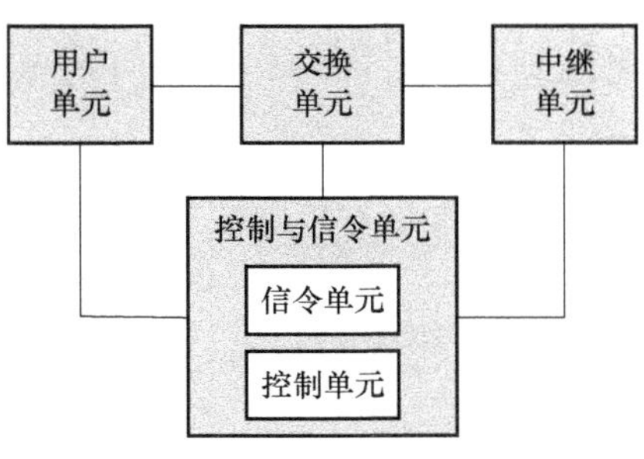

图 2-2　程控交换机的功能组成

2.1.2　用户/中继单元

交换机对外（用户和其他交换机）的接口包括用户单元和中继单元。用户单元功能电路包括用户接口电路和用户集线器，中继单元包括模拟中继接口电路和数字中继接口电路。

1. 用户接口电路

用户接口电路是用户线与交换机的接口。若用户线连接的终端是模拟话机，则用户线称为模拟用户线，其用户接口电路称为模拟用户电路，应有模-数（A-D）转换和数-模（D-A）转换的功能。若用户线连接的终端是数字话机，则用户线就称为数字用户线，其用户接口电路称为数字用户电路，它不需经过 A-D、D-A 转换，但需有码型变换和速率转换等功能。

（1）模拟用户电路

在程控数字交换机中，模拟用户电路（Analog Subscriber Line Circuit，ASLC）应具有七大功能（即 BORSCHT 功能），其功能框图如图 2-3 所示。BORSCHT 是七大功能的英文字头。

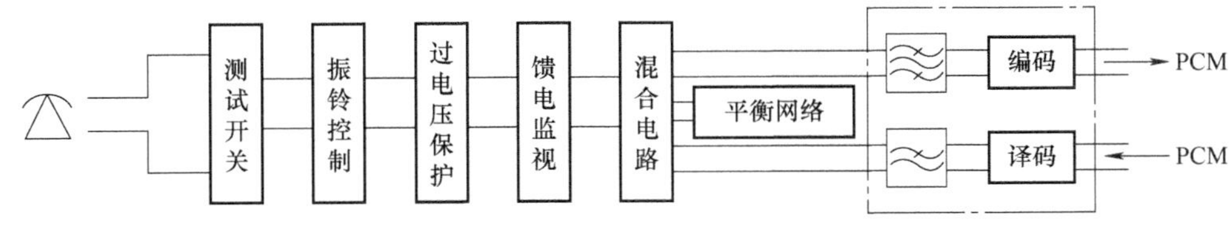

图 2-3　模拟用户电路的功能框图

① 馈电（B）。交换机向用户话机馈电采用-48V 的直流电源供电。在馈电电路中串联着电感线圈，如图 2-4 所示。电感线圈对话音信号呈现高阻抗，对直流则可视为短路，这样可防止不同用户间经电源而产生串话。通话时的馈电电流应控制在 18～50mA 之间，使送话器特性处于最佳的工作状态，因此环路电阻应小于 1900Ω。为了适应远距离用户的需要，环

路电阻超过 1900Ω 的用户，可在 b 线串接+24V 升压电池，但环路电阻最大不能超过 3000Ω。

② 过电压保护（O）。用户外线可能受到雷电袭击、高压线相碰等情况。高压进入交换机内部就会毁坏交换机的相关部件。通常在总配线架上对每个用户都装有保安器，它能保护交换机免受高压袭击。但是从保安器输出的电压仍可能达到上百伏，这个电压也不允许进入交换机内部。因此，用户电路中进一步对高压采取保护措施，称为二次保护。用户电路中的过电压保护电路通常采用钳位方法。图 2-5 所示是由热敏电阻和二极管组成的二次过电压保护电路，4 个二极管组成了一个桥式钳位电路，使 a、b 线间的输入电压限制在-48V 或地电位上。

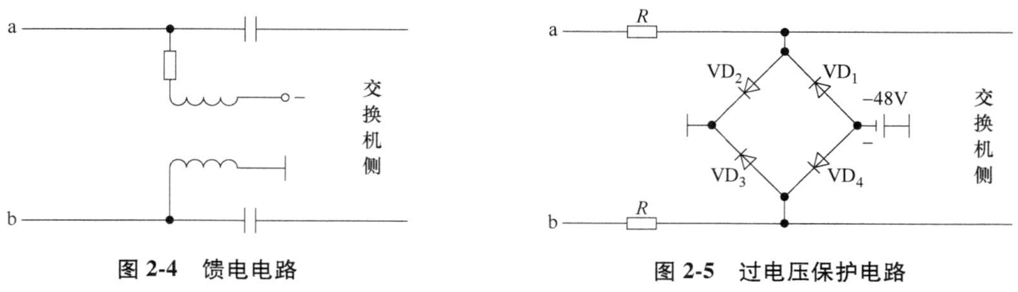

图 2-4　馈电电路　　　图 2-5　过电压保护电路

③ 振铃控制（R）。振铃电压为交流电压 75V±15V，频率为 25Hz。当铃流高压送往用户线时，必须采取隔离措施，使其不能流向用户电路的内线，否则将引起内线电路损坏。一般采用振铃继电器来实现，振铃控制电路如图 2-6 所示。需向用户送振铃信号时，由中央处理机送出控制信号至用户处理机的信号分配存储器，在用户处理机的软件控制下，读出送给被叫用户振铃的控制信息。该信息控制相应的振铃继电器（RJ）吸动，使 RJ_1 和 RJ_2 触头由 1 转接至 3，触头 2 与 3 接通，铃流通过继电器的触头 2 和触头 3、话机电铃、隔直流电容器到电源地，形成铃流环路。

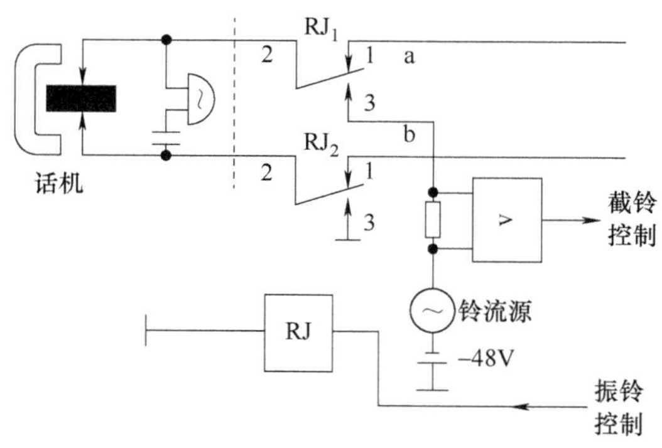

图 2-6　振铃控制电路

④ 监视（S）。监视功能主要是监视用户线的通断状态，及时将用户线的状态信息送给处理机处理。由于馈电电源通过用户线、用户话机等构成回路，一旦用户摘机，用户线就有直流电流；用户挂机，用户线就没有直流电流；用户拨号（脉冲拨号时），用户线上就是一

串通断变化的直流信号。所以处理机可根据用户线有无电流，也就是用户线的通断情况来判断用户摘机、挂机或脉冲拨号，监视电路如图 2-7 所示。

⑤ 编译码和滤波（C）。编译码和滤波功能是完成模拟信号和数字信号间的转换。由用户话机送话器送出的话音信号是模拟信号，在送入数字交换网络前，要由编码器将其变为数字化脉冲编码调制（PCM）编码信号。由于模拟信号在编码前要进行抽样，故需将模拟信号的频带限制在 300～3400Hz 范围内，所以在编码器前要加一个带通滤波器。从数字交换网络送出的 PCM 编码信号要通过译码器变为脉冲幅度信号，再通过低通滤波器还原成模拟信号送至用户话机的听筒，所以在完成模-数转换时，编译码器和滤波器是密不可分的。目前，编译码器和滤波器都采用专用集成电路（如 MC145503 等），每个用户电路中都单独配备一套编译码器与滤波器。

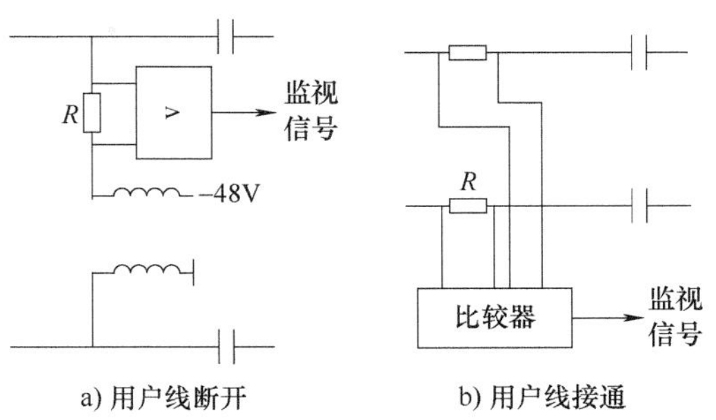

图 2-7　监视电路

⑥ 混合电路（H）。混合电路功能是用来进行二/四线转换。用户线上传送的是模拟信号，一般都是采用二线双向传输。而数字信号的传输必须是单向，即发送时要通过编码器，接收时要通过译码器，也就需要四线传输。所以在二线和四线交接处必须要有二/四线转换接口，如图 2-8a 所示。图 2-8b 所示是一种由集成电路构成混合电路的原理示意图，从接收端 C_1-C_2 接收的信号，经 BG_1 送至 BG_2 和 BG_5。BG_5 是一个反向器，经反向后送至 BG_6。BG_2 和 BG_6 驱动功率放大电路向用户送来输入信号，由 Z_A 接收，但不可避免地还要回输给差动放大器 BG_3，这一回送信号通过 R_3 至发送端的放大器 BG_4，形成回波。为了抵消这一回波信号，在 BG_1 和 BG_4 间加入一个平衡网络 R_1、R_2 及 Z_B，这就使 BG_1 的输出信号有一部分要通过平衡网络送至放大器 BG_4 的另一输入端，通过调整 Z_B 使得该信号与 BG_3 回送的信号幅度相等、相位相反，合成后使其值为 0，使 BG_4 无输出（消除了回波）。

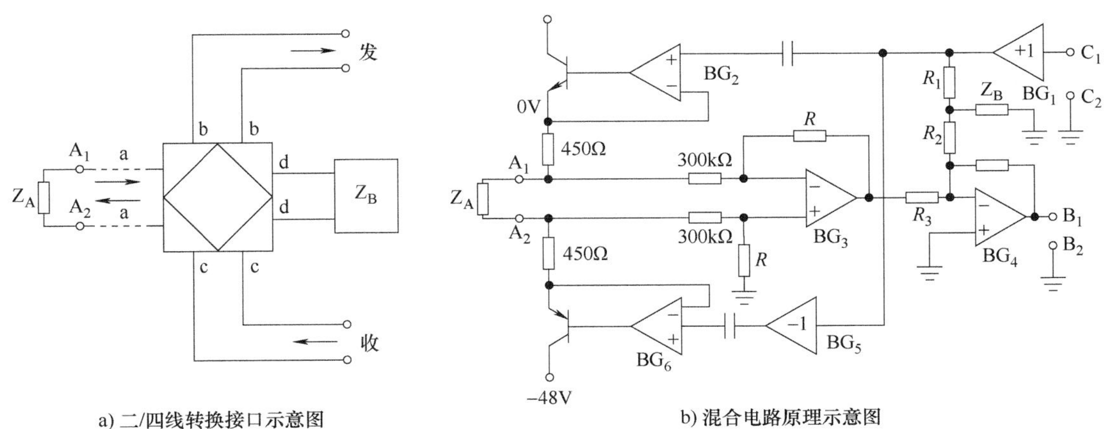

图 2-8　混合电路工作原理

⑦ 测试（T）。测试功能主要是用来及时发现用户终端、用户线路和用户线接口电路可能发生的混线、断线、接地、与电力线碰接以及元器件损坏等各种故障，以便及时修复和排除。

图 2-9 所示为用户电路中的测试电路，它提供了一些测试接点及开关。这些接点及开关多用继电器控制。当需要测试外线时，驱动外线继电器动作，断开内线，将测试仪表与外线接通，进行测试；当需要测试内线时，控制内线继电器动作，断开外线，将测试仪表与内线电路相接，测试内线。对内线和外线的测试一般采用周期巡回自动或指定测试。

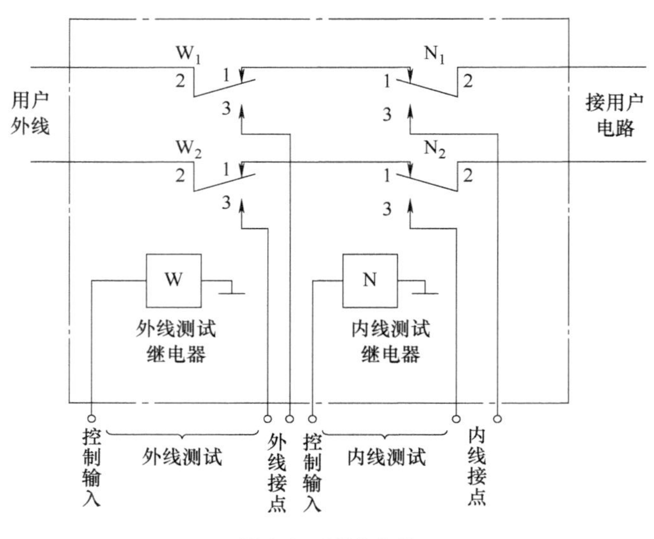

图 2-9　测试电路

图 2-10 所示为采用 MC3419 和 MC145503 构成的实际模拟用户电路，MC3419 与外部两个达林顿管（VT_1 和 VT_2）配合提供电流馈电功能（B），与振铃继电器（RJ）及控制接口电路配合提供振铃与截铃功能（R），与外部上拉电阻配合提供状态监视功能（S），与平衡网络配合提供混合电路功能（H）；MC145503 完成编译码与滤波功能（C），其编译码所需的时钟信号和帧同步信号由时序分配电路提供；两个热敏电阻和 4 个二极管组成过电压保护电路（O）；由两个测试继电器（NJ 和 WJ）提供内外线测试功能（T）。在实际交换机中，除了继电器和达林顿管（VT_1 和 VT_2）之外，通常都统一做到一块厚膜电路上，每块电路板可以放置 24 个、32 个或者 64 个用户电路。

（2）数字用户电路

数字用户电路（Digital Line Circuit，DLC）是数字用户终端设备与程控数字交换机之间的接口电路。数字用户终端设备有数字话机、个人计算机、数字传真机及数字图像设备等，它们都是以数字信号的形式与交换机相沟通。数字用户电路与模拟用户电路不同，为了在二线制的用户线上进行数字信号的双向传输，需要采取一些特殊的技术，如时分复用（Time Division Multiplexing）、回波消除（Echo Cancellation）。

2. 用户集线器

用户集线器（Subscriber Line Concentrator，SLC）是用来进行话务量的集中（或分散）

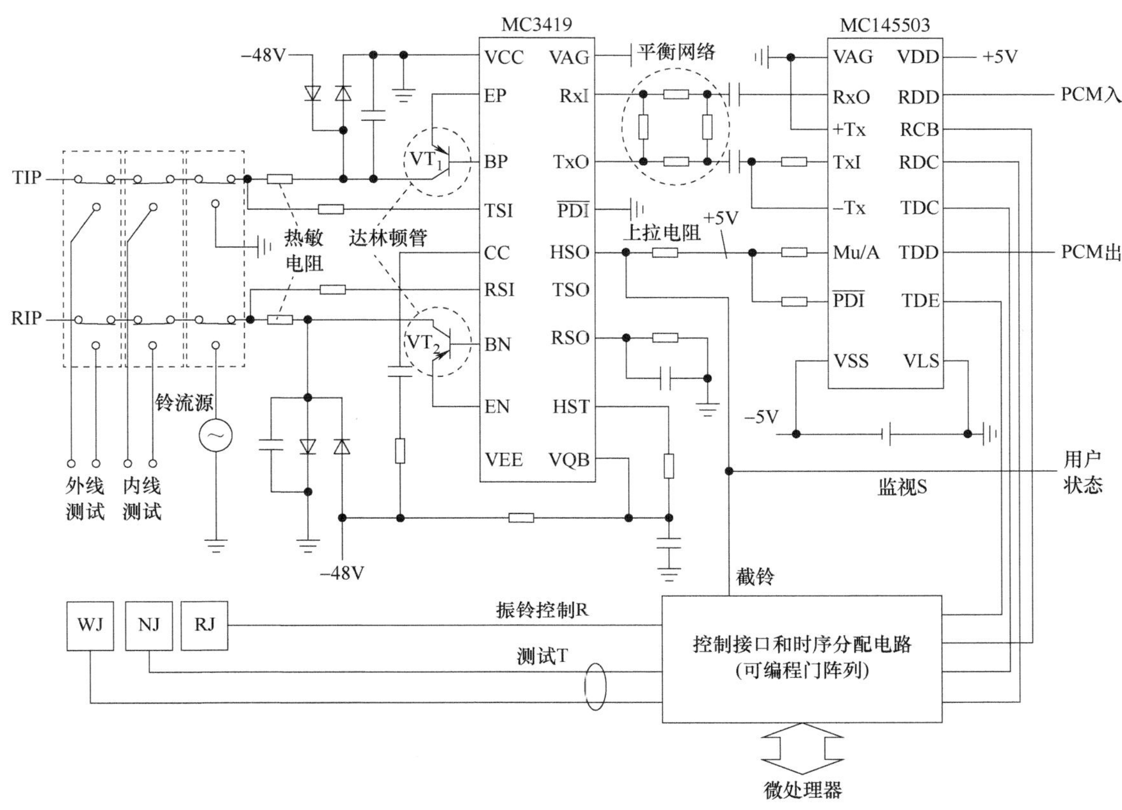

图 2-10　模拟用户电路举例

的。对于每个用户来说，话务量是很低的，一般小于 0. 12～0. 2Erl。如果每个用户都在交换网络中占据一条话路，显然是很不经济的。为此采用用户集线器，进行话务量集中。通常以 120 个用户为一群，出线为 4 套 PCM（128 时隙，120 条话路）。每群有一个用户级 T 接线器（原理上与数字交换网络的 T 接线器相同），可以有多个用户群复接（到数字交换网络去的各群话音存储器输出复接，由数字交换网络来的则输入复接），从而将几百个用户或上千个用户共用到 120 条话路接到数字交换网络，复接的用户群数就是集中比。集中后，话路的话务量可达到 0. 8Erl，这样既节省了投资，又能使用户级话路至数字交换网络间采用传输质量高的 PCM 线路，改善用户线的传输质量。

如图 2-11 和图 2-12 所示，集中比为 16∶1 的用户集线器（即用户级 T 接线器）是由 16 个群复接而成。从用户话路的发送端经上行通道（用户集线器输出送至交换网络的通道），采用了集中话路的办法，将几百个甚至上千个用户话路集中到 120 条话路上，送入交换网络进行集中交换；交换后输出，经过用户集线器将话路中的信息分送至相关用户接收端，故用户集线器包含具有集中话路功能的上行用户级 T 接线器和具有扩展功能的下行用户级 T 接线器两部分。在实际交换机中，集中比通常为 4∶1。

远端用户单元是指装在距离交换局较远的用户分布点上的话路设备。它的基本功能也包括用户电路和用户集线器，只是把用户单元设备装到远离交换局的用户集中点，它是将若干个用户线集中后以数字中继线连接至母局。远端用户单元也可称为远端模块。

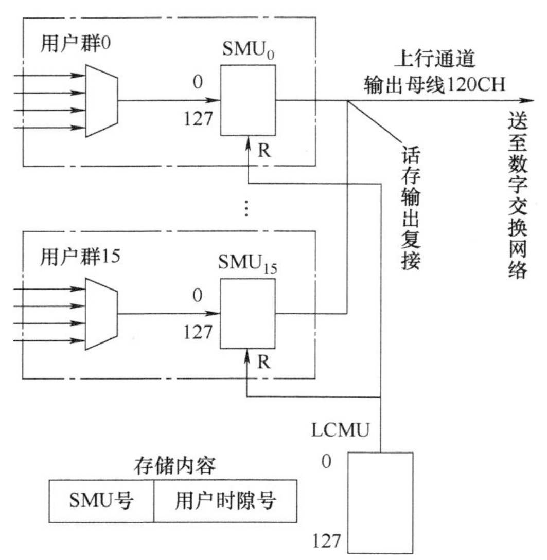

图 2-11　用户级 T 接线器复用示意图

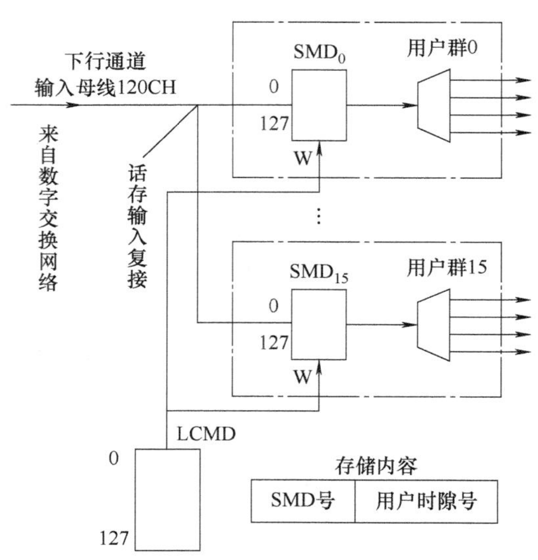

图 2-12　用户级 T 接线器分路示意图

3. 模拟中继接口电路

模拟中继接口电路是数字交换机与其他交换机之间采用模拟中继线连接的接口电路，它是为数字交换机适应模拟环境而设置的。模拟中继接口电路的功能与模拟用户电路类似，也有过电压保护（O）、编译码及滤波（C）和测试（T）功能，不同的是它不需要馈电（B）和铃流控制（R）功能，如图 2-13 所示。

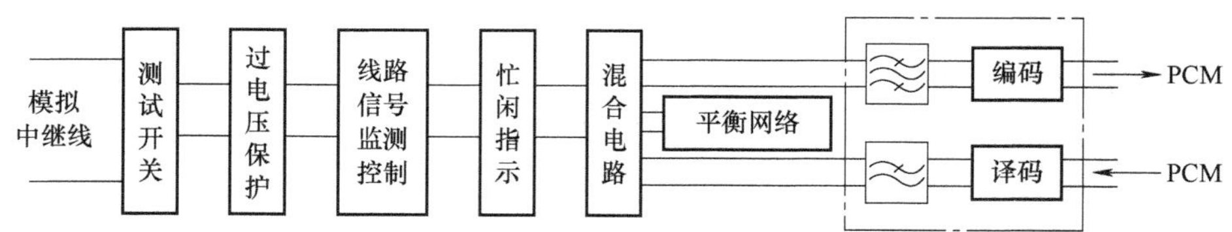

图 2-13　模拟中继接口电路的功能框图

4. 数字中继接口电路

数字中继接口电路是连接数字交换局之间的数字中继线与数字交换网络的接口电路，它的输入端和输出端都是数字信号，因此不需要进行模-数和数-模转换。由于线路传输的码型与机内逻辑电路所采用的码型不同，所以需要码型变换。此外，由于从各条数字中继线送来的码流不同，决定码流速率的时钟频率和相位都会有些差异，码流中的帧定位信号也会与本局的帧定位信号不同步，这都需要接口设备加以调整和协调。数字中继接口电路的功能组成框图如图 2-14 所示。

数字中继接口电路主要有码型变换、时钟提取、帧同步和复帧同步、帧定位、信号控制、帧和复帧定位信号的插入、信令提取、告警检测等功能。

(1) 码型变换

从外线接收时，码型变换是将线路上传输的 HDB3 码型变为适合数字中继器内逻辑电路

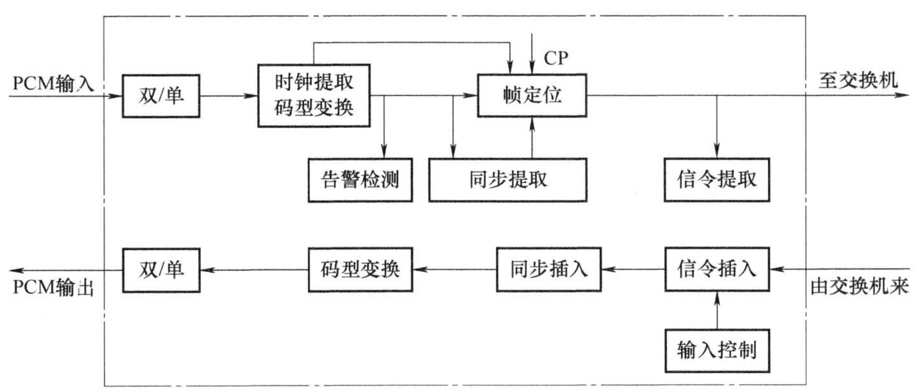

图 2-14　数字中继接口电路功能组成框图

工作的 NRZ 码。HDB3 码是连“0”抑制码，它将 4 个连零码变为“000V”或“B00V”的形式。所以码型变换设备要将其恢复成 AMI 码，再经整流后变成 RZ 码，最后变成 NRZ 码。

在向外发送时，码型变换是将内部的 NRZ 码变成 HDB3 码，送至 PCM 传输线上。

（2）时钟提取

时钟提取电路用于从 PCM 传输线送来的码流中提取发送端送来的时钟信息，以便控制帧同步电路，使接收端和发送端同步。其从传输线上传来的 HDB3 码变成 AMI 码后，在码型中没有时钟频率成分，故需要将 AMI 码经整流变成 RZ 码，从 RZ 码中提取时钟频率成分。

（3）帧同步和复帧同步

帧同步的目的是使接收端帧的时序一一对应，即从 TS_0 开始，使后面的各路时隙一一对应，保证各路信息能够准确地被各接收端所接收。同步提取电路要从发送端送来的码流中，检测出偶数帧的 TS_0 中所发来的帧同步码“×0011011”（×表示国际备用，一般为 1），经过比较、鉴别和调整，确认其为帧同步信号时发出帧定位的控制信号。

奇数帧同步码为“11A11111”，对奇数帧 TS_0 中送来的帧失步告警信号，还需辨别其真假。当确认其失步时，应通知控制系统和维护管理系统，以便采取措施进行处理。

帧同步并不等于复帧也同步。在复帧的各个 TS_{16} 中传送的是各条话路的线路信令码，若复帧不同步，将会造成各路的信令错位，使通信无法进行。复帧同步就是要在传输码流中，检测出 F_0 帧 TS_{16} 的前 4 位码“0000”。一经检测出复帧同步码“00001B11”后，即可发出定位控制信息，使接收端的复帧时序和发送端的复帧时序一一对齐，以便做到帧和复帧与发送端同步，使通信准确无误。A 和 B 分别用于帧和复帧失步的远端告警（正常为 0）。

（4）帧定位

帧定位是使输入的码流相位和局内的时钟相位同步。

由于发送端局和接收端局的时钟可能会出现一些偏差，或者由于传输的码流因时延的影响而与局内时钟在相位上有些偏差，这些都会影响局间信息交换的正常进行。所以必须把发送端局送来的各时隙传送的信息，准确地按照本局的时钟传送，这就是帧定位的任务。

帧定位一般采用弹性存储器来实现。弹性存储器的写入，是由时钟提取电路从接收的码流中提取的发送端时钟来控制，而读出是由本局的时钟控制；再经过弹性存储器内的串/并变换及锁存器的处理，使其输出的各时隙，无论是在频率上还是在相位上均与本局时钟一致。弹性存储器可以采用移位寄存器，也可以采用随机存取存储器（Random Access Memory，RAM）。

（5）信号控制

信号控制功能是通过信令插入和信令提取电路来完成的。在接收方向上，将传输线上通过 TS_{16}时隙送来的信令码提取出来，按复帧的格式将其变换为连续的 64kbit/s 信号，在输入时钟的控制下，写入控制电路的存储器，而在本局时钟的控制下，从存储器中读出。在发送方向上，信令信号在本局时钟控制下送入到 TS_{16}，再送往对端交换机。

（6）帧和复帧定位信号的插入

因为在交换网络输出的信号中不包含帧和复帧的同步信号，所以在发送时，应将帧和复帧的同步信号插入，这样就形成了完整的帧和复帧的结构。帧和复帧定位信号插入是伴随帧和复帧同步信号的插入过程来实现的。

2.1.3 信令单元

信令单元包括模拟信令单元和 No.7 信令单元。

1. 模拟信令单元

交换机需要向用户发送各种信号音，如拨号音、忙音和回铃音，也需要向其他交换局发送和接收各种局间信号，如多频信号。这些信号都是音频模拟信号。信令单元功能电路主要是信号部件，包括信号音发生器、多频接收器和发送器等，它们都是连接在数字交换网络上的。因此，这些模拟信号必须经过数字化后才能进入交换网络，以达到传送信号的目的。必须需要指出的是，目前的实际交换机中，信号部件的相关功能主要是利用数字信号处理器（DSP）的软件来实现的。下面简单说明信号音的产生、发送和接收过程的基本原理。

（1）数字音频信号的产生

数字信号音是由数字信号发生器产生的。该发生器内有只读存储器、计数器和译码器等设备。对要求产生的信号音进行抽样，抽样频率为 8000Hz，也就是每隔 125μs 的时间抽样一次；再将每次抽样的幅度进行编码，写入只读存储器（Read Only Memory，ROM）中；最后在计数器的控制下，按一定的规律读出只读存储器中的内容，就产生了数字信号音。例如，要想产生 500Hz 的音频信号。首先是抽样，抽样周期为 125μs，可抽取 16 个样值；然后是编码，每个样值编成 8 位码，第 1 位为极性码，第 2~8 位为幅度码；第三是写入 ROM 中。ROM 的读出是受 0~15 循环计数器控制的，计数器在帧脉冲控制下，每来一个帧脉冲，计数器加 1；当计数器加到 15 时，若再输入一个帧脉冲就复位为 0。计数器输出的 4 位码通过译码器形成 ROM 的读出控制信号，按 4 位码的顺序控制将 ROM 各个单元内容读出。再如，要产生 450Hz 的音频信号，则要求 450Hz 的信号能够经过几个周期后，恰是 8000Hz 抽样频率的周期的整数倍，即应求出 450Hz 和 8000Hz 的最大公约数为 50Hz。因此，要求 ROM 有 160 个单元，存储 160 个样值编码。

（2）数字音频信号的发送

在程控数字交换机中，各种数字音频信号大多是通过数字交换网络送出，和普通语音信号一样处理。

① 用 T 接线器发送音频信号。要想将数字音频信号发送给某个用户，首先要将数字音频信号存放在 T 接线器的某个指定单元，当需要对某个用户送去音频信号时，可从该单元中取出并送至该用户的所在时隙上。一般选 TS_0 或 TS_{16}所对应的存储单元存放音频信号，由于在交换网络内，这两个时隙是空闲的，可以移作他用。当然也可以选用其他时隙。

② T-S-T 链路半永久性连接法。T-S-T 链路半永久性连接是在开局时，就将各链路接好。信号音接在 T-S-T 网入口处的指定时隙 TS_i 中，指定一条链路作半永久性连接，将各模块的链路 TS_i 和 $TS_i+1/2$ 帧腾出来专门用来接续拨号音（其他音信号均可）。

（3）数字音频信号的接收

各种信号音都是由用户话机来接收的。这种音频信号在用户电路中经过译码变成模拟信号自动接收。

多频信号是由接收器接收，一般采用数字滤波器滤波。接收器中采用的数字滤波器和传统的窄带滤波器不同，它的滤波过程实际上是一个计算过程，是将输入信号的序列数字按照预定的要求转换成输出序列。

多频信号主要有两种：一种是由用户电路送来的双音多频（Dual Tone Multi-Frequency，DTMF）信号；另一种是由中继线接口电路送来的多频互控（Multi-Frequency Controlled，MFC）信号。这些信号在程控数字交换机中都变成了数字信号，通过数字交换网络送到相应的接收器。对于双音多频信号，由 DTMF 收号器接收；对于中继线送来的多频互控信号，则由 MFC 信号接收器接收。以实际交换机 ZXJ10 为例，模拟信令板（ASIG）就是用来接收各种多频信号的，由于其内部功能的软件化实现，它可以根据用户需要随意配置成 DTMF、MFC、来电显示（CID）、会议电话等功能。

2. No. 7 信令单元

No. 7 信令单元与模拟信令单元不同，其任务是产生和处理 No. 7 信令（共路信令）消息，利用不同交换局之间与话音通路分开的专门数据通路（即公共信道），透明地传送各种用户（交换局）所需的业务信令和其他形式的信息。以实际交换机 ZXJ10 为例，No. 7 信令板（STB）属于主控单元的一部分。

2.2 数字交换网络

程控数字交换机的交换功能是通过数字交换网络（交换单元）来实现，交换机的容量主要取决于交换网络的大小和处理机系统的呼叫处理能力。

2.2.1 数字交换原理

程控数字交换机的根本任务就是要通过数字交换来实现任意两个用户之间的语音交换，即要在这两个用户之间建立一条数字语音通道。

A 用户的语音信息 a 在 TS_1 时隙时，通过 A 用户的发送回路送至交换网络的语音存储器中的 1#单元暂存，在 TS_2 时隙时将语音信息 a 从 1#单元取出，经交换网络的输出线送至 B 用户接收回路送给 B 用户；B 用户的语音信息 b 在 TS_2 时隙时，通过 B 用户发送回路送至交换网络的语音存储器中的 2#单元暂存，在 TS_1 时隙时将语音信息 b 从 2#单元中取出，经交换网络的输出线送至 A 用户的接收回路送给 A 用户，完成了 A 用户和 B 用户之间的信息交换，如图 2-15 所示。

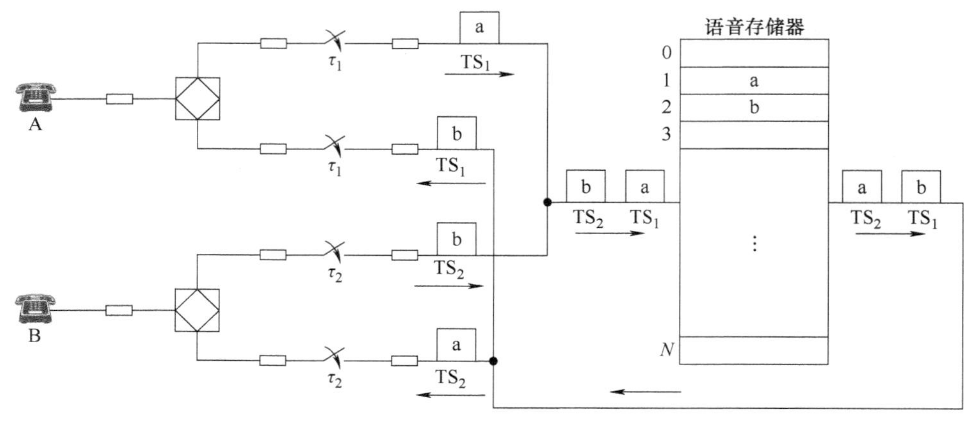

图 2-15 时隙交换原理

由上所述，数字交换的本质是时隙交换，就是将一个语音信息由某个时隙搬移至另一个时隙，它是通过时分接线器来完成的。由于时分接线器的容量不大，若组成一个电话交换局显然是不够的，还必须利用空间交换来扩大其容量。这里讲的空间交换仍是时分制的数字交换，信息编码仍是在某个时隙内传输，仅仅是由这一条复用线上交换到另一条复用线上，时隙不变。因此，数字交换网络包括 T 型时分接线器和 S 型时分接线器两种基本部件，分别用于完成时间交换和空间交换。这里必须强调说明的是，目前由于大规模可编程集成电路技术的发展，特别是程控数字交换机多采用模块化的分散控制结构，每个模块的交换网络多采用单 T 结构，但为了保持技术理论的完整性，本节除了重点介绍 T 型时分接线器之外，对 S 型时分接线器、T-S-T 交换网络还是做了简单介绍。

2.2.2 数字交换的基本部件

1. T 型时分接线器

（1）T 接线器的基本组成

T 型时分接线器（Time Switch）又称时间型接线器，简称 T 接线器。它由语音存储器（Speech Memory，SM）和控制存储器（Control Memory，CM）两部分组成，其功能是进行时隙交换，完成同一母线不同时隙的信息交换，即把某一时分复用线中的某一时隙的信息交换至另一时隙。

语音存储器（SM）用于暂存经过脉冲编码调制（PCM）编码的数字化语音信息，由随机存取存储器（RAM）构成。SM 的每个单元可以存储一个话路时隙的 8 位 PCM 编码信息。SM 的容量（即存储单元数）应等于输入或输出时分复用线上的时隙数。已编码的语音信息周期性地写入语音存储器内，并从语音存储器内周期性地读出。在语音存储器内，可以进行若干次读操作，但写操作只能在规定的时间内进行一次。

控制存储器（CM）也由 RAM 构成，用于控制语音存储器信息的写入或读出。也就是说，其内容表示语音存储器写入或读出语音信息的控制地址，由处理机控制写入。控制存储器存储的是其所控制的语音存储器地址，其单元数应等于语音存储器的单元数，单元内容的位数由语音存储器的容量来决定。例如，输入输出时分复用线的时隙数为 512 个，则语音存储器和控制存储器的单元数均为 512 个，语音存储器的位数为 8 位（8 位 PCM 编码信息），控制存储器的位数为 9 位（语音存储器地址）。

通过 T 接线器交换后输出的信息总是滞后于输入的信息，但最大不会超过一帧时间。

（2）T 接线器的工作原理

按照控制存储器对语音存储器的控制关系，T 接线器的工作方式有两种：读出控制方式和写入控制方式。若出线数等于入线数，则称为分配器；若出线数小于入线数，则称为集线器；若出线数大于入线数，则称为扩展器。

① 读出控制方式。语音存储器的存储单元数在读出控制方式中标志着接线器的入线数，而控制存储器的存储单元数标志着接线器的出线数（在写入控制方式中恰与此相反）。如图 2-16 所示，读出控制方式的 T 接线器是顺序写入控制读出的，其语音存储器（SM）读出是受控制存储器控制的，SM 写入是在定时脉冲控制下顺序写入。也就是说，其输入时分复用线上的语音信息内容在时钟控制下顺序写入 SM 中；在 CM 的控制下，把 CM 的内容作为 SM 的读出地址，读出 SM 中的信息送到输出时分复用线上。而控制存储器的写入是受中央处理机控制的，是控制写入；它的读出则是在定时脉冲控制下，顺序读出。

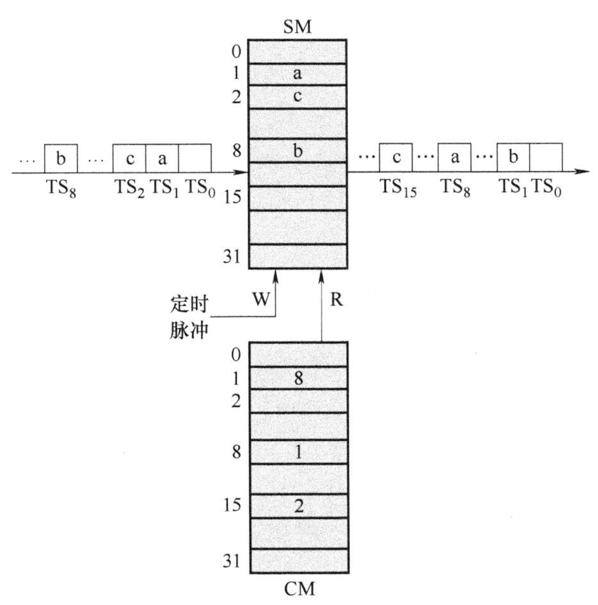

图 2-16　读出控制方式的 T 接线器

现假定 A 用户（占用 TS_1）与 B 用户（占用 TS_8）通话，即 $TS_1 \leftrightarrow TS_8$。

【$TS_1 \rightarrow TS_8$】：主叫 A 的语音信息 a 要向被叫 B 传送，中央处理机根据这一要求，向控制存储器下达“写”命令，令其在 8#单元中写入“1”。写入后，这条话路即被建立起来，用户可进行通话。当 TS_1 时隙到来时，语音信息 a 在此刻被送到语音存储器的输入端，定时脉冲将给语音存储器提供写入地址“1”，将输入端的语音信息 a 写入到 1#单元。这就是顺序写入，它是在定时脉冲的控制下进行的。

控制存储器的读出是在定时脉冲控制下，按时间的先后顺序执行。当定时脉冲到 TS_8 时隙时，就读出控制存储器的 8#单元的内容“1”，这一读出内容被送给语音存储器，作为语音存储器的读出地址，将语音存储器 1#单元里存放的语音信息 a 读出，送到输出线上的 8#时隙中。可见，语音信息 a 是在 TS_8 时隙读出的，而此时刻正是 B 用户接收语音信息的时候，所以语音信息 a 就送给 B 用户。

【$TS_8 \rightarrow TS_1$】：B 用户的回话信息 b 被传送，也要由中央处理机控制，向控制存储器下达“写”命令，令其在 1#单元中写入“8”。写入后，这条回话路由即被建立起来，B 用户可进行回话。从 B 用户的发送回路送出语音信息 b，在语音存储器的左侧（输入侧）TS_8 时隙送入，当定时脉冲为“8”时，将语音信息 b 写入到语音存储器 8#单元内。何时读出由控制存储器控制。当定时脉冲到 TS_1 时隙时，就读出 1#单元内存储的内容“8”，这一读出内容被送给语音存储器，作为语音存储器的读出地址，将语音存储器的 8#单元内的语音信息 b 读出，送至输出线上的 1#时隙中。因为语音信息 b 是在 TS_1 时隙送至输出线的，此时正是 A 用户接收语音信息的时候，所以语音信息 b 就送给 A 用户。

这两条语音通道是同时建立的，即中央处理机向控制存储器下“写”命令时，是同时下达的。但这种“写”命令在整个通话期间，只下达一次，所以控制存储器的内容在整个通话期间是不变的。只有通话结束时，中央处理机再下一次“写”命令，将其置“0”，才将这两条通话回路拆掉。

由上述情况可看出，控制存储器的单元地址与输出时隙号相对应，在其单元内写入的内容与输入时隙号相对应，该内容就是输入信息（发话人的语音信息）在语音存储器的存入地址。例如，TS_2 的语音信息 c 要交换给 TS_{15}，则控制存储器就应在 15#单元里写入 2#地址，这 15#与（输出）时隙号 TS_{15} 相对应，而 2#地址与（输入）时隙号 TS_2 相对应。语音信息 c 存放在语音存储器的 2#单元，所以 2#单元是发话人的语音信息在语音存储器的存储地址。

在图 2-16 中，语音存储器有 32 个单元，每个单元都有一个单元地址，这样由 PCM 线上送来 32 个时隙，每个时隙都对应于一个存储单元。控制存储器也有 32 个存储单元，它控制着 T 接线器的输出时隙。如果存储器有 256 个单元，则地址码就应为 0~255。

② 写入控制方式。如图 2-17 所示，写入控制方式的 T 接线器是控制写入顺序读出的，其语音存储器（SM）的写入受控制存储器（CM）控制，SM 读出则是在定时脉冲的控制下顺序读出。也就是说，在 CM 控制下，把 CM 的内容作为 SM 的写入地址，将输入时分复用线上语音信息内容写入到 SM 的相应单元中；在时钟控制下顺序读出 SM 存储的内容送到输出时分复用线上。

现在仍以上述的一对用户（即 $TS_1 \leftrightarrow TS_8$）为例，说明时隙交换原理。

当中央处理机得知用户要求后，即向控制存储器下“写”命令，命令在控制存储器的 1#单元写入“8”，在 8#单元写入“1”。每个单元地址与输入时隙相对应，在每个单元里写入的内容仍是发话人的语音信息在语音存储器的存储地址，与其输出时隙相对应。控制存储器写入地址后，通路即建立起来，用户可以进行通话。

【$TS_1 \rightarrow TS_8$】：在 TS_1 时隙时，A 用户的语音信息 a 送到，存放地点则由控制存储器决定，它不是按顺序存入。控制存储器的读出是按顺序读出的，所以在此时刻（即 TS_1 时隙）它在定时脉冲的控制下，读出控制存储器 1#单元的内容为“8”，并通过写入控制线送向语

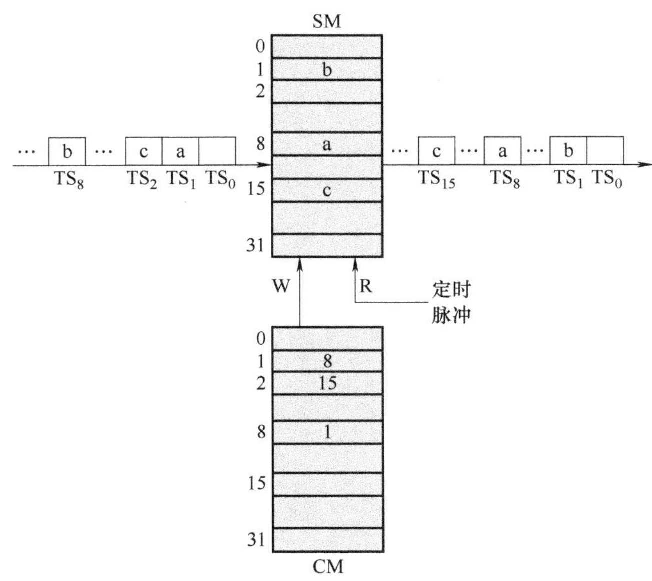

图 2-17　写入控制方式的 T 接线器

音存储器，作为语音存储器的写入地址，语音存储器根据这个地址，将此时来的语音信息 a 存入 8#单元。语音存储器在定时脉冲的控制下，按时隙的先后顺序读出相应单元的内容，即在 TS_8 时隙，读出 8#单元的内容 a，送至输出线上。当语音信息 a 在 TS_8 时隙读出的时刻，B 用户接收语音信息。因而，完成了将语音信息从 A 用户的 TS_1 信道，交换到 B 用户的 TS_8 信道。

【$TS_8 \rightarrow TS_1$】：在 TS_8 时隙时，控制存储器在定时脉冲控制下，按顺序读出 8#单元的内容为“1”，然后通过写入控制线送向语音存储器，作为语音存储器的写入单元地址。语音存储器根据这个地址，将此时送来的语音信息写入到 1#单元。此时，输入线上送来的语音信息就是 B 用户的语音信息 b，所以 b 信息就被写入到 1#单元。这个语音信息 b 要等到下一个周期 TS_1 时隙时，才能读出，并送到 A 用户的接收回路中。控制存储器的写入是每次通话只写一次，直到通话结束。

这种控制方式的控制存储器单元地址是与输入时隙相对应，而单元内存放的内容（语音存储器的地址码）是与输出时隙相对应。例如，TS_2 用户的语音信息 c 要送给 TS_{15}用户，则中央处理机在控制存储器的 2#单元写入“15”。在 TS_2 时隙时，语音信息 c 存放在语音存储器的 15#单元，在 TS_{15}时隙时从 15#单元中读出。

（3）T 接线器的电路组成

T 接线器的交换容量主要取决于该接线器的存储器容量和速度，多以 8 端或 16 端 PCM 交换来构成一个交换单元，每一条 PCM 线称为 HW（Highway）。如果输入端接 8 条 HW，则 T 接线器的 SM 就应有 256 个存储器单元；若接 16 条 HW，则 SM 就应有 512 个存储单元。

图 2-18 所示为 8 端脉冲（PCM）输入的 T 接线器框图，由复用器、语音存储器（SM）、控制存储器（CM）和分路器 4 个部分组成。

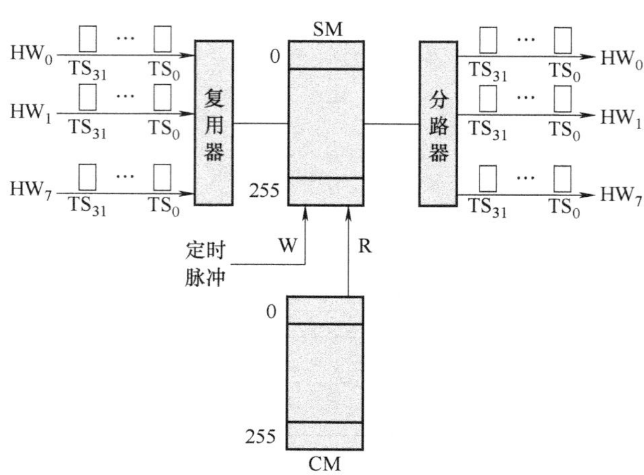

图 2-18 8 端 PCM 输入的 T 接线器

① 复用器。复用器的输入端是 8 条 PCM 线（HW_0~HW_7），每条 HW 为 32 个时隙（即 TS_0~TS_{31}），并以 2Mbit/s 速率串行方式传送码流信息；复用后送给话音存储器时将变成 8×32=256 个时隙。复用器输出时隙与输入时隙之间的对应关系为 ITS=TS×8+HW。其中，ITS 是输出时隙号；HW 是输入线编号；TS 是输入线上的时隙编号。如果整个过程都以串行码流方式传递，则输出速率是 2×8=16Mbit/s，这样就提高了半导体器件存取数据的速度要求。同时，由于话音 PCM 编码信息是 8 位的、SM 每个存储单元也是 8 位的，串行码流显然不便于存储操作，因而复用过程就先将串行码流变成 8 位并行码流，然后再将 8 条 PCM 线的并行码流信息进行合并复用，这样速率由 16Mbit/s 变回到 2Mbit/s，而且 8 位并行码可以同时写入话音存储器中，存储操作方便。这里需要提醒注意的是，复用前后每帧周期均为 125μs，复用之前，每条 HW 上每个时隙的持续时间是 3. 9μs；复用后每条线上有 256 个时隙，每个时隙的持续时间变成 488ns。因此，复用器的基本功能是串并变换和并路复用。利用复用器可以减低数据传输速率，便于半导体存储器件的存储和取出操作；还能尽可能利用半导体器件的高速特性，使在每条数字通道中能够传送更多的信息，提高数字通道的利用率。

② 分路器。分路器的功能与复用器正好相反，完成并/串变换和分路输出功能。

因此，对于 T 接线器来说，多条输入 HW 线的串行码，经复用器后输出的是并行码，送到语音存储器；从语音存储器输出的也是并行码，送到分路器后，变成串行码输出至各条输出 HW 线上。

（4）T 接线器的实际电路与应用

MT8980 是 MITEL 公司生产的一种典型数字交换电路（T 接线器），能完成 8HW 线×32 信道（TS）的数字交换功能，它内部包含串/并转换器、数据存储器、帧计数器、控制接口电路、接续存储器、控制寄存器、输出复用电路、并/串转换器等功能单元，如图 2-19 所示。数据存储器就是语音存储器（SM），接续存储器就是控制存储器（CM），控制接口和控制寄存器用于处理机给芯片写入控制信息。

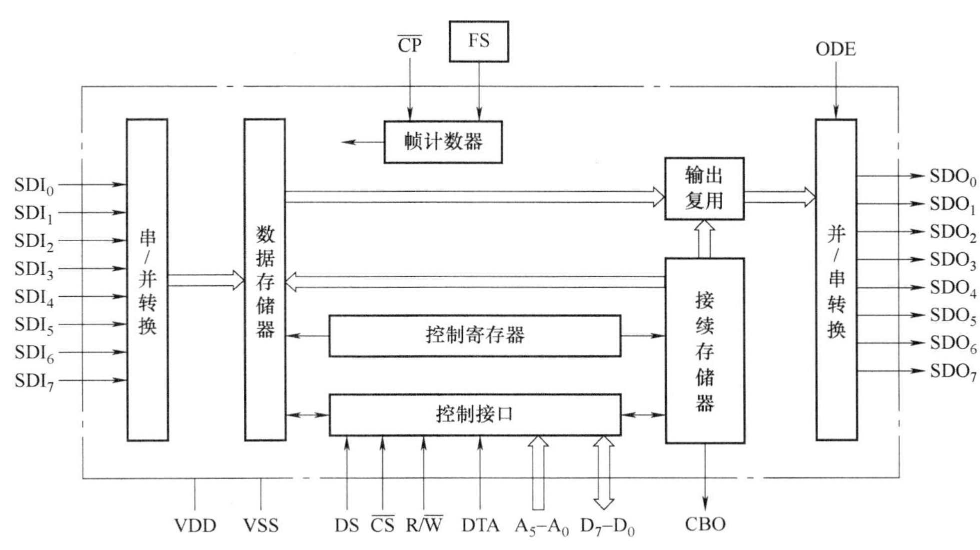

图 2-19　MT8980 的功能单元框图

MT8980 电路的基本原理如下：串行 PCM 数据流以 2.048Mbit/s 速率分 8 路由 SDI_0 ~ SDI_7 输入，经串/并转换，根据码流号（PCM 号）和信道号（时隙）依次存入数据存储器的相应单元中。控制寄存器通过控制接口，接收来自微处理器的指令，并将此指令写入到接续存储器。这样，数据存储器中各信道的数据按照接续存储器的内容（即接续命令），以某种顺序从中读出，再经复用、缓存、并/串转换，变为时隙交换后 8 路 2.048Mbit/s 的 SDO_0 ~ SDO_7 串行输出码流，从而达到数字交换的目的。

电路内部的全部动作均由微处理器通过控制接口控制，微处理器可以读取数据存储器、控制寄存器和接续存储器的内容，也可以向控制寄存器和接续存储器写入命令。接续存储器的容量为 256×11 位，分为高 3 位和低 8 位两部分，前者决定本输出时隙的状态，后者决定本输出时隙所对应的输入时隙。电路不仅可以工作于交换方式，在接续存储器的控制下进行数据存储器内信息的读出，而且可以工作于消息方式，把接续存储器低 8 位的内容作为数据直接输出到相应时隙中。此外，电路还可以置于分离方式，即微处理器的所有读操作均读自于数据存储器，所有写操作均写至接续存储器的低 8 位。

例如，要想把输入线 SDI_3-TS_5 的内容交换到输出线 SDO_1-TS_{20} 中，微处理器可以按照以下步骤向芯片写入控制指令。

① 给 0#控制寄存器（$A_5=0$，$A_4 \sim A_0=00000$）写入 8 位控制信息“00010001”（即 $D_7 \sim D_0=00010001$）。其中，$D_7=0$ 表示非分离方式，$D_6=0$ 表示交换方式，$D_4D_3=10$ 表示指向接续存储器低 8 位，$D_2D_1D_0=001$ 表示输出码流号“1”（SDO_1），D_5 备用。

② 给接续存储器 20#信道（$A_5=1$，$A_4 \sim A_0=10100$，对应于输出时隙号 20）所对应的存储单元写入低 8 位控制信息“01100101”（即 $D_7 \sim D_0=01100101$）。其中，$A_5=1$ 表示指向接续存储器，$D_7D_6D_5=011$ 表示 SDI_3，$D_4D_3D_2D_1D_0=00101$ 表示 TS_5。

③ 给 0#控制寄存器（$A_5=0$，$A_4 \sim A_0=00000$）写入 8 位控制信息“00011001”（即 $D_7 \sim D_0=00011001$）。其中，$D_7=0$ 表示非分离方式，$D_6=0$ 表示交换方式，$D_4D_3=11$ 表示指向接

续存储器高 3 位，$D_2D_1D_0=001$ 表示输出码流号“1”（SDO_1），D_5 备用。

④ 给接续存储器 20#信道（$A_5=1$，$A_4\sim A_0=10100$，对应于输出时隙号 20）所对应的存储单元写入高 3 位控制信息“00000001”（即 $D_7\sim D_0=00000001$）。其中，$D_7D_6D_5D_4D_3$ 备用，$D_2=0$ 表示交换方式，$D_1=0$ 表示从 CBO 输出内容为“0”，$D_0=1$ 表示当 ODE=1，控制寄存器 $D_6=0$（交换方式）时，允许将数据存储器中的数据输出到相应码流和时隙中。

⑤ 置 ODE 为“1”，表示输出驱动允许。

完成了芯片控制信息设置后，MT8980 将自动把来自输入 PCM 线 SDI_3-TS_5 的语音信息交换到输出 PCM 线 SDO_1- TS_{20} 中。对于反方向交换时的控制信息设置，读者可以自己完成。

2. S 型时分接线器

S 型时分接线器是空间型接线器（Space Switch），其功能是完成“空间交换”，即在一根入线中，可以选择任何一根出线与之连通。与一般的空间接线器不同的是，它的入线和出线的连接只是在某一时隙内接通。根据控制存储器是控制输出线上还是控制输入线上交叉接点的闭合，可分为输出控制方式和输入控制方式两种。

（1）输出控制方式

现将 TS_2 时隙内的语音信息 a 由 HW_0 交换到 HW_7 上，如图 2-20 所示。根据这一要求，CPU 向 7#控制存储器下“写”命令，令它在 2#单元里写入 0#输入线号。当时序到达 TS_2 时，在定时脉冲的控制下，读出控制存储器 2#单元内容为“0”，即在 TS_2 时，控制存储器控制 7#输出线与 0#输入线的交叉接点接通，从而使语音信息 a 在 TS_2 时隙时由 HW_0 输入线通过交叉接点传到 HW_7 输出线上，完成“空间交换”。注意，S 型时分接线器是时分复用的，只完成了语音信息的空间位置交换，时隙并没有交换。

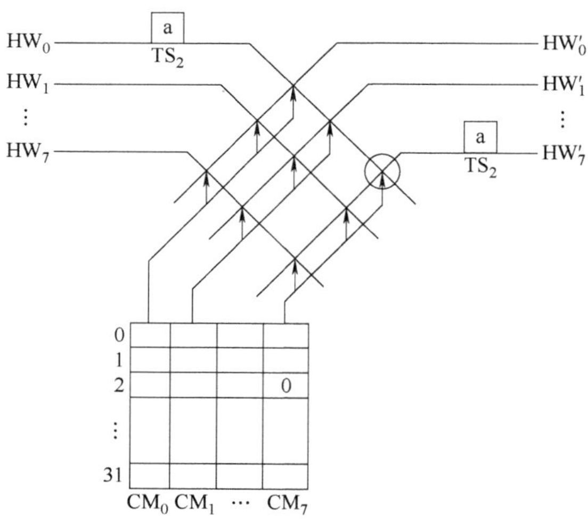

图 2-20　输出控制方式的 8×8 S 型时分接线器

（2）输入控制方式

输入控制方式的 S 型时分接线器，每条输入线上都配有一个控制存储器，控制该输入线的所有与输出线的交叉接点，如图 2-21 所示。若要将 HW_0TS_2 中的信息 a 交换到 HW_7TS_2，则 CPU 向 CM_0 下“写”命令，令其在 2#单元里写入 7#输出线号。当时序到达 TS_2 时，在定时脉冲的控制下，读出控制存储器 2#单元里的内容“7”，即在 TS_2 时控制 0#输入线与 7#输出线接点闭合，使信息 a 从 HW_0 输入线交换到 HW_7 输出线上。

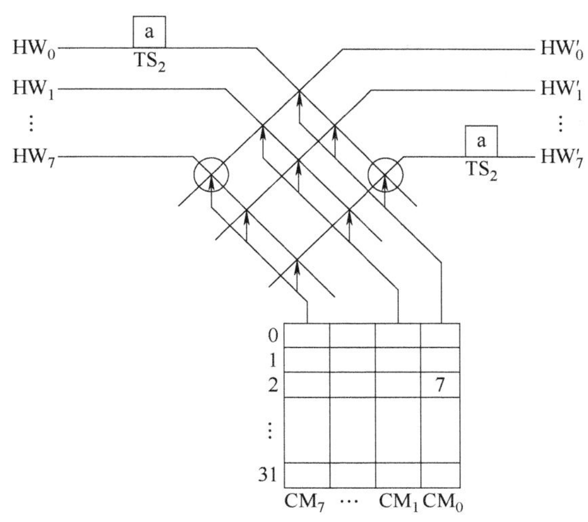

图 2-21 输入控制方式的 8×8 S 型时分接线器

2.2.3 多级时分交换网络

1. 读-写方式的 T-S-T 交换网络

T-S-T 交换网络是由输入 T 级（TA）和输出 T 级（TB），中间接有 S 型时分接线器组成。图 2-22 所示为 16 个输入侧 T 接线器和 16 个输出侧 T 接线器，中间是 16×16 的 S 型时分接线器的交叉点矩阵。每个 T 接线器的容量都是 256 个单元。输入侧 T 接线器采用读出控制方式，8 端 PCM 串行输入，8 条并行码输出；输出侧 T 接线器采用写入控制方式，8 条并行码输入，8 端 PCM 串行输出，每条 HW 有 32 个时隙。S 型时分接线器采用输出控制方式，在 S 型时分接线器内传输的是并行码，8 套 S 型时分接线器并行工作。

在 S 型时分接线器上使用的时隙既不是主叫用户时隙，也不是被叫用户时隙，而是“内部时隙”（Internal Time Slot），也称“中间时隙”，CPU 可以就近任选一个空闲时隙。内部时隙的选择一般都是成对选取，一发一收要同时选择。为了选择方便和简化控制，一发一收的两个时隙可按某种固定关系选择：奇偶关系、相差半帧的关系等。

（1）奇偶关系

若主叫用户至被叫用户方向选用偶数时隙 TS_{2p}，则被叫用户至主叫用户方向即应选奇数时隙 TS_{2p+1}，两者应相差一个时隙。

（2）相差半帧的关系（反相法）

若主叫用户至被叫用户方向选用时隙 TS_i，则被叫用户至主叫用户方向即应选 TS_i+F/2。F 是一帧的时隙数，两者应相差半帧。

从图 2-22 可以看出，分布在不同 HW 线的两个用户之间互相通话的接续通路。A 用户（HW_0TS_3）的输出语音信息为 a，其所占用的时隙 HW_0TS_3 经复用器后变成了 TS_{24}（8×

3+0=24）；B 用户（$HW_{127}TS_{31}$）的输出语音信息为 b，其所占用的时隙 $HW_{127}TS_{31}$ 经复用器后变成了 TS_{255}（8×31+7=255）；中间时隙按照反相法分别选用 TS_2 和 TS_{130}。

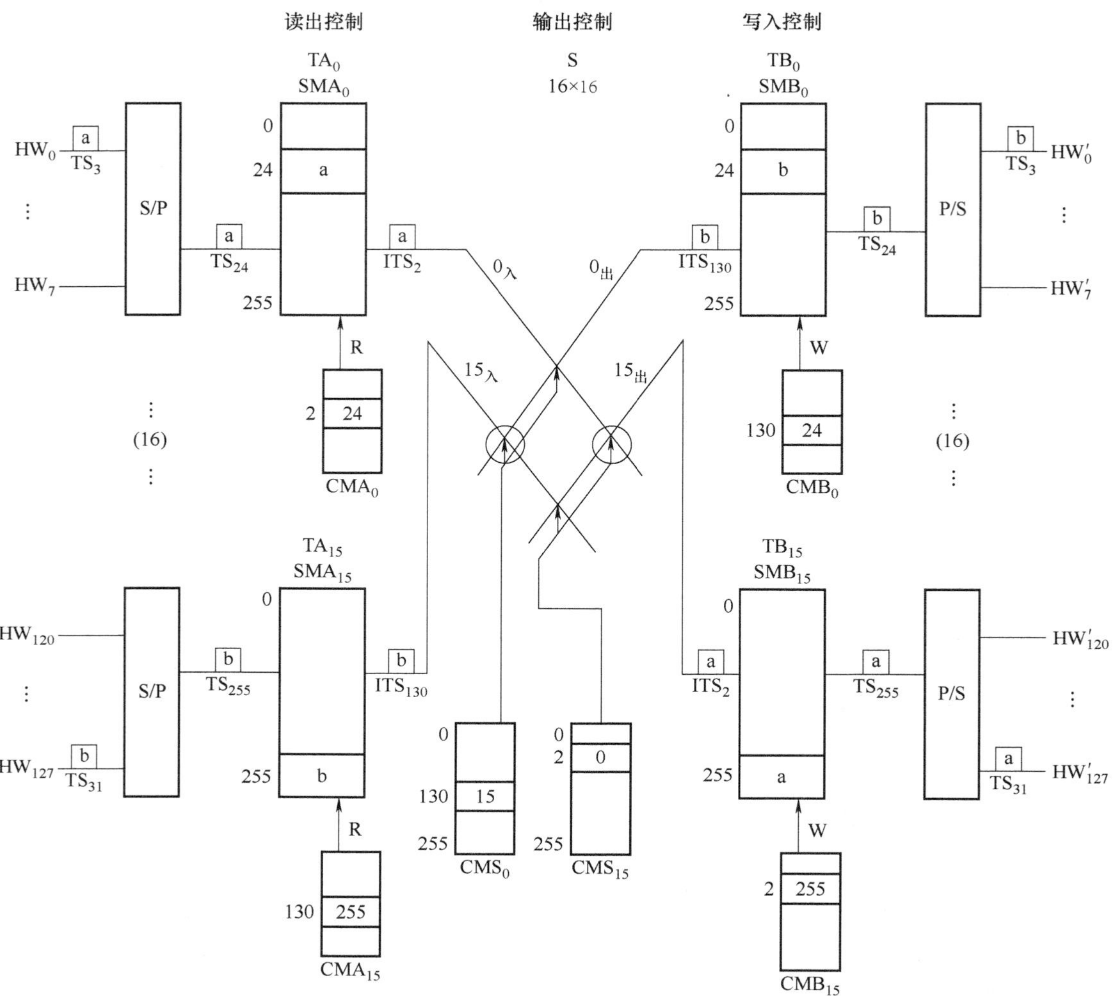

图 2-22　读-写方式的 T-S-T 交换网络

A 用户的语音信息 a 在 TS_{24}时存入输入级 TA_0 的 24#单元，在 CMA_0 的控制下，于 TS_2 时读出 SMA_0 中的24#单元里的语音信息 a 送至 S 型时分接线器的 0#输入线；此时，CMS_{15}读出 2#单元内容为 0，控制 0#输入线与 15#输出线闭合，而使语音信息 a 送至输出级 SMB_{15}；在 CMB_{15}的控制下，写入 SMB_{15}的 255#单元，在定时脉冲控制下，于 TS_{255}时从 SMB_{15}的 255#单元里读出语音信息 a，经并/串（P/S）转换，在 HW'_{127}的输出线上于 TS_{31}时隙送出语音信息 a 给 B 用户。

同理，B 用户的语音信息 b 要由输入级 TA_{15}的 255#单元，在 CMA_{15}的控制下，于 TS_{130} 时读出 SMA_{15}中的 255#单元里的语音信息 b 送至 S 型时分接线器的 15#输入线；此时，CMS_0 读出 130#单元内容为 15，控制 15#输入线与 0#输出线闭合，而使语音信息 b 送至输出级

SMB_0；在 CMB_0 的控制下，写入 SMB_0 的 24#单元，在定时脉冲控制下，于 TS_{24} 时从 SMB_0 的 24#单元里读出语音信息 b，经 P/S 转换，在 HW'_0 的输出线上于 TS_3 时隙送出语音信息 b 给 A 用户。

2. 写-读方式的 T-S-T 交换网络

写-读方式的 T-S-T 交换网络如图 2-23 所示，与图 2-22 只是在控制方式上有所不同。TA 级是写入控制，TB 级是读出控制，S 型时分接线器仍是输出控制。

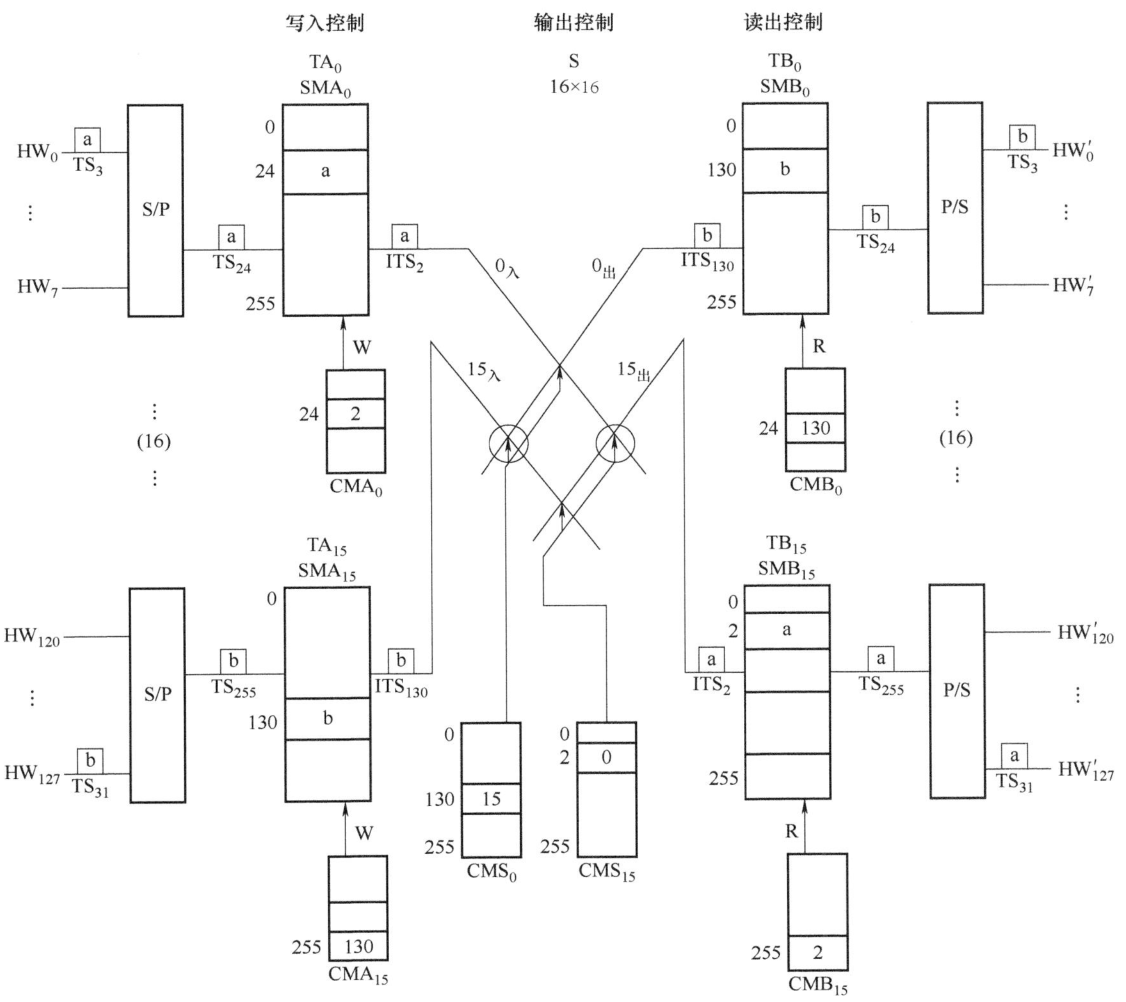

图 2-23　写-读方式的 T-S-T 交换网络

仍以 $HW_0TS_3 \longleftrightarrow HW_{127}TS_{31}$ 这两个用户的通话接续为例，中间时隙分别为 ITS_2 和 ITS_{130}。A 用户占用的是 HW_0TS_3 时隙，传送的语音是 a，经串/并（S/P）转换后，其时隙为 TS_{24}。B 用户占用的是 $HW_{127}TS_{31}$ 时隙，传送的语音是 b，经 S/P 转换后，时隙为 TS_{255}。通路建立好后就可开始通话了。

在 HW_0TS_3 时隙时送来的语音信息 a，通过 S/P 转换后，在 TS_{24} 时由 CMA_0 的控制下，写入 SMA_0 的 2#单元；在 TS_2 时读出，此时 CMS_{15} 控制 0#输入线和 15#输出线接通，使语音信息 a 通过该接点而写入 SMB_{15}的 2#单元，在 CMB_{15}的控制下于 TS_{255}时隙时读出，最后经 P/S 转换而送至 $HW_{127}TS_{31}$的用户。

同理，B 用户的语音信息 b，由 $HW_{127}TS_{31}$时隙送出，经 S/P 转换后，在 CMA_{15}的控制下，于 TS_{255}写入到 SMA_{15}的 130#单元，于 TS_{130}时读出并通过 S 型时分接线器的接点（15#入和 0#出的交点）而送至 SMB_0 的 130#单元中，在 CMB_0 的控制下，于 TS_{24}时隙时输出，经 P/S 转换后，送至 HW_0TS_3 时隙输出送至主叫 A 用户。

2.3 呼叫处理的基本原理

程控交换系统中的硬件动作均由软件控制来完成。软件是为完成各项功能而运行于交换系统各处理机中程序和数据的集合；程序又由若干条指令组成，所以交换机的软件系统非常庞大和复杂。这就要求软件系统具有高可靠性、高时效性和较强的多重处理能力。

程控数字交换机的程序系统可分为两大部分。一是运行处理所必需的在线程序（也称为联机程序），是交换机中运行使用的、对交换系统各种业务进行处理的软件总和。它可分成系统程序和应用程序：系统程序是交换机硬件与应用程序之间的接口，它有内部调度、输入/输出处理、资源调度和分配、处理机间通信管理、人-机通信、系统监视和故障处理等程序；应用程序包含呼叫处理、执行管理、系统恢复、故障诊断和维护管理等程序。二是用于运行处理非必需的支援程序（也称为脱机程序），是软件中心的服务程序，多用于交换机的设计开发与调试、软件生产与管理、生成交换局等的软件和数据以及开通时的测试，按其功能可划分为设计子系统、测试子系统、生成子系统和维护子系统，主要包括编译程序、连接装配程序、调试程序、局数据生成、用户数据生成等，它与正常的交换处理过程联系不大。所有有关交换机的信息都可以通过数据来描述，根据信息存在的时间特性，数据可分为半固定数据和暂时性数据。半固定数据部分包括系统数据、局数据和用户数据；暂时性数据用来描述交换机的动态信息，这类数据随着每次呼叫的建立过程不断产生、更新和清除。

呼叫处理程序是程控数字交换机实现交换功能的最重要软件，它负责整个交换机所有呼叫的建立与释放以及交换机各种新服务性能的建立释放。本节在介绍呼叫处理基本过程和状态迁移的基础上，结合某用户打电话的呼叫接续过程，详细叙述了呼叫处理的基本原理。

2.3.1 呼叫接续过程概述

1. 呼叫处理的基本过程

呼叫接续过程都是在呼叫处理程序控制下完成的，呼叫处理基本过程如下。

① 主叫用户摘机。交换机通过周期性地对用户电路的状态监视线（S）进行扫描，检测到 A 用户的摘机状态；交换机调查主叫用户类别、话机类别、服务类别。

② 送拨号音。交换机为主叫用户寻找一个空闲收号器及其空闲路由；交换机通过对信号音通路的连接驱动，向主叫用户送拨号音，并监视收号器的输入信号，准备收号。

③ 收号。主叫用户拨第一位号码，收号器收到第一位号后，停拨号音；主叫用户继续拨号，收号器将号码按位接收并储存；对“已收位”进行计数；将号首送到分析程序进行

预译处理。

④ 号码分析。进行号首（前几位号码）分析，以确定呼叫类别，并根据分析结果是本局、出局、长途、特服等决定该收几位号；根据号码分析结果，检查这一呼叫是否允许接通（是否限制用户等）；检查被叫是否空闲，若不空闲，则予显示忙。

⑤ 接通被叫。测试并预占主叫、被叫通话路由；找出向被叫送铃流及向主叫送回铃音的空闲路由。

⑥ 振铃。向被叫送铃流，向主叫送回铃音；监视主叫、被叫用户状态。

⑦ 被叫应答和通话。被叫摘机应答，交换机检测到后，停振铃和停回铃音；建立主叫、被叫通话路由，开始通话；启动计费设备开始计费；监视主叫、被叫用户状态。

⑧ 话终挂机。主叫先挂机，交换机检测到后，路由复原，停止计费，向被叫送忙音；被叫挂机后，转入空闲状态。被叫先挂机，交换机检测到后，路由复原，停止计费，主叫听忙；主叫挂机，转入空闲。

结合日常拨打电话过程，程控数字交换机某用户一次电话呼叫的处理流程如图 2-24 所示。

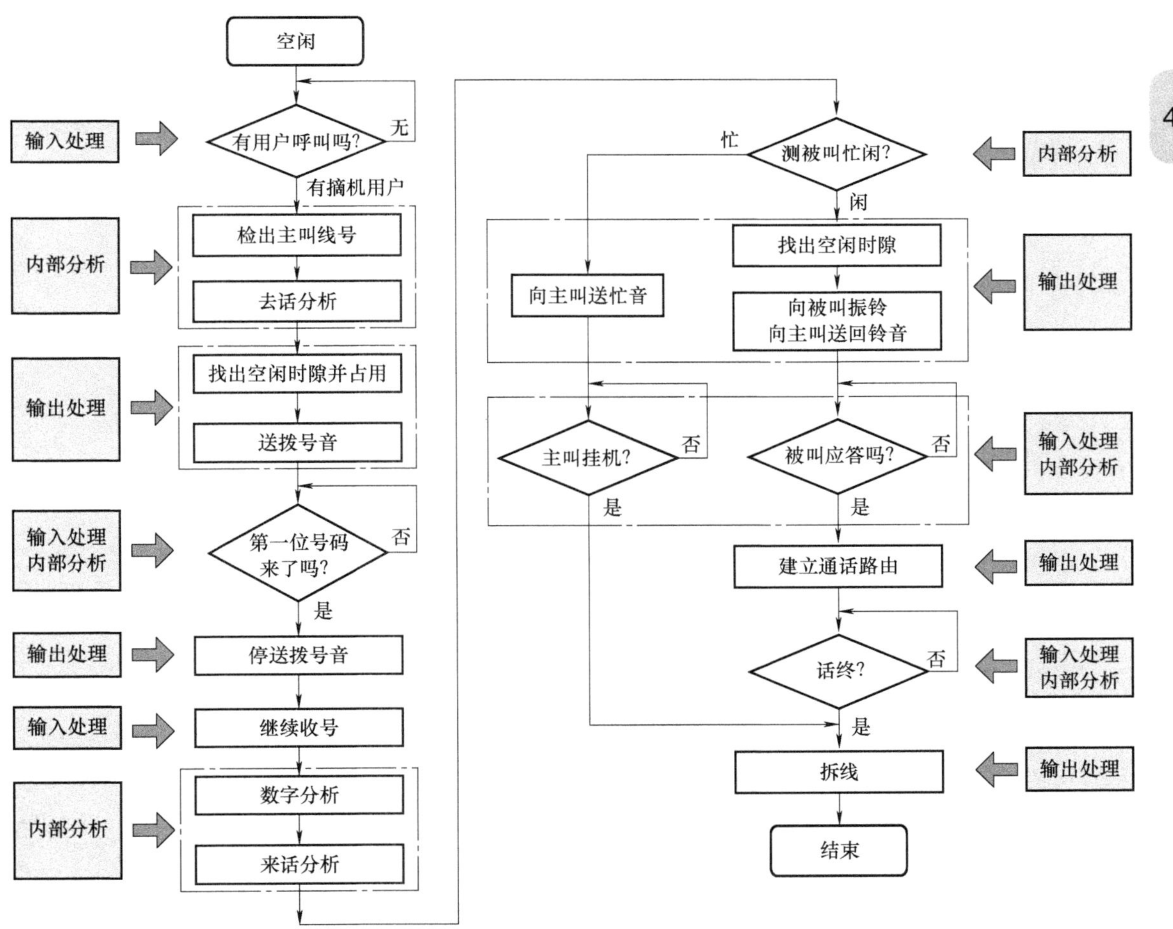

图 2-24　某用户一次电话呼叫的处理流程

2. 呼叫处理的状态迁移

（1）稳定状态的迁移

状态迁移是由输入信息引起的，若没有输入信息的激发，状态是不会改变的。例如用户的挂机状态（称为空闲状态），如果没有输入一个摘机信息，则空闲状态就会保持不变，一旦摘机（即输入一个摘机信息），就使空闲状态改变。空闲状态向哪个稳定状态改变，是要进行分析处理的，这就是所谓的内部分析。经内部分析，知道了用户的类别及话机的种类后，若允许用户发话呼叫，就可向用户送拨号音，并给这个用户接上一个相应的收号器，转入等待收号的稳定状态，这就是输出处理。同样，在交换机等待收号的稳定状态（用户听拨号音的状态）下，如果输入一个新信息（如拨号信息），收号器就会收到该号码信息，并把号码信息送给内部分析程序（号码分析程序）进行分析，通过号码分析，知道了这是用户拨出的首位号码，就会控制拨号音发送器停止送拨号音（输出处理），而交换机就会从等待收号的稳定状态转入收号的稳定状态。实际上，整个电话呼叫接续过程就是交换机不断接收外部信息（如摘机、拨号、应答、挂机等），通过对外部输入信息的分析处理，执行相应的输出任务（如送拨号音、停拨号音、送振铃音、接通话路、释放话路等），完成从一个稳定状态转入另一个稳定状态（如空闲到准备收号、准备收号到收号、收号到振铃、振铃到通话、通话到空闲等）的一系列过程。

从前述可以容易看出，由一种稳定状态向另一种稳定状态迁移时，必须要经过 3 个步骤：输入处理、内部分析和输出处理。每次状态迁移都要执行这一过程，这就是呼叫处理程序的基本组成，如图 2-25 所示。

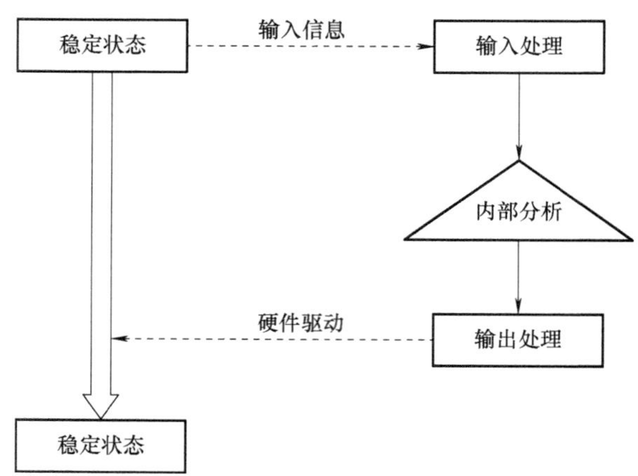

图 2-25　呼叫处理程序的基本组成

输入处理是对用户线和中继线的状态进行监视、检测和识别，及时发现新的处理要求，然后将输入信息放在队列中或相应的存储区，以便进行内部分析处理的过程，主要有用户线扫描、脉冲号码扫描、双音频号码扫描、中继线扫描等。内部分析是根据输入信息、当前状态以及内部情况，确定应执行的任务及向哪一种稳定状态转移的过程，主要有去话分析、号码分析、来话分析和状态分析。输出处理就是根据内部分析结果，形成外部驱动控制命令，启动硬件执行任务，并将这一稳定状态转移到另一个稳定状态的过程，主要由各种硬件驱动控制。

（2）状态迁移图

呼叫接续过程无法用简单的流程来表示，而用状态迁移图就可以一目了然地反映出来。图 2-26 所示是状态迁移图符号举例，图 2-27 所示是局内呼叫的状态迁移图。

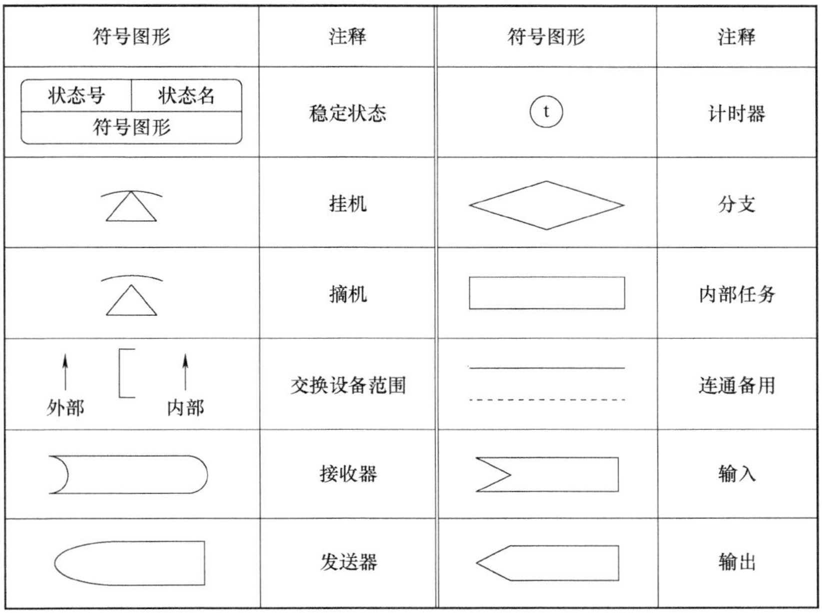

符号图形	注释	符号图形	注释
状态号 状态名 符号图形	稳定状态	t	计时器
	挂机		分支
	摘机		内部任务
外部 内部	交换设备范围		连通备用
	接收器		输入
	发送器		输出

图 2-26　状态迁移图符号举例

从图 2-27 可以看到，一种稳定状态转移到另一种稳定状态并不是只有一种迁移方向，而是要根据输入信息、所处状态及环境情况的不同而有不同的迁移方向。主要有如下几种可能：

① 在同一状态下，由于输入信号的不同，会得出不同的处理结果。例如，在等待收号的稳定状态下，如果输入外部信息不是拨号而是主叫挂机，那么下一个状态就不再是收号状态而是空闲状态。又如在振铃状态下，主叫挂机，应按中途挂机进行处理；如果被叫摘机，则应按通话接续处理，转入通话状态。

② 在不同的状态下，输入同样的信号，也会转移到不同的状态。例如同样的摘机信号，若是在“空闲”状态下输入的，则被认为是主叫摘机呼叫；若是在“振铃”状态下输入的，就被认为是被叫摘机应答。

③ 在同一个状态下，同样的输入信息，但环境条件不同，也会得出不同的结果。例如，在空闲状态下，主叫摘机，若此时交换机内有空闲的收号器，则应送拨号音，将状态转移至等待收号的状态；若此时交换机内没有空闲的收号器，则应向主叫送忙音，将状态转移至送忙音的稳定状态。

2.3.2　输入处理

输入处理的任务是及时发现新的处理要求，并对用户线、中继线的状态进行监视、检测和识别，然后将其放在队列中或相应的存储区，以便由其他程序分析处理。

输入处理一般是通过各种扫描程序进行的。扫描程序可分为用户线扫描程序、脉冲号码扫描程序、双音频号码扫描程序和中继线扫描程序等。

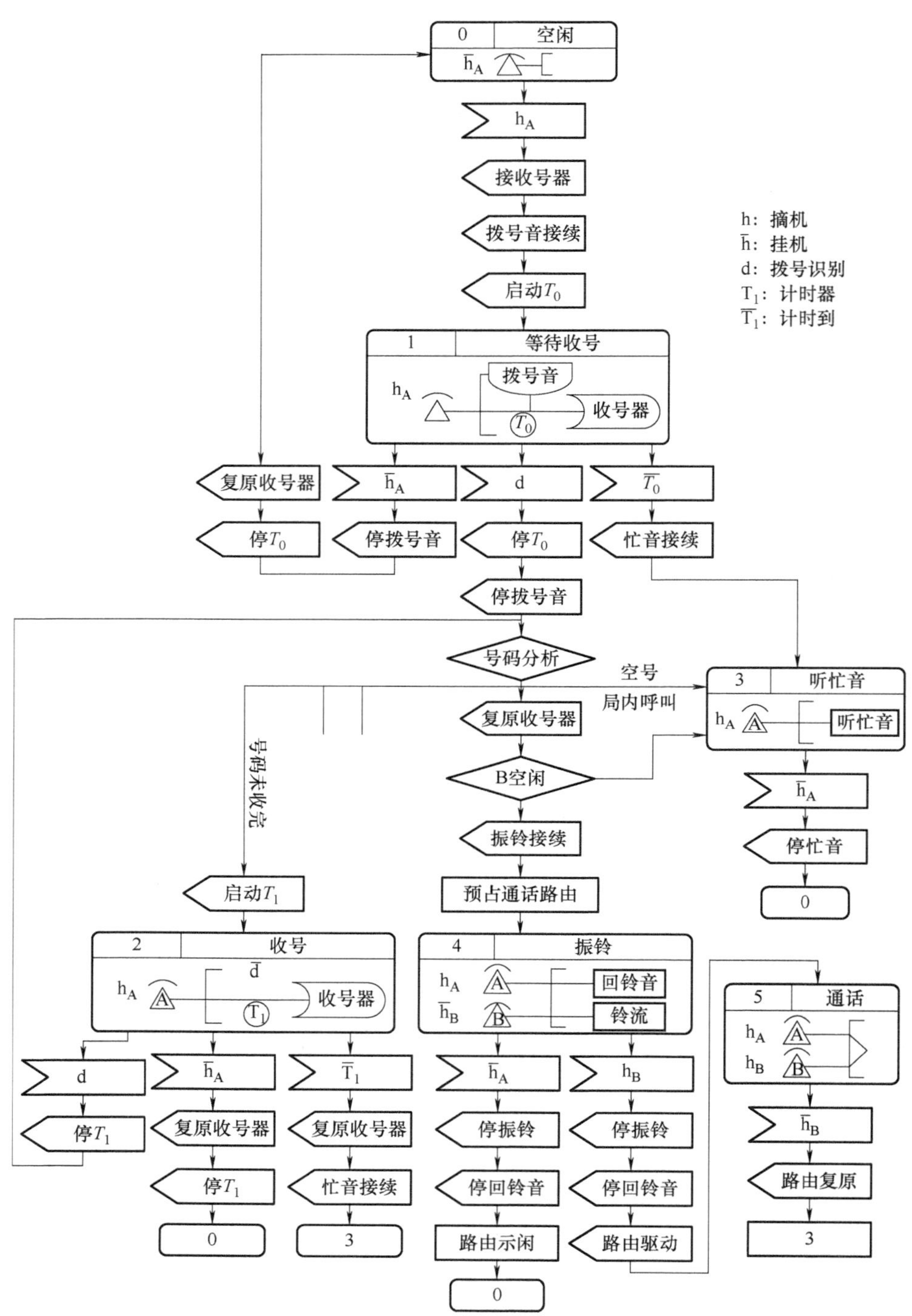

图 2-27　局内呼叫的状态迁移图

1. 用户线扫描及呼叫识别

用户线监视扫描的目的是收集用户线回路状态的变化，以确定是用户摘机、挂机，还是拨号脉冲等。处理机通常采用定期、周期性地对用户电路的状态监视（S）进行扫描的方法，来获取用户电路的状态信息，其扫描周期可长一些，一般为 100～200ms；若是监视识别拨号脉冲，则扫描周期就应短一些，可为 8～10ms。

用户线的状态有两种，即“通”或“断”。形成直流回路为“通”（或称续），用“0”表示；断开直流回路为“断”，用“1”表示。用户话机的摘机或挂机，反映在用户线状态上即为“通”或“断”，脉冲话机的拨号脉冲反映在用户线状态上也是“断”和“续”。

（1）用户摘机识别

用户摘机识别是找出状态从“1”变为“0”的用户。为此必须有两个存储器：一个用来存放本次扫描结果，用 LSCN 表示；另一个用来存放前一次的扫描结果，用 LM 表示，代表用户忙闲状态。识别程序将这两次扫描结果进行逻辑运算，只要判断运算结果是否为“1”，就能“及时”地识别出摘机用户。

图 2-28 所示为用户摘机识别的原理图。摘机识别的扫描周期约为 192ms，即每隔 192ms 对用户线状态扫描一次。若用户线状态为挂机状态，则这次扫描结果为“1”；摘机状态，则这次扫描结果为“0”。前次扫描结果是 192ms 前的扫描结果，为了使摘机动作发生时，逻辑运算出“1”，故将这次扫描结果取“非”，再和前次扫描结果相“与”，其结果可从图 2-28 中看出，在摘机动作发生后的那个扫描时刻，逻辑运算结果为 1，在其他时刻均为“0”，则可断定在该时刻前的扫描周期里用户摘机。图 2-29 所示是用户摘机识别程序的流程图。

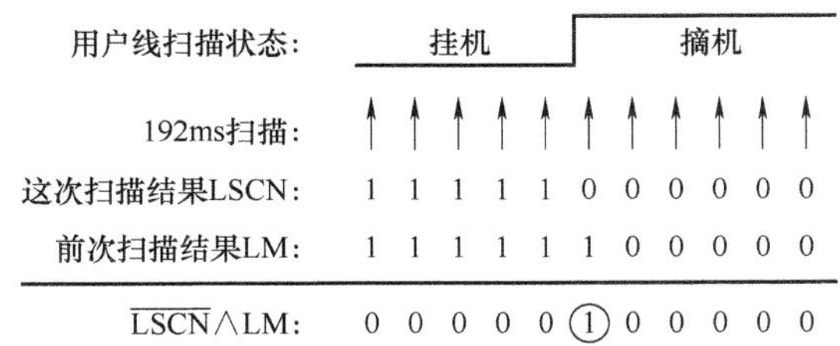

图 2-28　用户摘机识别原理图

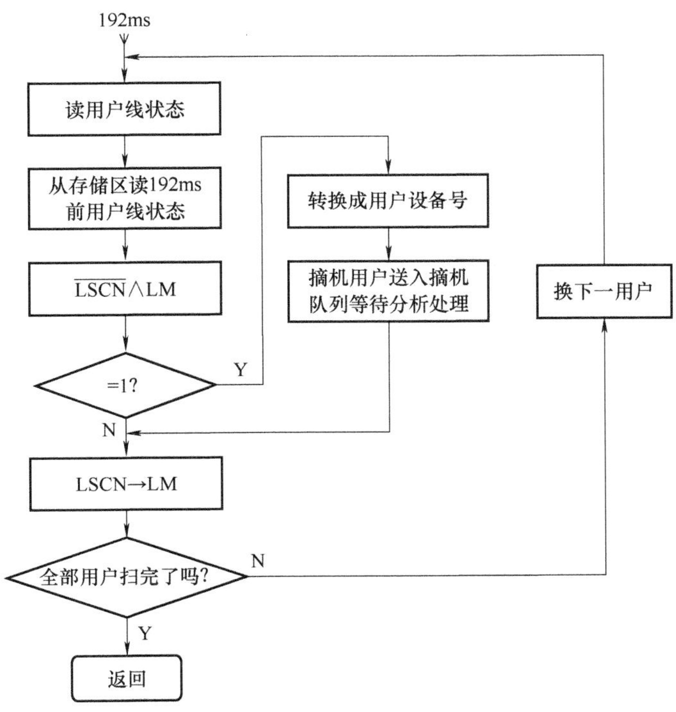

图 2-29　用户摘机识别程序流程图

（2）用户挂机识别

用户挂机识别与摘机识别的原理差不多，只是将前次扫描结果取“非”与本次扫描结果相“与”即可，识别出“1”就是挂机用户。图 2-30 所示为用户挂机识别的原理图。

（3）群处理

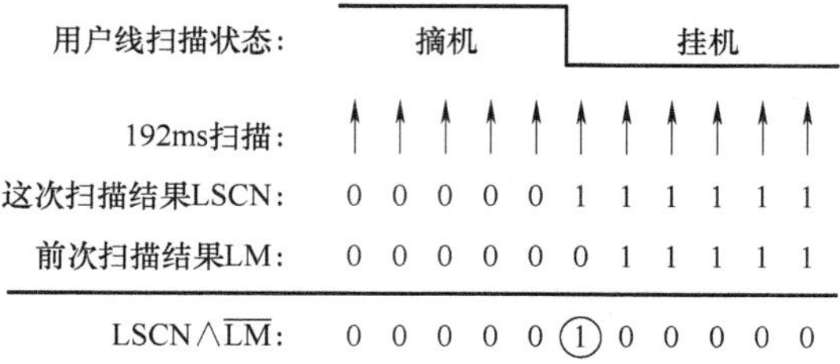

图 2-30　用户挂机识别原理图

由于处理机要监视的用户数量很大，为了提高效率，多采用群处理的方法。图 2-31 所示为群处理的用户线扫描示意图，图中 8 个用户为一组（都在同一块电路板上）。扫描存储器每个单元里有 8 位，每个用户占有 1 位，用来反映用户线的断/续状态。扫描存储器的写入是由硬件控制的，即用户电路中的监视信号通过扫描电路直接向扫描存储器写入，写入的周期一般为 4ms。读出则是在用户处理机的程序控制下，每 192ms 读出一次。在内存中还划出一个区域，称为用户存储器。它用来记录 192ms 前的用户线状态扫描结果，每个单元有 8 位，每个用户占用 1 位，与扫描存储器的单元一一对应，可以反映用户的忙/闲状态（摘机为忙，挂机为闲）。

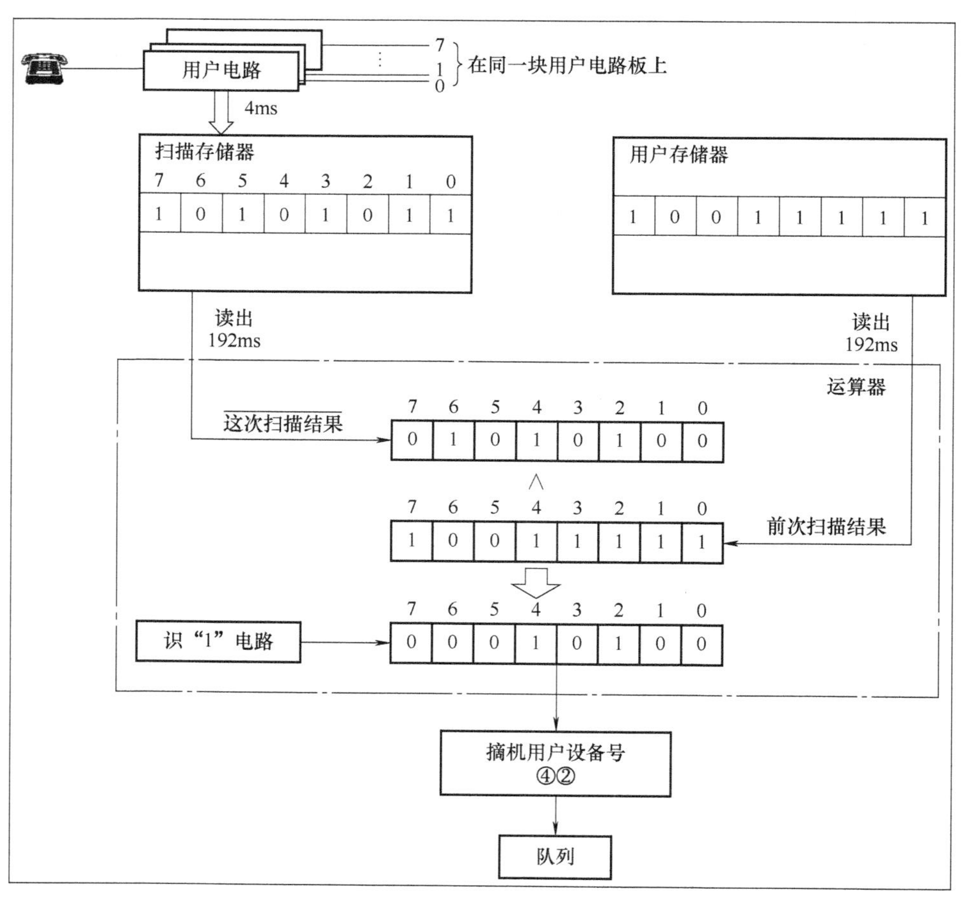

图 2-31　群处理的用户线扫描示意图

用户摘机识别程序是在 192ms 周期性中断的启动下，从扫描存储器中读出某个单元的数据，取“非”后送入运算器。同时，从用户存储器中读出与之相应的单元里的数据，送入运算器。在运算器内将两者相“与”，看其结果是否为“0”。若为“0”，则说明这一组内无摘机用户。若不为“0”，则说明这一组内有摘机用户，可进一步查找这个单元中哪些位是“1”，是“1”的位就是摘机用户，即可将该位的坐标号（即设备号）送入队列。此后应将扫描存储器存储的数据送入用户存储器中，作为下次 192ms 扫描时的前次扫描结果。

这种摘机识别是一组一组地进行的，称为群处理。其识别原理如图 2-32 所示，结果表明摘机用户为 2#和 4#用户。群处理用户摘机识别程序的流程图与图 2-29 类似，只是把这次扫描值 LSCN 取“非”和前次扫描值 LM 相“与”的运算结果判断改为是否为非“0”，非“0”表示有用户发生摘机，逐个找出摘机用户，转化成设备号后送入摘机分析队列等待处理。

为节省时间，一般采取摘、挂机一起识别，这样扫描一次就全解决了。摘、挂机识别的群处理如图 2-33 所示，对某组用户群处理的结果表明摘机用户为 2#及 4#用户，而挂机用户为 5#用户，其处理流程图如图 2-34 所示。

用户设备号：	7	6	5	4	3	2	1	0
这次扫描结果LSCN：	1	0	1	0	1	0	1	1
前次扫描结果LM：	1	0	0	1	1	1	1	1
$\overline{LSCN}\wedge LM$：	0	0	0	①	0	①	0	0

图 2-32 摘机识别的群处理

用户设备号：	7	6	5	4	3	2	1	0
这次扫描结果LSCN：	1	0	1	0	1	0	1	1
前次扫描结果LM：	1	0	0	1	1	1	1	1
$\overline{LSCN}\wedge LM$：	0	0	0	①	0	①	0	0
$LSCN\wedge\overline{LM}$：	0	0	①	0	0	0	0	0

图 2-33 摘、挂机识别的群处理

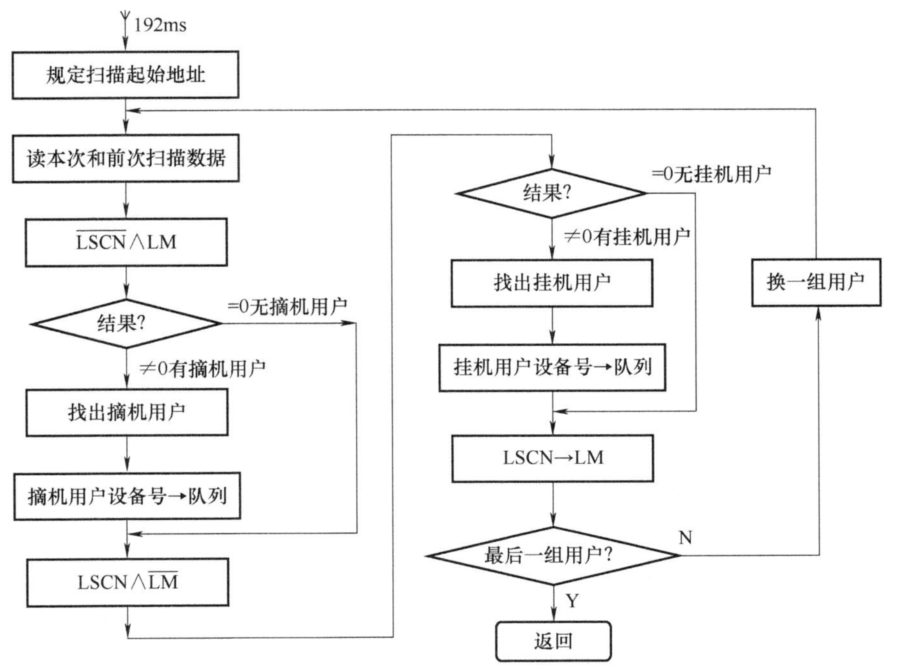

图 2-34 摘、挂机识别的群处理流程图

2. 脉冲号码扫描及识别接收

通过用户话机上的 P/T 开关，选择脉冲拨号方式（P）。脉冲号码扫描程序由 3 部分程序组成：脉冲识别、脉冲计数和位间隔识别及号码存储。

（1）脉冲识别

① 脉冲识别周期。脉冲识别是要识别脉冲串中的每一个脉冲，这就要求脉冲识别的周期必须小于最小脉冲持续时间和最小脉冲间隔时间。

根据国家标准，拨号脉冲的规定参数如下。

脉冲速度指每秒送的脉冲个数，其允许的速度范围为 8~22 个脉冲/秒，最短的脉冲周期为 1000ms/22≈45ms。

脉冲断续比指脉冲的宽度（断）和脉冲间隔的宽度（续）之比。断续比允许的范围是 1∶1.5~3∶1。在 3∶1 的情况下，脉冲间隔的时间最短，其值为 45ms×1/4≈11ms。故脉冲识别的扫描周期应为 8~10ms，一般多选为 8ms。

② 脉冲识别原理。脉冲识别原理如图 2-35 所示。其按照 8ms 周期对用户线状态进行扫描，将结果写入扫描存储器（这次扫描结果）用 SCN 表示，在内存中划出一个区域作为用户存储器，存放前一个 8ms 扫描的结果（前次扫描结果）用 LL 表示。比较这次扫描和前次的扫描结果，就可看出状态变化，采用异或运算进行变化识别（这⊕前）。在变化识别中有脉冲的前沿和脉冲的后沿，脉冲前沿（即 LL=0，SCN=1）识别逻辑式：$(\mathrm{SCN}\oplus\mathrm{LL})\wedge\overline{\mathrm{LL}}=1$。该逻辑运算得出结果为“1”时，即是脉冲前沿，有一个“1”，就有一个脉冲，有两个“1”，就有两个脉冲。

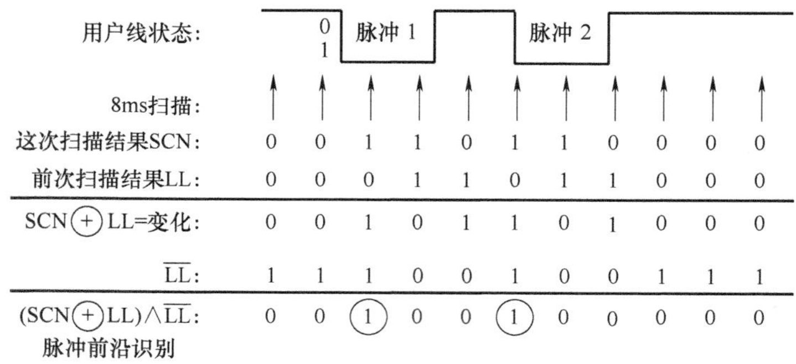

图 2-35 脉冲识别原理图

（2）脉冲计数

脉冲识别的同时可以对脉冲计数。计数是在用户存储器内的一个存储区中进行的。在这个存储区内，设置一个脉冲计数器。由于脉冲个数最多为 10 个数字，即 0~9，这就要求用 4 位二进制数来表示，所以计数器应占 4 位，其数值分别为 2^0、2^1、2^2 和 2^3。

收号器是公用的，可以随机地分配给需要拨号的用户，脉冲计数也按不同的收号器分别进行。拨号脉冲的接收也是采用群处理方法，脉冲收号器实际上是在随机存取存储器中划定一个存储区，假如存储器的每个单元有 32 位，占用 4 个单元，每个收号器只占用 4 个单元中相同的某一位，这样就可以构成 32 个收号器。若 PC_i 表示收号计数器的第 i 位（$i=0\sim3$），C_i 表示对 i 位的进位，则群处理的计数逻辑为：$\mathrm{C}_i\wedge\mathrm{PC}_i\rightarrow\mathrm{C}_{i+1}$，$\mathrm{C}_i\oplus\mathrm{PC}_i\rightarrow\mathrm{PC}_i$。

脉冲计数原理如图 2-36 所示。脉冲计数程序还具有停送拨号音的功能，当第一个脉冲到来时，计数器计数第一个脉冲的同时，就要停送拨号音。

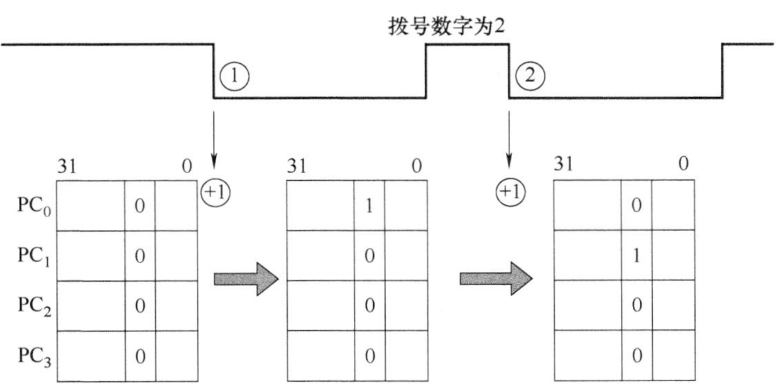

图 2-36　脉冲计数原理图

（3）位间隔识别及号码存储

在识别用户所拨号码时，除了要识别脉冲的个数，还要识别两串脉冲之间的间隔，这就是位间隔识别。在两位号码之间的间隔称为“位间隔”，位间隔应大于 300ms。

① 位间隔识别周期。位间隔的识别周期显然应大于最长的脉冲“断”或“续”的时间，这样才不至于将最长的脉冲误判为位间隔。最长的脉冲发生在脉冲速度最慢（8 个脉冲/秒），断续比为 3∶1 时，这一脉冲持续时间（断的时间）为 1000ms/8×3/4＝93ms。故位间隔的识别程序执行周期为 96ms。

② 位间隔识别原理。位间隔识别原理如图 2-37 所示。在位间隔识别时，要采用 AP（Abandon Pause）逻辑。AP 表示本次扫描脉冲变化情况：AP＝1 表示有脉冲变化，AP＝0 表示无脉冲变化。AP 的逻辑式为 AP＝AP ∨ 变化。式中“变化”是变化识别的结果（即 SCN⊕LL），每隔 8ms 判断一次。AP 逻辑式就是在每个 8ms 中断周期到来时将脉冲变化情况进行运算，并送入 AP 的存储区内记录下来，每次 96ms 中断周期到来时将 AP 清“0”。通过观察分析发现，在 96ms 时间间隔内，只要出现脉冲变化，则 AP＝1，可以断定在这期间没有位间隔；只有当 AP 在整个 96ms 期间内全为“0”时，才有可能是位间隔。但若位间隔时间较长，可能存在多个 96ms 期间无脉冲变化。因此，为了准确判断位间隔且不重复处理，引入变量 APLL 来表示前次 96ms 期间的脉冲变化情况，若前次 96ms 期间识别有脉冲变化而本次 96ms 期间识别无脉冲变化，则可以认为是位间隔。为此，采用$\overline{AP} \wedge APLL=1$的逻辑式来识别位间隔，如果运算结果是“1”，即有可能是位间隔。从图 2-37 中可看出在“1”出现前至少已有一个 96ms 内没有脉冲变化，所以可以断定在 96ms$<t<$192ms 这段时间里没有脉冲变化。

位间隔识别过程可以分为以下 4 个步骤：

第一步：每当 8ms 脉冲识别扫描时，将（SCN⊕LL）结果与 AP 相“或”，并把其结果写入到 AP 存储区记录下来，即（SCN⊕LL）∨ AP→AP。

第二步：每到 96ms 周期时，采用$\overline{AP} \wedge APLL=1$的逻辑式进行运算，以便识别位间隔。

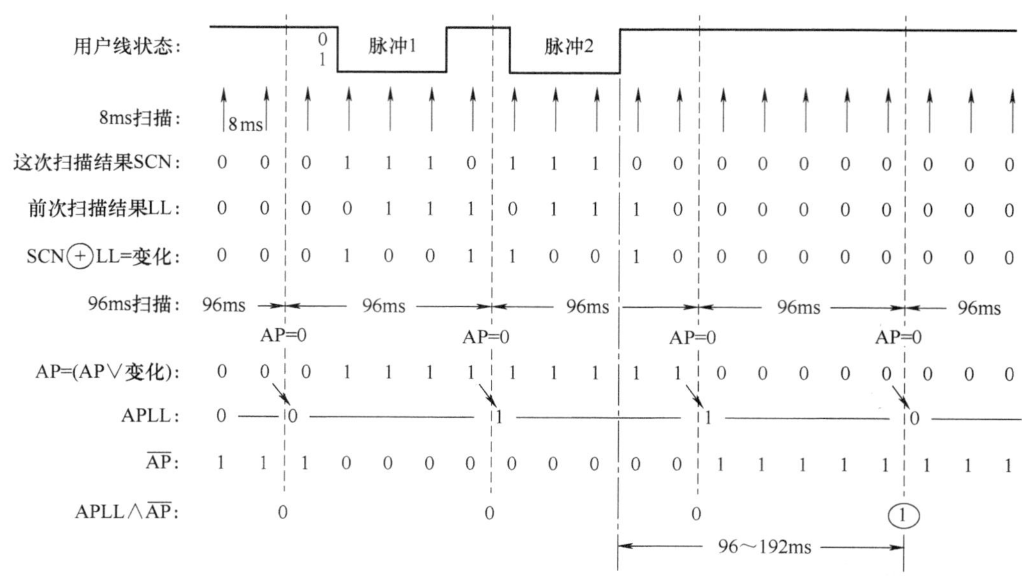

图 2-37　位间隔识别原理图

第三步：在进行上述运算后，把 AP 值存入 APLL 中，即当前 AP 作为下一个 96ms 周期的前次状态 APLL。

第四步：把 AP 置“0”，则以后 AP 是否变化要看在下一个 96ms 周期内环路状态是否发生过变化。如果发生过变化，则（SCN⊕LL）为“1”，AP 就变为“1”；如果用户存储器一直为“0”，即环路状态未变化，或说没有脉冲到来，AP 就一直为“0”。

没有脉冲变化并不等于就是位间隔，中途挂机也是在很长的一段时间里没有脉冲变化。所以在一段时间里没有脉冲变化有两种可能：一是位间隔，这种情况的出现只可能在用户线状态为“0”（摘机）的情况；二是中途挂机，这时的用户线状态必然是“1”。

为此，在出现$\overline{AP}\wedge APLL=1$ 时，还要检查存储器中前次扫描结果（LL），也就是要看一个 8ms 前用户的状态是摘机还是挂机，如是摘机状态，就可断定是位间隔；如是挂机状态，就可断定是中途挂机。所以确定是位间隔还是中途挂机，应进行一次逻辑运算，即

$$(\overline{AP}\wedge APLL=1)\wedge\overline{LL}=1\ \text{位间隔}$$

$$(\overline{AP}\wedge APLL=1)\wedge\overline{LL}=0\ \text{中途挂机}$$

脉冲识别和位间隔识别程序流程图如图 2-38 和图 2-39 所示。在判别为位间隔后，应将收号器内所收的号码存入相应的存储器内，并使收号器清零，以便接收下一个号码。

3. 双音频号码扫描及识别接收

通过用户话机上的 P/T 开关，选择双音多频（DTMF）拨号方式（T）。

（1）双音频话机拨号特点

双音频话机拨号是按号盘的数字键，每按一个数字键就送出两个音频信号，其中一个是高频组中的信号，另一个是低频组中的信号。每组有 4 个频率，每一号码分别在各组中取一个频率（4 中取 1）。例如，按“2”，话机则发出 1336Hz+697Hz 的双音频信号；按“6”，话机则发出 1477Hz+770Hz 的双音频信号。这种双音频信号可持续 25ms 以上。

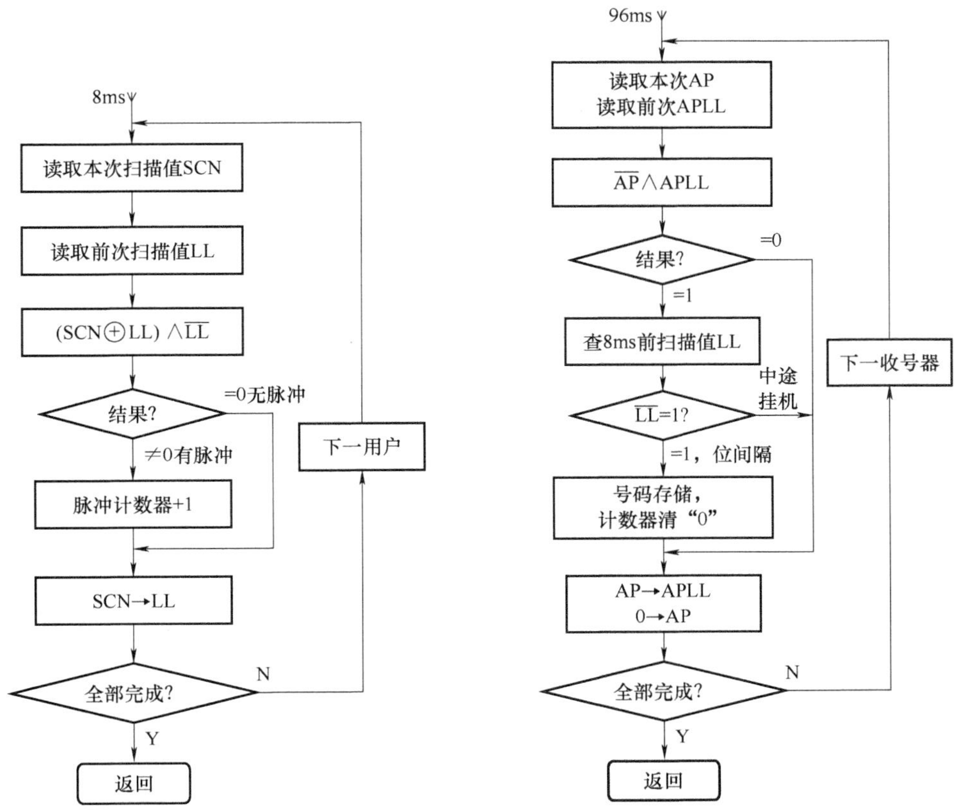

图 2-38　脉冲识别程序流程图　　图 2-39　位间隔识别程序流程图

（2）双音频话机收号方法

程控数字交换机接收双音频号码信息是经用户接口电路的 A-D 转换后，通过用户级、选组级送入双音频收号器。收号器对收到的双音频信号进行处理后，将其转换为二进制数码形式，送至接收信号存储器，由中央处理机读取处理。

中央处理机从双音频收号器读取信息采用" 查询" 方式，其识别原理如图 2-40 所示。

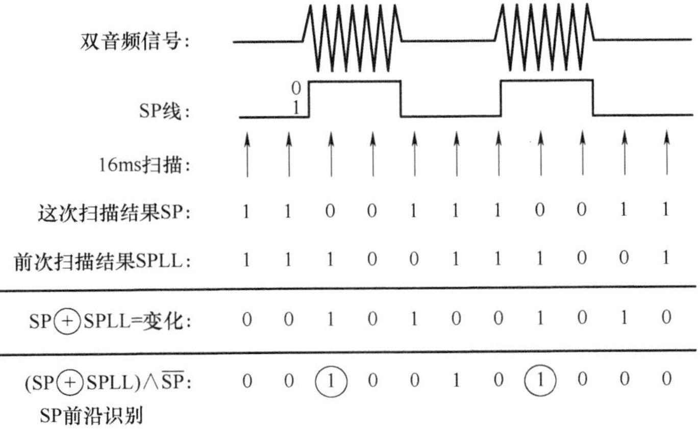

图 2-40　双音频号码识别原理图

首先读状态信息 SP（SPeech）。若 SP = 0，表明有信息送来，可以读取号码信息；若 SP = 1，表明没有信息送来，不需读取。因双音频收号是按号位收号，每一位号码信号传送时间都大于 25ms，为了避免漏扫或者误扫就采用 16ms 扫描周期来识别 SP 线状态。

这里需要说明的是，目前实际交换机中的双音频信号识别多采用数字滤波器接收。另外，在交换局间传送的一种局间信号（多频互控信号），它采用 6 中取 2 的方式编码，即每种信号是在 6 个选定的频率中取 2 个频率组成。因此，对多频互控信号的识别接收和双音频号码的识别接收方法是一样的，故在此不再赘述。

4. 中继线扫描及入局呼叫识别

中继线扫描程序主要用于监视中继线上的呼叫状态，以便控制接续的进行。中继线上的呼叫状态信息是采用线路信号方式传递的。在中继线上只有占用、应答、反向拆线及正向拆线等信号，故一般采用结构简单的直流信号。因此，线路信号的识别方法与用户线扫描的方法相同，扫描周期一般采用 32ms。

2.3.3 内部分析

内部分析处理是对各种输入信息进行分析，以决定下一步应执行的任务。内部分析处理程序对实时性要求不太严格，且没有固定的执行周期，因此属于基本级程序。按其功能，内部分析处理程序可分为去话分析、号码分析、状态分析和来话分析 4 种程序。

1. 去话分析处理

去话分析的任务是对各种输入信息进行分析，以决定下一步应执行的任务。由于包括去话分析在内的 4 种内部分析处理程序都要应用表格查找的概念，因此这里先介绍表格查找的基本方法。

（1）表格的查找

数据常以表格的形式存放，包括检索表格和搜索表格两种。

① 检索表格。此表格以源数据为索引进行查表来得到所需要的目的数据，它分为单级和多级两种。

a. 单级检索表格。所需的目的数据直接用索引查一个单个表格即可得到。例如，在程控数字交换机中将用户电话号码译为设备号码的译码表，就属于这种表格。

图 2-41 所示为单级检索表格。在表格中索引号码 FA +（ABCDEFG），FA 为首地址，（ABCDEFG）为 7 位用户电话号 ABCDEFG 所对应的表中地址。它是按次序排列的，作为检索地址，根据这一地址，就可查到相应一行表格中所存放的设备号。若每个设备号在译码表中占 1 个单元，则有：FA+(ABCDEFG)→设备号。若每个设备号在译码表中占 n 个单元，则有：FA+n×(ABCDEFG)→设备号。

b. 多级检索表格。只有通过多级表格检索查找，才能得到所需的目的数据。也就是说，表格安排成多级展开的形式，查第一张表格得到下一张表格的地址，依此类推，最后得到所需要的数据。要连续查找的表格数目可以是固定的，也可以是可变的。图 2-42 所示为三级检索的用户译码表，其中 XYZ 为用户电话号码，X 可对应于局号，Y 可对应于千位号，Z 可对应于用户号码的最后三位号码。根据局号 X，在 N1 表中可查到千位号译码表的首址 N2X；根据千位号 Y，在 N2X 表中可查到后三位号码译码表的首址 N3Y；根据后三位号码 Z，在 N3Y 表中可查到所需信息或所需信息的地址，即该用户的设备号。

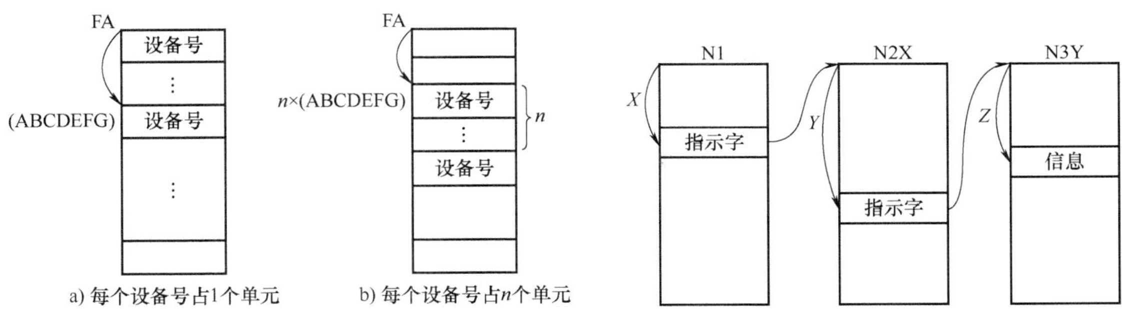

a) 每个设备号占1个单元　　b) 每个设备号占n个单元

图 2-41　单级检索表格　　图 2-42　多级检索表

② 搜索表格。在搜索表格中，每个单元都包含源数据和目的数据两项内容。在搜索时，以待搜索的源数据为依据，从表首开始自上而下地依次与表中的源数据逐一比较，当找到表中的源数据与搜索源数据一致时，搜索停止，即可在相应的单元中得到目的数据。

图 2-43 所示为搜索表格。表中的源数据可形象地称为键孔，而输入的源数据称为键，在搜索时，将键依次插入键孔，如果一致，就停止搜索而取出目的数据。搜索表格主要用于用户线和中继线的选择，在每一单元中表示该相应的用户线或中继线是否空闲。若空，即被选中。若不空，则指示在该群中的下一条用户线或中继线的表格地址。

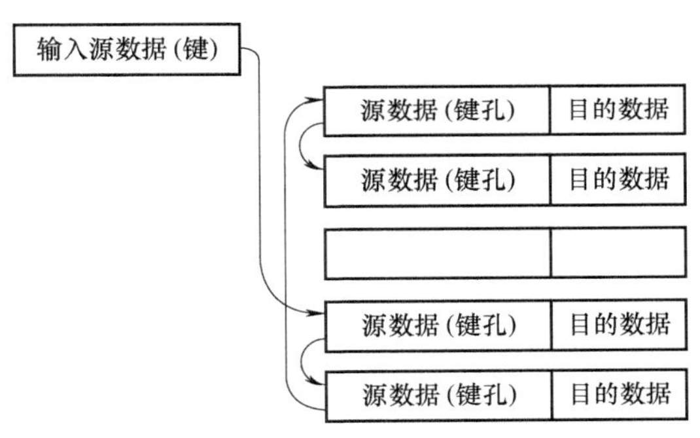

图 2-43　搜索表格

选用哪一种表格，主要取决于处理机的编址容量，以及在处理某些格式的数据时其指令系统的效率。

（2）主叫摘机分析

主叫摘机信息的分析程序属于去话分析程序之一，其主要任务是分析主叫的用户数据，以决定下一步的任务和状态。

① 用户数据。用户数据是去话分析的主要信息来源，主要包括以下内容。

a. 呼叫要求类别：一般呼叫、拍叉簧呼叫、其他呼叫。

b. 端子类别：未使用（空端子）、使用。

c. 线路类别：正常、半固定连接、其他。

d. 运用类别：一般用户、来话专用、去话禁止。

e. 话机类别：脉冲话机（号盘话机）、双音频话机（按钮话机）。

f. 计费种类：定期或立即计费、家用计次表、计费打印等。

g. 出局类别：允许本区内呼叫、允许市内呼叫、允许国内长途呼叫、允许国际呼叫。

h. 服务类别：呼叫转移、呼叫等待、三方通话、免打扰、恶意呼叫追踪等服务性能。

此外，还应反映出各种用户使用的不同用户电路，如普通用户电路、带极性倒换的用户电路、带直流脉冲计数的用户电路、带交流脉冲计数的用户电路、投币话机专用的用户电路及传真用户等。这些数据都按一定格式和关系存入内存，使用时取出。需要说明的是，用户数据中的端子类别、线路类别及话机类别等实际上都是以二进制表示的编码信息，其占存储器的空间大小、包括几种信息、每种信息排在什么位置、包含几种状态，都随交换机种类不同而异。

② 分析过程。去话分析是根据用户数据，按去话分析的流程图（见图2-44），采用表格展开法进行的。最后，将分析结果送入队列，转至任务执行程序，执行程序的任务。

例如，有一摘机呼叫，其用户数据如下：

a. 呼叫要求类别=1，即一般呼叫。

b. 端子类别=2，即使用状态。

c. 线路类别=1，即正常。

d. 运用类别=1，即一般用户。

e. 话机类别=1，即脉冲话机。

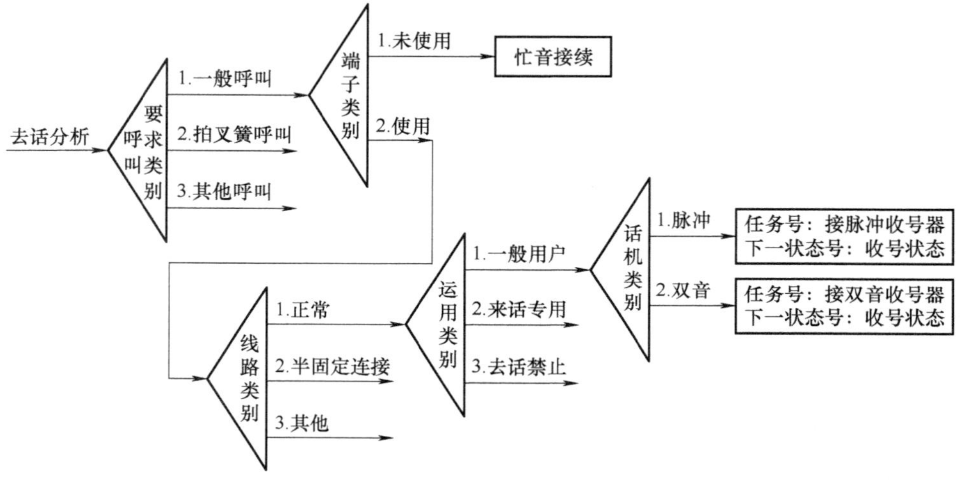

图 2-44　去话分析流程图（主叫摘机）

根据这一系列用户数据，用表格展开法进行分析，如图 2-45 所示。分析的结果是：接脉冲收号器，应转入的下一状态是收号状态。

（3）被叫摘机分析

被叫摘机应答信息的分析程序也属于去话分析程序之一，交换机通过扫描用户电路检测出摘机信息并分析后，停送铃流和回铃音，经过状态分析确定并执行接通主被叫用户的通话话路任务。由于在来话分析之后已经为主被叫用户通话找好了一对空闲时隙，因此这时只需把有关的控制信息写入数字交换网络中相应的控制存储器（CM）即可。

双方通话时的语音路径如图 2-46 所示。在程控数字交换机的通话路径中，主被叫讲话馈电分别由各自的用户电路供给，通话时用户线状态的变化由用户电路监视。在交换机外部，用户线是二线制的，由于用户电路中已经将语音转化为 PCM 数字编码信号，因此在交换机内部两个用户电路间是采用四线制传输和交换的。

（4）话终处理

主叫（或被叫）挂机信息的分析程序也属于去话分析程序之一，两个通话用户中有一方挂机即为话终。挂机的用户由用户线监视扫描程序从用户扫描存储器读出，并按照群处理

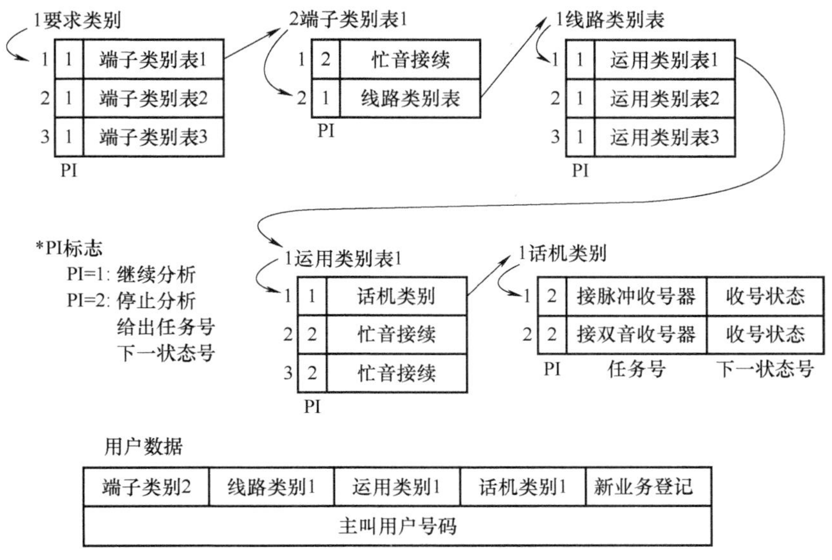

图 2-45　去话分析表格展开过程（主叫摘机）

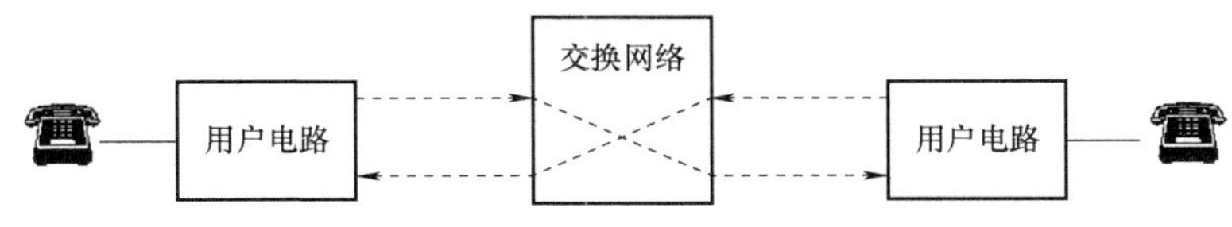

图 2-46　双方通话的语音路径示意图

的方法进行识别。一旦话终，就进行话终切断处理，具体处理过程根据程控数字交换机的复原控制方式不同而有所不同，有以下几种情况。

① 主叫控制方式。如果识别到主叫挂机，就判断为话终，可作切断处理，拆除两个用户间的通话通路，并使主叫置闲，其用户存储器中指示该用户忙闲状态的位改为“空闲”（如“0”改“1”），主叫用户自由。这时被叫用户仍未挂机，即予以锁定，在锁定状态下的用户仍示忙，并向被叫用户送忙音（或催挂音），催促被叫用户挂机。如果是被叫先挂机，则应经过一定时限（如 10~20s）才予以切断处理，在这一规定时限内被叫用户再摘机即可与主叫用户恢复通话。超过上述时限未再摘机，就将其置闲，被叫用户自由，而主叫用户话机被锁定并送忙音，主叫挂机后再切断忙音。上述过程如图 2-47 所示。

② 被叫控制方式。此方式常用于被叫为特服台的情况，如 119、110 等。当有主叫用户呼叫这些特服并通话时，只要被叫不挂机，主叫就一直处在通话状态，即话路不被切断。

③ 互不控制方式。此方式只要有一方挂机，便进行切断处理。

④ 互相控制方式。此方式是无论主叫或被叫先挂机，在切断时限内，再摘机（另一方未挂机）仍可通话，现实中此种方式基本不用。

话终处理实际上包括计费处理，但由于计费的一些特殊性，这里不再阐述。

2. 号码分析处理

号码分析是对主叫用户所拨的被叫号码进行分析，以决定接续路由、话费指数、任务号码及下一状态号码等项目。

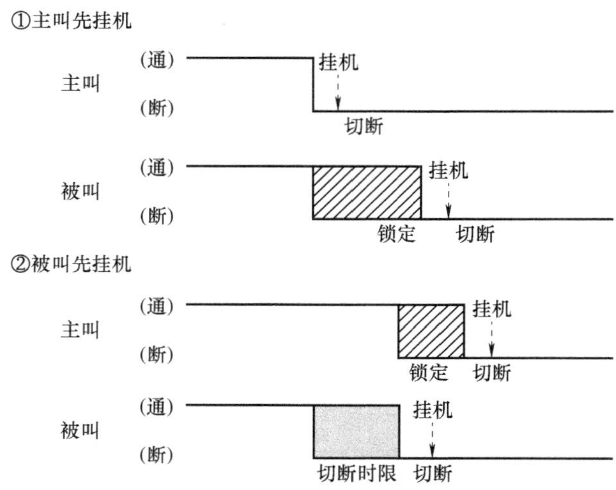

图 2-47 主叫控制方式的切断处理

（1）号码分析的数据来源

用户所拨号码是分析的数据来源，它可直接从用户话机上接收，也可通过局间信号传送过来，然后根据用户拨号查找译码表进行分析。译码表包括以下内容。

① 号码类型：市内号、特服号、长途号、国际号等。

② 应收位数。

③ 局号。

④ 计费方式。

⑤ 电话簿号码。

⑥ 用户业务的业务号：缩位拨号、呼叫转移、叫醒、热线等服务业务的登记与撤销。

（2）分析过程

号码分析程序流程图如图 2-48 所示，分析过程分为预译处理和后续号码分析两个步骤。

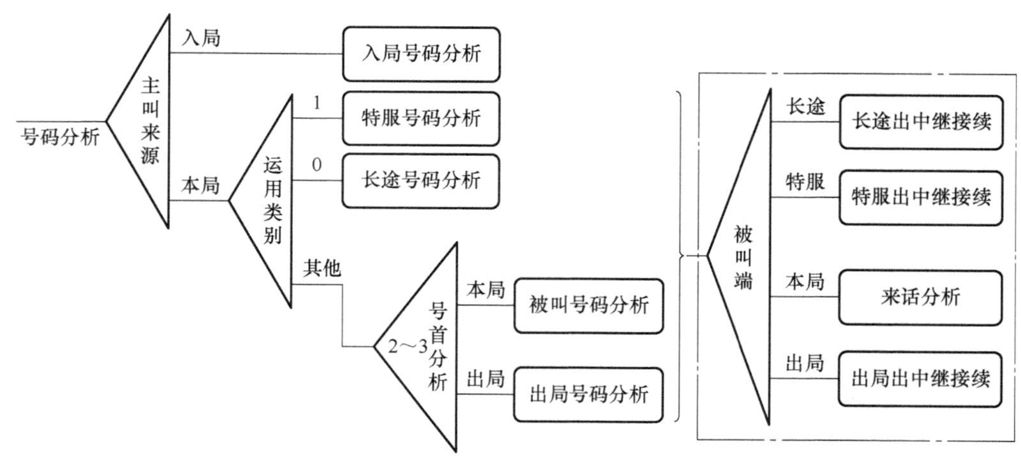

图 2-48 号码分析程序流程图

① 预译处理。预译处理是对拨号的前几位进行分析处理。一般为 1~3 位，称为号首。例如，如果第一位拨“0”，表示长途全自动接续；如果第一位是“1”，表示特种服务接续；如果第一位是其他号码，则需进一步分析第二位、第三位号码，才能确定是本局呼叫还是出局呼叫。根据分析的结果决定下一步任务、接续方向、调用程序以及应收几位号码等。这些可用多级表格展开法进行分析。

② 对后续号码的分析处理。当收完全部用户所拨号码后，要对全部号码进行分析。根据分析结果决定下一步执行的任务。假如呼叫本局，则应调用来话分析程序；假如是呼叫其他局，则应调用出局接续的有关程序。

3. 状态分析处理

状态分析就是分析在什么状态下输入哪些信息后应转移到哪一种新的状态。

(1) 状态分析的数据来源

状态分析的数据来源是稳定状态和输入信息。

从状态迁移图可以看到，当用户处于某一稳定状态时，处理机一般不予理睬，而是等待外部输入信息。当外部输入信息提出处理要求时，处理机才根据现在稳定状态来决定下一步做什么，要转移至什么新状态等。

因此，状态分析的依据应该是下述几种。

① 现在稳定状态（如空闲状态、通话状态等）。

② 输入信息：这往往是电话外设的输入信息或处理要求，如用户摘机、挂机等。

③ 提出处理要求的设备或任务，如在通话状态时，挂机用户是主叫还是被叫等。

状态分析程序根据上述信息经过分析以后，确定下一步任务。例如，在用户空闲状态时，从用户电路输入摘机信息（从扫描点检测到摘机信号），则经过分析以后，下一步任务应该是去话分析，于是就转向去话分析程序。如果上述摘机信号来自振铃状态的用户，则应为被叫摘机，下一步任务应该是接通话路。

输入信息也可能来自某一“任务”。所谓任务，就是内部处理的一些“程序”或“作业”，与电话外设无直接关系，如忙/闲测试（用户忙/闲测试、中继线忙/闲测试和空闲路由忙/闲测试与选择等），CPU 只和存储区打交道，与电话外设不直接打交道。调用程序也是任务，它也有处理结果，而且影响状态转移。例如，在收号状态时，用户久不拨号，计时程序送来超时信息，导致状态转移，输出送忙音命令，并使下一状态变为“送忙音”状态。

状态分析程序的输入信息大致包括以下内容。

① 各种用户挂机，包括中途挂机和话毕挂机。

② 被叫应答。

③ 超时处理；话路测试遇忙；号码分析结果发现错号。

④ 收到第一个脉冲（或第一位号）。

⑤ 优先强接。

⑥ 其他。

(2) 分析过程

当用户进入等待收号、振铃、通话等稳定状态后，若有输入信息，则要对输入信息进行分析，结合原有的接续状态作出判断，以确定下一个任务及状态号码。图 2-49 所示是状态分析程序的流程图。

状态分析程序也可以采用表格方法来执行。表格内容包括：

① 处理要求，即输入信息。

② 输入信息的设备（输入点）。

③ 下一个状态号。

④ 下一个任务号。

前两项是输入信息，后两项是输出信息。

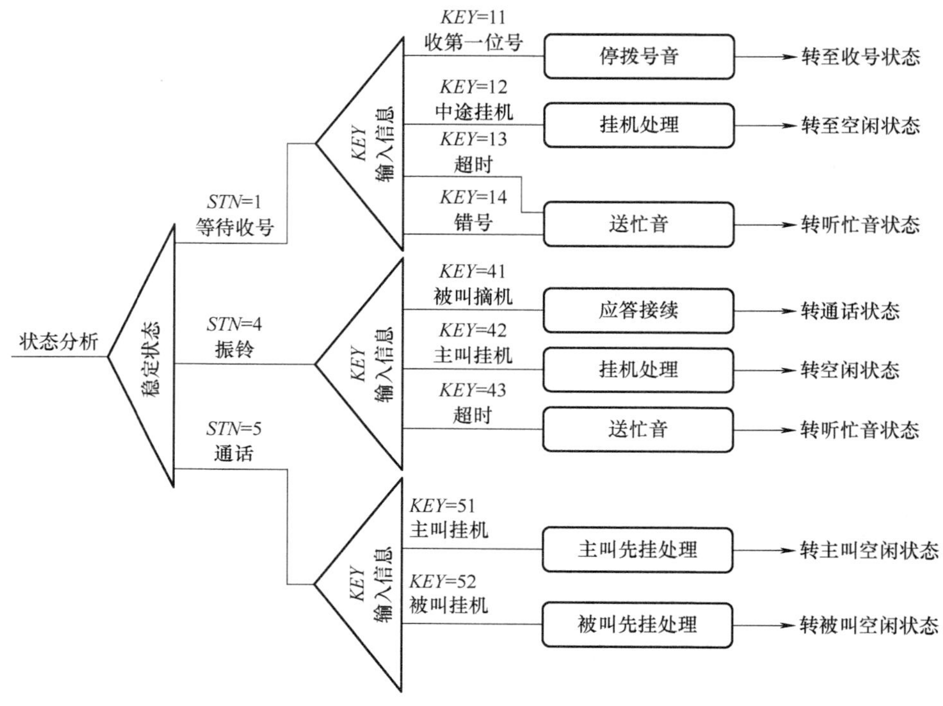

图 2-49　状态分析程序流程图

4. 来话分析处理

来话分析是分析被叫用户的类别、运用情况、忙闲状态等，以确定下一个任务及状态号码。

（1）来话分析的数据来源

来话分析的数据来源是被叫用户的用户数据。

① 用户状态：如去话拒绝、来话拒绝、去话来话均拒绝、临时接通等。

② 被叫的忙闲状态：被叫空、被叫忙、正在作主叫、正在作被叫、正在测试等。

③ 计费类别：免费、自动计费、人工计费等。

④ 服务类别：缩位拨号、呼叫转移、电话暂停、三方呼叫等。

（2）分析过程

根据收到的用户号码，从外存中读出被叫用户的用户数据，逐项进行分析。来话分析过程一般多采用表格展开法。其分析程序流程图如图 2-50 所示。

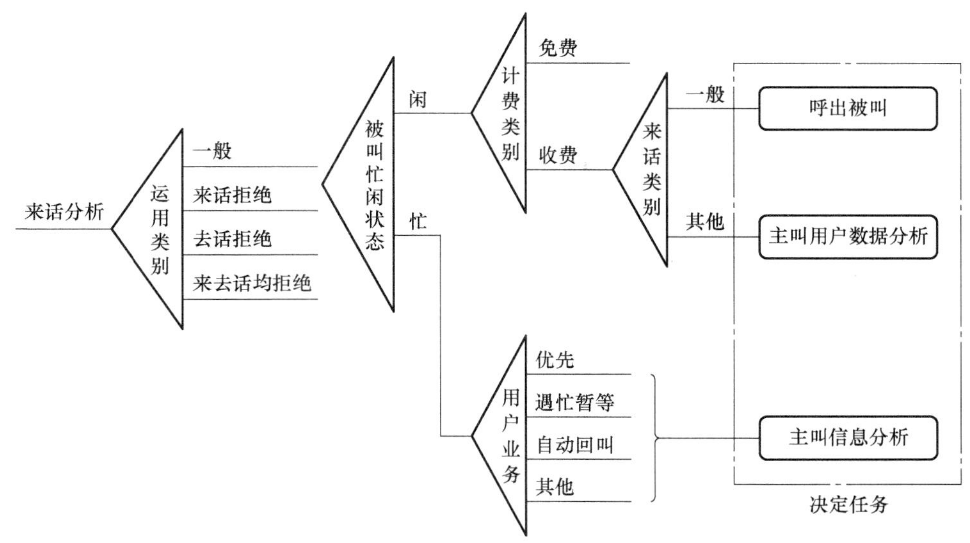

图 2-50 来话分析程序流程图

2.3.4 输出处理

输出处理包括任务执行和输出控制，是将内部分析程序分析的结果付诸实施，以使状态转移。内部分析程序只解决了对输入信息进行分析，确定应该执行的任务及向哪一种稳定状态转移。而输出处理要去执行这些任务，控制硬件动作，使从某一稳定状态转移到下一个稳定状态。

1. 任务执行

任务执行是为输出处理进行动作准备。例如，向被叫振铃前，要预先测试选择一条空闲的通路和主被叫通话路由，然后才可以进行输出控制，即控制话路设备的驱动。因此，选取通路就是输出处理的任务执行。下面就以在各种任务中比较典型的路由选择和通路选择任务为例来简要说明。

（1）路由选择

路由选择是指根据号码分析结果，在相应的路由中选择一条空闲的中继线。当路由的中继线全忙时，若有迂回路由，则应进行迂回路由的选择，这种路由选择显然是在呼叫去向不属于本局范围时才需要（即出局呼叫）。

路由中空闲中继线的选择大多采用表格法进行，如图 2-51 所示。图中可看出号码分析后得到路由索引 4，查路由索引表的 4#单元，得出中继群号为 3，在空闲链队指示表中查 3#单元，其内容为“0”，表示对应于 3#中继群的路由全忙。为此，再用下一迂回路由索引 6，查此路由索引表，得到中继群号 7，查空闲链队指示表的 7#单元，得到的不是“0”，而是“1”，表示中继群号 7 有空闲中继线可选用。这时，就不必再迂回，所以下一迂回路由索引 10 就不需要使用了。

（2）通路选择

通路选择是指在交换网络上选择一条空闲的通路。一条通路常常由几级链路串接而成，

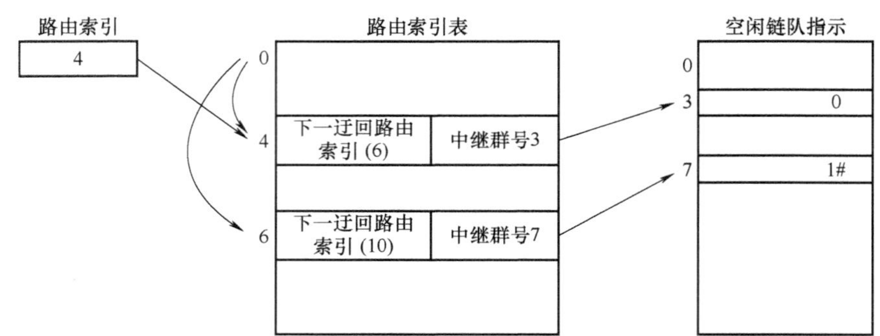

图 2-51　路由选择表格法示意图

只有在串接的各级链路都空闲时才是空闲通路。通常是利用各级链路的忙闲表，来选择空闲通路。下面就以 T-S-T 三级交换网络为例来说明通路选择的方法。

如图 2-52 所示，该网络中初级 T 和次级 T 接线器各有 16 个，每个 T 接线器的内部时隙均有 512 时隙，S 接线器是 16×16 的交叉矩阵。各 T 接线器内部时隙的忙闲状态由对应的忙闲表表示，每个忙闲表有 16 个单元，每个单元有 32 位。每一时隙在忙闲表中占一位，该时隙忙，则在相应位为“0”；该时隙空闲，则在相应位为“1”。

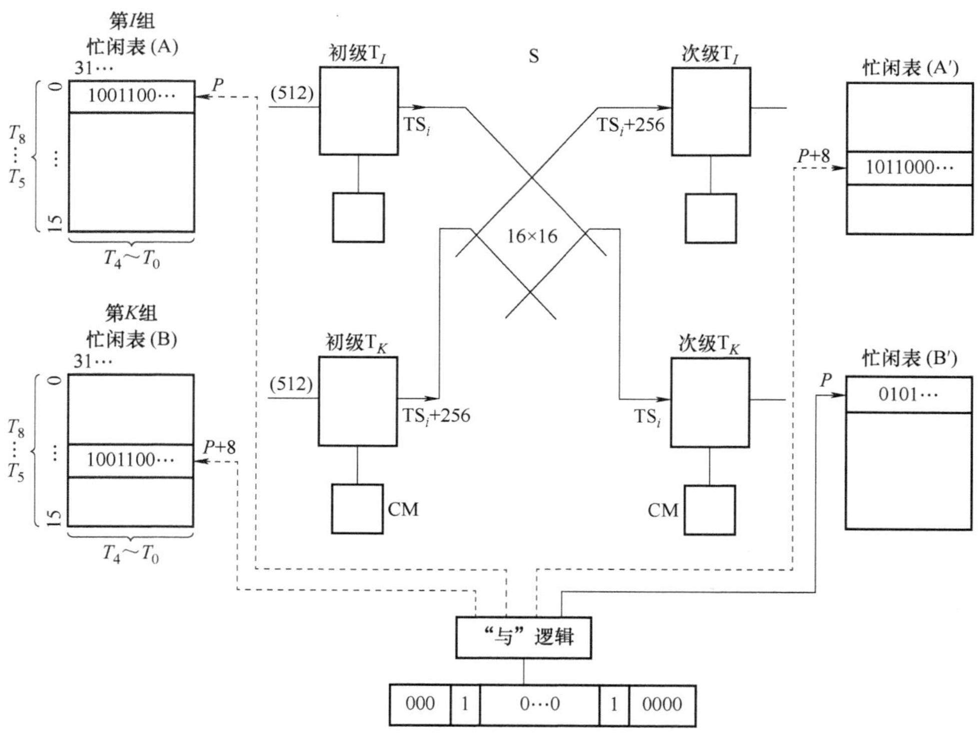

图 2-52　T-S-T 交换网络各级忙闲表

例如，主叫向被叫去话时，若选用 TS_i 时隙，则被叫向主叫回话时，就选用 TS_i+256，这是采用反相法来同时选择来去话内部时隙的。

在进行通路选择时，出入端的位置已由号码分析程序确定。例如，入线在第 I 组初级 T 接线器，出线在第 K 组次级 T 接线器。为了找出一条空闲的内部时隙，则需将忙闲表 A 与忙闲表 B′逐行对应位相“与”，即（第 I 组初级 T 接线器忙闲表 A 的 p 行）∧（第 K 组次级 T 接线器忙闲表 B′的 p 行）结果为 0，表示这一行中没有空闲通路。应再换一行，进行“与”逻辑运算，运算结果不等于 0，可用寻 1 指令从最右端起寻找第一个“1”，根据找到“1”的所在列号 $T_4 \sim T_0$（取值 0~31）加上所在的行号 $T_8 \sim T_5$（取值 0~15），即可得到所选中的中间时隙 ITS 号码（=行号×32+列号）。

在被叫向主叫回话的链路上进行通路选择与上述原理和方法相同，只是要看 TS_i+256 的时隙是否可成为空闲通路。

2. 输出控制

根据任务执行程序编制完成的命令，由输出控制程序输出硬件控制命令，控制硬件的接续或释放。输出控制包括以下功能。

① 话路的接续、复原。

② 信号音路由的接续、复原。

③ 发送分配信号（振铃控制、测试控制等）。

④ 转发拨号脉冲，主要是对模拟局发送。

⑤ 发送线路信号和记发器信号。

⑥ 发送公共信道信号。

⑦ 发送处理机间通信信息。

⑧ 其他。

对于呼出被叫的过程来说，输出控制就是要给被叫用户发送振铃信号，它是利用振铃继电器来实现的。由于对电子设备的驱动，其动作速度快，驱动信息一经发出就可得出结果，不需等待；而对继电器的驱动则不然，继电器的动作较慢，可能需几毫秒的时间，这样处理机在执行下一任务之前就需“等待”。针对这些情况，处理机在进行某个电路驱动时，先由处理机的输出程序编制好各电路的驱动信息，写入驱动存储器或称为信号分配存储器（SDM）。在定时脉冲控制下，顺序从驱动存储器中读出控制信息，控制硬件动作。这种控制多采用布线逻辑控制方式。

2.4　电话呼叫接续的信令配合

电话呼叫接续过程是由通信相关各方依托信令网络的信令配合来完成的。下面先介绍电话网信令与信令网。

2.4.1　电话网信令与信令网

电话通信网中采用何种信令方式，与交换局采用的控制技术密切相关。随着交换技术的发展，信令也从随路信令向公共信道信令发展。

1. 电话网信令

（1）信令的概念

在交换机与用户、交换机与交换机之间，除传递话音、数据等信息外，还必须传送各种专用的附加性质的控制信号，以保证交换机协调动作，完成用户呼叫的处理、接续、控制与维护管理等功能。在术语方面，有关占用线路、建立呼叫、应答、拆线等控制信号通常称为信令。信令是在分布通信网控制系统中与信息有关的呼叫控制信号。图 2-53 所示为电话交换网中出局呼叫接续过程所需要的基本信令。

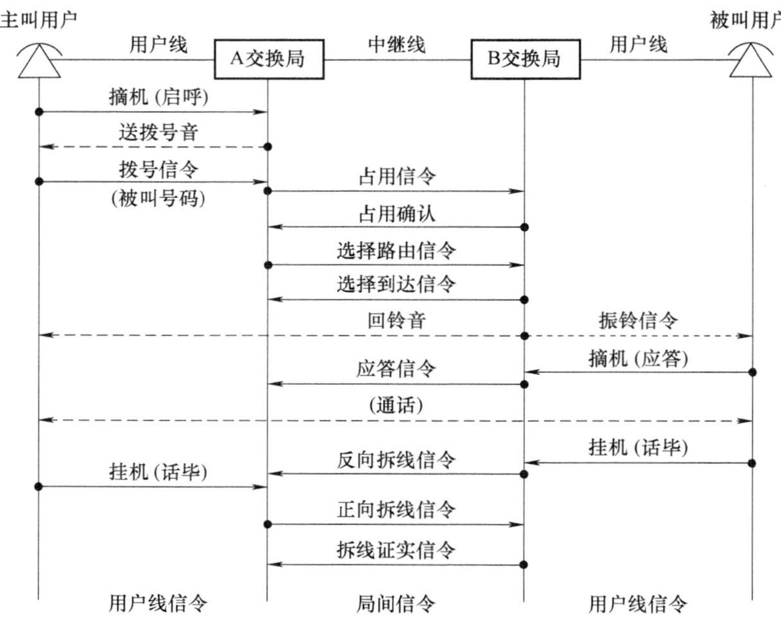

图 2-53　出局呼叫接续过程中的基本信令

（2）信令的分类

① 带内信令。在电话交换局间，在话音频带（300~3400Hz）之内传送的信令称为带内信令；在话音频带之外传送的信令称为带外信令。带内信令可以利用整个话音频带，因此信令可以使用多个频率（如多频编码信号）。

带内信令具有以下特点：

a. 带内信令可用于任何形式的电路，凡是能传送话音的电路均能传送带内信令。

b. 采用带内信令不会将呼叫接至有故障的话音电路上，因为话音电路有故障时，信令也无法传递，所以也不可能建立接续。

c. 带内信令可使用的频带较宽，所以可以采用速度快、具有自检能力的多频编码信号。

d. 采用带内信令时，由于线路信号设备跨接在话音电路上，很容易受到话音电流干扰，有时甚至会将话音误认为是信令而导致错误的动作，因此要采取必要措施加以防护。

② 随路信令。简单地说，与话音信息采用同一信道（或通路）传送的信令称为随路信令。第一个数字系统是 1970 年作为传输链路使用的，并采用了一种新的带外信令。脉冲编码调制系统将模拟话音编码为数字信号，然后将多路的信号进行复用变为单一的数字流（如 PCM30/32），其中所有话音信道线路的状态（环路或断开）通过一个信令信道传送，其他用于接续控制的信号通过相应的话音信道传送。由于在一帧中的每个信道包含 8bit，信令信道的 1bit 能够用来表示一个话音信道的状态。帧需要组合成复帧，以致于能够表示全部

的 30 个话音信道（30/32 路的系统）。信道 0 用来表示同步、复帧指示和传输链路管理信息。这种随路的信令具有带内信令所没有的优点，因为它防止了话音模拟为虚假信令，并且为用户通信提供了真正的商业话音频带。然而，带外信令的效率低，整个呼叫过程只有 1bit 用于信令，它的值是 1，表示线路为环路状态。

③ 分组信令。分组信令是基于开放系统互连（OSI）模型的、为数据通信系统提供消息通信的信令。OSI 参考模型中的每一层完成一组为其上一层服务的不同功能。前三层（1~3 层）是针对支持用户和网络之间的通信，高层（4~7 层）是在网络内部传送消息至目的地用户。7 层模型的分层如下。

a. 物理层提供机械、电气、功能和程序上的方法，以激活、维持和去激活在数据链路实体之间进行比特传输的物理连接。它为上一层提供按顺序的比特传送业务。

b. 数据链路层提供网络实体中有关建立、维持和释放数据链路连接，以及传送数据链路业务数据单元的功能和程序的方法。数据链路的连接是由一个或多个物理连接组成的。数据链路层检测和校正（可能时）物理层发生的差错。数据链路层提供给网络层的业务是控制物理层内的哪个数据电路之间的互连。

c. 网络层提供建立、维持和终止网络连接的方法，以及在传送实体之间交换网络业务数据单元至网络连接中的功能和程序。网络层提供传送实体进行通信的独立的选路和中继。网络层的基本业务是在传送实体之间提供透明的数据传送能力，该业务允许由网络层的上层确定待传送数据的内容。

d. 传送层提供采用会话层的通信实体之间的透明数据传送，并且使得它不受如何获得可靠和有效的数据传送的具体方法的影响。这意味着传送层必须了解网络层所提供的任何限制，例如网络层用户数据（网络业务数据单元）的最大的容量。因此，传送层负责会话层数据的分段和重组，使得其数据部分可以由网络层传送到目的地。在传送层定义的所有协议具有端到端的含义，其中所谓的端是指具有传送关系的传送实体。这样，传送层是面向 OSI 的端开放系统的，传送协议只在 OSI 端的开放系统之间使用。

e. 会话层为表示层提供通信的方法，它包括在两个表示层实体之间的连接，以支持按序的数据交换和连接的释放。当表示层在会话业务点请求建立会话连接时，就产生会话连接。在由表示实体或会话实体进行释放之前，会话连接将一直保持。只有无连接通信方式时的会话层功能提供传送地址到会话地址的映射。

f. 表示层是指在进行通信中的应用实体信息的表示方法，它提供通信的应用实体，负责所表示数据的公共格式和原则。

g. 应用层是指应完成的任务，如文件传送和消息处理等。

采用 OSI 参考模型的通信使用了带有每一个用户数据单元（分组）的选路和目的地的方式。从理论上讲，话音也可以采用这种类型的信息交换。首先完成数字化，然后将比特流变为分组，每个分组具有作为网络层功能的选路和网络部分内容。虽然这种基于消息的通信的效率很高，但由于数字处理和交换技术发展还不够快，为了满足每个分组信息进行选路，因此不能使用话音分组。折中的方法是只采用 OSI 参考模型中的低三层功能，使所有的信令在单个的公共信道中采用分组方法传送。

④ 公共信道信令。公共信道信令是指在电话网中各交换局的处理机之间用一条专门的数据通路来传送通话接续所需的信令信息的一种信令方式。公共信道信令综合了随路和分组

信令所具有的优点。通信是分层进行的，数据链路层的特性（网络实体通信、差错检出/校正等）允许网络层采用基于消息的方法。在信令信道中的消息与某一特定的用户连接有关，并且该信道将用于通信。在两个网络节点之间不需要在每一个物理链路提供信令信道，用户的通信信道能够由链路和信道的号码来指定。

公共信道信令不包括完整的7层模型，它最初的应用是在网络内部使用，以提供交换机之间的信令。更准确地说，公共信道信令是在现代系统中的节点之间的信令，不过目标不仅在于基于信息系统的交换机之间的通信，完整的信令系统将维持它自身的通信网络（网中网）。用不同的功能组合为功能级来代替分层，是因为要附加功能级以适应公用网络的使用。

2. 信令网

在采用公共信道信令方式的电话网中，由于交换机之间的话音通道和信号通道完全分离，从而分成两个分开的网络（即话音网络和信令网络）。通常，人们把按照公共信道传送信令消息的信令网络称为No. 7信令网。

（1）No. 7信令网的组成部件

No. 7信令网由信令点（SP）、信令转接点（STP）和连接它们的信令链路组成。

① 信令点（SP）。No. 7信令网中既发出又接收信令消息，或将信令消息从一条信令链路转到另一条信令链路，或同时具有这两种功能的信令网节点，称为信令点。在No. 7信令网中，可作为信令点的节点有交换局、操作管理和维护中心、服务控制点、信令转接点等。

人们通常把产生消息的信令点称为源信令点，而把消息所到达的信令点称为目的地信令点。源信令点是信令消息的始发点，目的地信令点是信令消息的归宿点。建立某一信令关系的两个信令点，既是两点之间交换消息的源信令点，也是目的地信令点。

把信令链路直接连接的两个信令点称为相邻信令点或邻近信令点，将非直接连接的两个信令点称为非相邻信令点或非邻近信令点。

② 信令转接点（STP）。将信令消息从一条信令链路转到另一条信令链路的信令点称为信令转接点。

在信令网中，信令转接点有两种：一种是专用信令转接点（独立型信令转接点），它只具有信令消息的转送功能，而不具有用户部分的功能；另一种是综合型信令转接点，它与交换局合并在一起，是具有信令点功能的转接点。

③ 信令链路。连接两个信令点（或信令转接点）的信令数据链路及其传送控制功能组成的数据通信通路称为信令链路。每条运行的信令链路都分配有一条信令数据链路和位于此信令数据链路两端的两个信令终端。直接连接两个信令点（或信令转接点）的一组信令链路称为一个信令链路组。一个信令链路组通常包括若干条平行的信令链路，而在两个信令点之间可以设置几个相互平行的链路组。

（2）No. 7信令网的结构

No. 7信令网按网络结构等级可分为无级信令网和分级信令网两类。

① 无级信令网。无级信令网是未引入信令转接点（STP）的信令网。在无级信令网中，信令点（SP）间都采用直联方式，所有的信令点均处于同一等级级别。无级信令网结构比较简单，其连接结构主要有直线网、环状网、栅格网、蜂窝网和网状网5种。除网状网外，其他结构的信令路由都比较少，而信令接续中所要经过的信令点数都比较多。网状网虽无上

述缺点，但当信令点的数量较大时，局间连接的信令链路数量明显增加，如果有 n 个信令点，那么每增加一个信令点，就要增设 n 条信令链路。因此，虽然网状网具有路由多、传递时间短等优点，但限于技术及经济上的原因，不能适应于国际和国内信令网的要求。

② 分级信令网。分级信令网是使用信令转接点（STP）的信令网，信令点（SP）之间经 STP 按准直连方式工作。按照信令转接点（STP）级别的多少又可进一步分为两级信令网和三级信令网。两级信令网是只有一级信令转接点（STP）的信令网，即在这种信令网中有一级 STP 和一级 SP。三级信令网是使用两级信令转接点（STP）的信令网，即在这种信令网中有高级 STP、低级 STP 和一级 SP 三级。

（3）我国 No. 7 信令网结构

我国电话网具有覆盖地域广阔、交换局数量大的特点。根据我国电话网的实际情况，确定信令网采用三级结构，A、B 平面的网络组织形式。

① 信令点的等级划分。第一级是信令网的最高级，称为高级信令转接点（HSTP），第二级是低级信令转接点（LSTP），第三级为信令点（SP）。为提高网络的可靠性，每个主信令区至少设两个 HSTP，并与对应的分信令区中的 LSTP 相连，信令点由各种交换局和特种服务中心（业务控制点、网管中心等）组成。

a. HSTP 负责转接它所汇接的第二级 LSTP 和第三级 SP 的信令消息。HSTP 采用独立型信令转接点设备，满足 No. 7 信令方式中消息传递部分（MTP）规定的全部功能。

b. LSTP 负责转接它所汇接的第三级 SP 的信令消息。LSTP 可以采用独立型信令转接点设备，也可采用与交换局合设在一起的综合型信令转接点设备。采用独立型信令转接点设备时，应满足 MTP 规定的全部功能；采用综合型信令转接点设备时，除了必须满足独立型转接点的功能外，应满足 No. 7 信令方式中电话用户部分（TUP）的全部功能。

c. SP 是信令网传送各种信令消息的源点或目的地点，应满足 MTP 和 TUP 的功能。

② 信令网的连接方式。

a. 第一水平级的连接方式。信令网的第一水平级由若干个高级信令转接点（HSTP）组成。该级各信令转接点间有网状连接和 A、B 平面两种连接方式，如图 2-54 所示。

网状连接方式：第一水平级的 A、B 平面内部所有 STP 间都设有直达信令链。在正常情况下，信令转接点（STP）间的信令传递不再经过转接，简单直观。

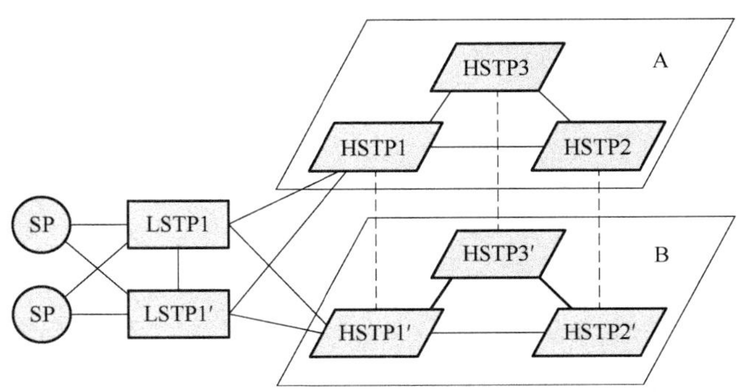

图 2-54　我国信令网的等级结构示意图

A、B 平面连接方式：将第一水平级的 STP 分为 A、B 两个平面分别组成网状网，而两个平面间成对的 STP 相连。在正常情况下，同一平面内的 STP 间连接不经过其他 STP 转接；只是在故障情况下需要经由不同平面间的 STP 连接时，才经过其他 STP 转接。这种连接方式对于第一水平级需要较多 STP 的信令网是比较节省的链路连接方式，可靠性要比网状连接时略有降低，但只要采取一定的冗余措施，也完全是可以的。

b. 第一水平级以外各级的连接方式。第一水平级以外的各级间及第二级与第一级的连接一般均采用星形连接方式。在星形连接的各级中，STP 与 STP、SP 与 SP 间是否有信令直达链路连接，可根据 STP 容量及信令业务量的大小来决定。第二级以下各级中信令点与信令转接点间的信令链路的连接方式有固定连接和自由连接方式。

③ 话路网与信令网的对应关系。

a. 信令网与话路网结构上的关联。尽管信令网是一个与话路网相对独立的网络，但它终究是为话路网服务的。在一次电话呼叫接续中，话路所经过的每一交换局都有相应的信令点或信令转接点，通过信令链路传送相应的信令信息并控制交换局的行动。在电话网的网络组织中，当信令网和话路网均采用分级的网络结构时，两个网络的分级可能相同，也可能不同，由此对应某信令关系的信令消息的传送工作方式也可能是不同的。

采用相同级数的信令网时，如果话路网的级数较多，那么信令转接的次数和时延都较多，不利于信令的传递。因此，与话路网相同级数的信令网，只在话路网级数较少（如一级或二级）时采用。例如在大、中城市的市话网中，话路网采用汇接局和分局两级。此时，设两级信令网，信令转接点置于汇接局，分局设信令点，是较为适宜的。

对于分级数较多的长途网，一般采用信令网级数与话路网级数不相同的方式。例如，四级话路网，设三级信令网。

当信令网和话路网的级数不同时，由于信令网的级数通常少于话路网的级数，所以信令转接点的设置不能与话路的汇接点（局）相对应。对于信令转接点的设置，应将信令设备放在能使信令转接次数少、转接点工作负荷均匀、网络信令点容量能满足需要的那些交换局。

b. 我国话路网与信令网的对应关系。我国早期电话网由一、二、三、四级长途交换中心及第五级交换中心端局组成。目前，我国长途电话网正逐步向无级动态网过渡，已经把原有长途四级网的 C1 与 C2 合并为 DC1；C3 与 C4 合并为 DC2，成为二级长途网。因此，HSTP 对应于 DC1，LSTP 对应于 DC2，SP 对应于市话端局，如图 2-55 所示。

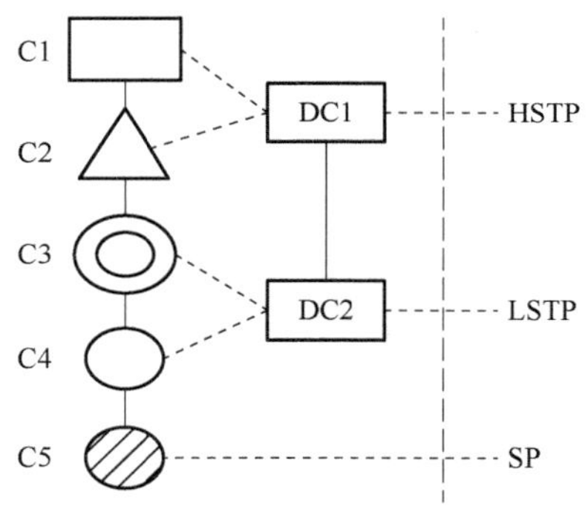

图 2-55　我国话路网与信令网的对应关系

2.4.2　用户与交换机间的信令配合

当电话呼叫属于局内接续时，用户与交换机之间是依托用户线信令进行相互配合的。用户线信令是在用户话机与交换机之间的用户线上传送的信令（见图 2-53），对于常见的模拟电话用户线情况，这种信令包括：用户状态信令、选择信令和各种可闻音信令。

1. 用户状态信令

用户状态信令用于监视用户线的环路状态变化，广泛采用简单而经济的直流环路信号表示。通过用户话机的摘机、挂机动作，使用户线直流环路接通或断开，从而形成各种用户状态信令。基本的用户状态信令有以下 4 种。

① 呼出占用（主叫用户摘机）。

② 应答（被叫用户摘机）。

③ 前向拆线（主叫用户挂机）。

④ 后向拆线（被叫用户挂机）。

交换机对检测到的每一种信令，都将作出相应的响应。例如，收到被叫用户发出的“应答”信令，交换机应立即切断铃流，并建立主叫用户与被叫用户间的通路连接。

2. 选择信令

选择信令又称地址信令，是主叫用户发出的被叫用户号码。主叫用户通过脉冲号码或双音频号码形式送出地址信息给交换局，供交换局选择被叫用户。

3. 各种可闻音信令

各种可闻音信令都是由交换机向用户发送的，GB/T 3380—1982《电话自动交换网铃流和信号音》规定了电话自动交换网有关振铃、信号音等用户线信令的要求。对程控交换设备而言，主要有：振铃信号（铃流），频率为 25Hz 的正弦波，输出电压有效值为 75V，通常采用 5s 断续（1s 送，4s 断）的方式发送；拨号音采用连续发送的 450Hz 信号；回铃音采用 450Hz 信号，5s 断续的方式发送（同振铃信号）；忙音采用 450Hz 信号，0. 7s 断续（0. 35s 送，0. 35s 断）的方式发送；通知音采用不等间隔 1. 2s 断续（0. 2s 送，0. 2s 断，0. 2s 送，0. 6s 断）的方式发送；催挂音采用连续发送响度较大的信号，以示与拨号音的区别。除此之外，交换机发送给用户的信令还有空号音、长途通知音、拥塞音、等待音及提醒音等。

2. 4. 3　交换机与交换机间的信令配合

当电话呼叫属于局间接续时，交换机与交换机之间是依托局间信令进行相互配合的。局间信令是在交换机或交换局之间中继线上传送的信令（见图 2-53）。由于目前使用的交换机制式和中继传输信道类型很多，所以局间信令相对比较复杂。根据信令通路与话音通路的关系，可将局间信令分为随路信令（Channel Associated Signaling，CAS）和公共信道信令（Common Channel Signaling，CCS）。为了统一局间信令，CCITT 规范了一整套信令系统：CCITT No. 1 信令系统常用于人工交换的国际无线电路；CCITT No. 2 信令系统计划用于二线制电路的半自动操作，但该信号系统从未在国际业务中使用；CCITT No. 3 信令系统在半自动和自动接续中使用，仅用于欧洲的终接或者经转业务；CCITT No. 4 信令系统用于单向传输电路，可应用于任何类型的电缆或无线电路，但不适用于洲际电路或使用话音插空（TASI）技术的各种电路；CCITT No. 5 信令系统用于终端和经转的国际长途业务，它可用于地下电缆电路、海底电缆电路以及无线电路等情况；CCITT No. 6 信令系统是根据程控模拟交换机提出的共路信令，但可工作于模拟和数字信道；CCITT No. 7 信令系统于 1980 年提出，是一种最适合于程控数字交换机的共路信令系统。

我国通信网中正在使用的有随路信令系统（即中国 1 号信令）和公共信道信令系统（即中国 7 号信令），这里只对这两种信令系统作简单介绍。

1. 中国 1 号信令

我国自行制定的中国 1 号信令是将话路所需要的各种控制信号（如占用、应答、拆线及拨号等）由该话路本身或与之有固定联系的一条信令通路（信道）来传递，即用同一通路传送话音信息和与其相应的信令。

中国 1 号信令包括线路信号和记发器信号两部分。

（1）线路信号

线路信号是在线路设备（如各种中继接口）之间进行传送的信号，主要表明中继线的使用状态，如示闲信号、占用信号、应答信号、拆线信号和闭塞信号等。线路信号用于控制交换机之间（也有交换机内部）的传输路径，在呼叫持续期间完成路由的建立、维持及监视。中国1号信令的线路信号有三种形式：直流线路信号、带内单频脉冲线路信号和数字型线路信号。目前主要使用数字型线路信号，基于PCM30/32系统的复帧结构，以TS_{16}进行传送。

（2）记发器信号

记发器信号是在记发器（多频收发码器）之间进行传送的信号，主要包括选择路由所需的地址信号（即被叫号码）和其他用于建立接续的控制信号。记发器信号是在占用信号之后，通过相应话音通路从一个局的记发器发出，而由另一个局的记发器接收。这种信号都是在通话之前传送的，一旦电话接通，各局的记发器设备便释放复原，记发器信号就停止传送。中国1号信令的记发器信号采用多频编码、连续互控，一般采用端到端传送。当转接段增多、各段长途线路的质量差异较大时，为了保证信令能正确、可靠地传送，也采用逐段转发与端到端相结合的方式。目前使用的PCM30/32系统中，记发器信号通过所占用的话音时隙传送。

记发器信号在传送时，互控过程按照以下4拍进行。

第1拍，发送端记发器发出一个前向信号。

第2拍，接收端接收并识别出该前向信号后，立即回送一个后向信号给发送端。

第3拍，发送端接收并识别出后向信号后，立即停发前向信号。

第4拍，接收端识别出前向信号已停发，立即停发后向信号。

发送端识别出后向信号停发后，依据刚才记录下来的后向信号的要求，发送另一个前向信号，开始第二个互控过程。如此循环往复，直至所有信令信号发送完毕。

（3）应用举例

图2-56所示为两市话局间采用中国1号信令进行呼叫接续的基本信令过程。其中，线路信号为数字型，A交换局为主叫局，B交换局为被叫局，两用户占用第1路中继，记发器信号随话路TS_1传送。信令传送过程如下所述。

当A交换局收齐主叫用户所拨局间字冠PQ位后，识别并选中某一空闲中继电路（如TS_1），从信令通路（F_1帧的TS_{16}前4位）发出占用信号，要求占用该中继。B交换局接收到该占用信号后，回送占用确认信号。A交换局继续收号，并将所收号码（PQABCDE）逐位译为多频记发器信号，经过数字化后，由TS_1送给B交换局，即按4拍互控过程进行多频记发器信号的传送。7位用户号码共7个互控周期，其中：A_1表示发下位；A_3表示转至B组信号（KB）的控制信号，B组信号的内容为被叫用户的状态（忙或闲）；KD信号的内容用于长途接续或市内接续控制。当所有号码发送完毕，B交换局收到KD信号后，测试被叫用户忙闲状态。若被叫用户空闲，则回送KB_1的编码给A交换局，并经话路TS_1给主叫送回铃音，同时向被叫用户送铃流。被叫用户摘机应答后，B交换局向A交换局送应答信号，两个用户利用TS_1开始通话。如果被叫用户先挂机，则B交换局向A交换局送后向拆线信号。主叫用户挂机后，A交换局向B交换局送前向拆线信号，B交换局还原后，回送A交换局释放监护信号。至此，一次局间接续结束。

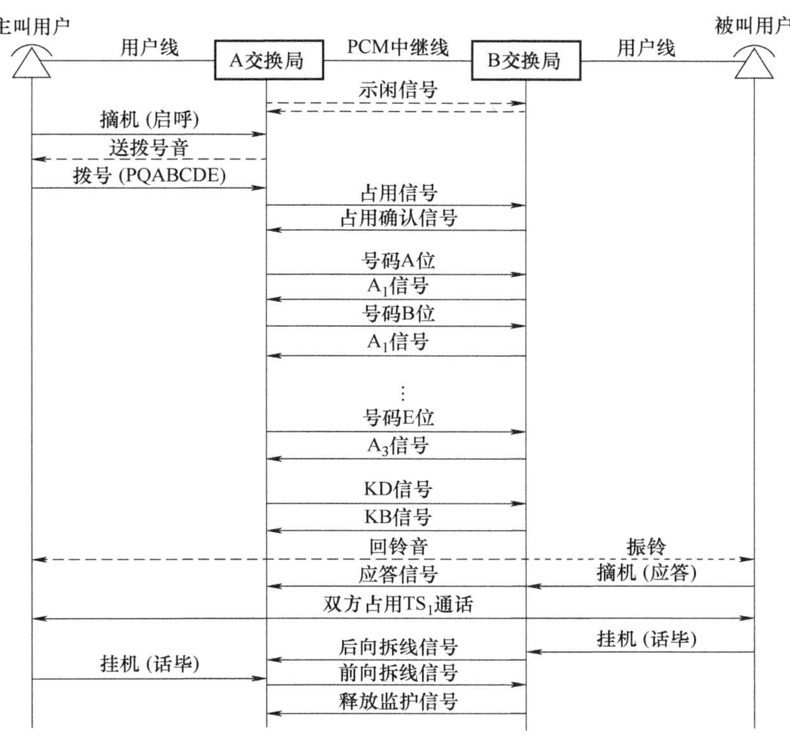

图 2-56　采用中国 1 号信令（数字中继）的一次市话接续

2. 中国 7 号信令

中国 7 号信令是根据 CCITT No. 7 信令结合我国电信网实际而制定的，是支持现有网络中话音呼叫和非话音呼叫有关的信令的共路信令系统。它提供的交换控制信息的程序和协议，使信令消息可以在这一信令链路上安全可靠地传送。信令链路传送消息的程序、协议和进行消息选路的机制综合在一起被称为消息传递部分（Message Transfer Part，MTP）。MTP 由 7 号信令功能结构的前三级（MTP1，MTP2 和 MTP3）组成。一个典型的 7 号信令协议结构如图 2-57 所示。

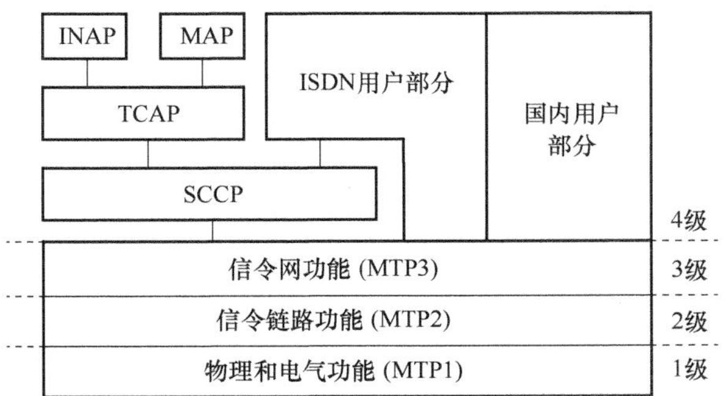

图 2-57　典型的 7 号信令协议结构

（1）各部分主要功能

消息传递部分的第 1 级（MTP1）规定了信令传输通路的物理、电气和功能的特性，用于信令消息的双向传递。它由同样的数据速率在相反方向上工作的两个数据通路组成，符合 OSI 参考模型第 1 层（物理层）要求。在窄带的数字交换系统中，正常情况下它是 PCM 系统中的一个 64kbit/s 的数字信道。第 1 级是 7 号信令的信息载体，它可以是多种多样的，如光纤、PCM 传输线或数字微波等。第 1 级的功能规范并不涉及具体的传输媒质，它只是规定传输速率、接入方式等信令链路的一般要求。

消息传递部分的第 2 级（MTP2）也是为窄带应用规定的，它定义了两个直接连接的信令点之间的信令数据链路上传送信令消息的功能和程序。它和第 1 级一起为两个信令点之间的消息传送提供了一条可靠的链路。它符合 OSI 参考模型第 2 层（数据链路层）要求。第 2 级的功能包括：信令单元的定界和定位；信令单元的差错检测；通过重发机制实现信令单元的差错校正；通过信令单元的差错率监视检测信令链路故障；故障信令链路的恢复；信令链路流量控制等。

消息传递部分第 3 级（MTP3）是在第 1 级或第 2 级出现故障时，负责将信令消息从一个信令点可靠地传送到另一个信令点，并且要求在窄带和宽带的环境时是相同的。它符合 OSI 参考模型第 3 层（网络层）要求。MTP3 可分成信令消息处理和信令网管理两个基本部分。信令消息处理功能是指当本地节点为消息的目的地信令点时，将消息送往指定的用户部分；当本地节点为消息的转接信令点时，将消息转送至预先确定的信令链路。信令消息处理功能包含消息鉴别、消息分配和消息路由三个子功能。信令网管理功能是指在信令网发生故障的情况下，根据预定数据和信令网状态信息调整消息路由和信令网设备配置，以保证消息传递不中断。信令网管理功能包括信令业务管理、信令链路管理和信令路由管理，它是 7 号信令系统中最复杂的一部分，也是直接影响消息传送可靠性的极为重要的部分。

第 4 级是用户部分。它由各种不同的用户组成，每个用户部分定义和某一用户有关的信令功能和过程。最常用的用户部分包括电话用户部分（Telephone User Part，TUP）、数据用户部分（Data User Part，DUP）和 ISDN 用户部分（ISDN User Part，ISUP）。TUP 是 7 号信令方式的第 4 级功能的电话用户部分，它支持电话业务，控制电话网的接续和运行。DUP 采用 CCITT X. 61 建议。ISUP 在 ISDN 环境中提供话音和非话交换所需的功能。自从开发了 ISUP 以后，TUP 的所有功能均可由 ISUP 提供。此外，ISUP 还指出非话呼叫、ISDN 业务和智能网业务所要求的附加功能。

信令链路连接控制部分（Signaling Connection and Control Part，SCCP）用于加强 MTP 功能，它与 MTP 一起提供相当于 OSI 参考模型的第 3 层功能。MTP 只能提供无连接的消息传递功能，而 SCCP 则加强了这个功能，它能提供定向连接和无连接网络业务。SCCP 可以在任意信令点之间传送与呼叫控制信号无关的各种信令信息和数据。这样它可以满足 ISDN 的多种用户补充业务的信令要求，为传送信令网的维护运行和管理数据信息提供可能。

事务处理能力应用部分（Transaction Capabilities Application Part，TCAP）指网络中分散的一系列应用在互相通信时所采用的一组协议和功能。这是目前很多电话网提供智能业务和信令网的运行、管理和维护等功能的基础。TCAP 对各种应用提供支持，它为应用业务单元（Application Service Element，ASE）、移动应用部分（Mobile Application Part，MAP）、操作维护应用部分（Operations and Maintenance Application Part，OMAP）和智能网应用部分（Intelligent Network Application Part，INAP）等操作提供工具。

（2）应用举例

由于 CCITT No. 7 信令比较复杂，在此只简单介绍该信令系统在控制电话接续时的简单过程。图 2-58 所示是在两个数字局间采用 7 号信令进行市话接续的过程，其中 A 局为主叫交换局，B 局为被叫交换局。

A 交换局在收齐主叫用户所发的号码后，即一次性作为初始地址消息（Initial Address message with additional Information，IAI）或（Initial Address Message，IAM）发往 B 局交

换（初始地址 IAI 信息及以下各信息的格式请参见其他资料）。B 交换局收到 IAI 信号后，根据其内容测试该被叫用户忙闲状态。如果被叫用户空闲，即在本局内建立通话通道，并立即回送给 A 交换局地址全消息（Address Complete Message，ACM）；同时向主叫用户送回铃音，向被叫用户送铃流。被叫用户应答后，B 交换局向 A 交换局送应答信号（Answer signal-Charge，ANC），双方开始通话。通话完毕，如果被叫用户先挂机，则由 B 交换局向 A 交换局送后向拆线信号（Clear BacK signal，CBK）；主叫用户挂机后，由 A 交换局向 B 交换局送前向拆线信号（CLear Forward signal，CLF）。B 交换局还原后，向 A 交换局送释放监护信号（ReLease Guard signal，RLG）。

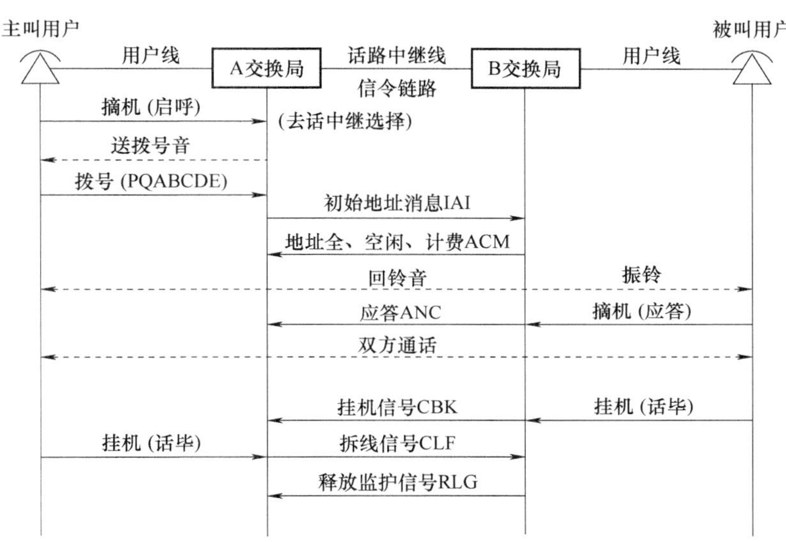

图 2-58 采用 7 号信令的市话接续控制信号示意图

从上例可知，当采用 7 号信令时，“线路信号”控制过程大体与随路线路信号相似，但以 PCM30/32 系统为例，由于 7 号信令的信令通道 TS_{16}（也可以使用 TS_0 之外的其他时隙）与各路是没有固定联系的，所以更具灵活性。采用 7 号信令的“记发器信号”只需送 1 次 IAI 即可解决问题，因而大大提高了接续速度。有关 7 号信令的更详细的资料可参阅相关书籍。

复习思考题

2-1 简述程控数字交换机的组成及各部分功能作用。

2-2 模拟用户电路 BORSCHT 功能的具体含义是什么？

2-3 用户集线器是如何实现话务集中的？

2-4 模拟中继电路和模拟用户电路有何异同？数字中继器应具有哪些基本功能？

2-5 在程控数字交换机中，数字信号音是如何产生的？试计算 1380Hz+1500Hz 的数字多频信号所需只读存储器的容量。

2-6 数字交换的本质是什么？

2-7　在读出控制方式下，T 型时分接线器中 SM 的写入及读出原理是什么？

2-8　在写入控制方式下，T 型时分接线器中 SM 的写入及读出原理是什么？

2-9　T 型时分接线器的功能是什么？基本组成主要包括哪几部分？

2-10　T 型时分接线器中复用器的作用是什么？

2-11　以 16 端 PCM 输入为例，求 HW_{15} TS_{24}变换后的时隙是多少？

2-12　读出控制方式的 T 型时分接线器，若 TS_3 与 TS_{12}要互相交换信息，试画图并填入相应的数字及信息。如果 SM 有 256 个存储单元，则 SM 和 CM 的各单元内容应有几位码？

2-13　写入控制方式的 T 型时分接线器，若 TS_{10}与 TS_{30}要互相交换信息，试画图并填入相应的数字及信息。如果 SM 有 512 个存储单元，则 SM 和 CM 的各单元内容应有几位码？

2-14　什么是在线程序？什么是支援程序？

2-15　呼叫处理过程中从一个状态转移到另一个状态包括哪几种处理？

2-16　画图说明单个用户的摘机识别方法。

2-17　画图说明多个用户摘机的群处理识别方法。

2-18　画图说明单个用户的挂机识别方法。

2-19　画图说明多个用户挂机的群处理识别方法。

2-20　画图说明拨号脉冲识别的方法。

2-21　画图说明双音频号码识别的方法。

2-22　为什么拨号脉冲识别的扫描周期为 8ms？

2-23　为什么位间隔识别的扫描周期为 96ms？

2-24　画图说明拨号脉冲位间隔的识别方法。

2-25　在拨号脉冲识别过程中，能否识别脉冲后沿？简述原因。

2-26　在双音频号码识别过程中，能否识别 SP 线的后沿？简述原因。

2-27　输入处理的任务是什么？主要包括哪些程序？

2-28　内部分析程序主要任务是什么？主要包括哪些程序？

2-29　分别简述去话分析、号码分析、来话分析、状态分析程序的任务及其处理依据。

2-30　通路选择和路由选择有什么区别？

2-31　检索表和搜索表有什么区别？

2-32　随路信令和共路信令有什么不同？它们分别是通过什么信道（时隙）传送的？

2-33　中国 1 号信令规定了哪两种信号？

2-34　中国 1 号信令中的记发器信号是如何传送的？

2-35　中国 7 号信令与 1 号信令相比，主要有哪些优点？

第 3 章　ATM 交换原理

随着宽带业务的逐步发展及其业务发展的某些不确定性，迫切要求找到一种兼具电路交换与分组交换优点的新交换方式，因而产生了以 ATM 为代表的宽带交换方式。本章首先介绍 ATM 交换系统的组成结构，然后介绍 ATM 信元结构及信元交换的控制原理，最后介绍 ATM 交换网络的构造机理。

3.1　ATM 交换系统的组成结构

ATM 是一种兼具电路交换与分组交换优点的新交换方式，被国际电信联盟电信标准部（ITU-T）于 1992 年 6 月定义为宽带综合业务数字网（Broadband Integrated Service Digital Network，B-ISDN）的应用模式。

3.1.1　ATM 的含义与特点

1. ATM 的含义

异步传输模式（Asynchronous Transfer Mode，ATM）是一种采用异步时分复用方式，以固定长度信元为单位，面向连接的信息转移（包括复用、传输与交换）模式。ATM 交换技术是一种基于信元的交换技术，它首先将传送的信息转换成 53B 固定长度的 ATM 信元，然后采用面向连接的工作方式，以信元为单位进行信息的交换与传输。它建立在电路交换和分组交换的优势基础上，采用了一种统一的交换、复用和传输模式，可以适合任意业务特征（速率、突发性、实时性、服务质量等）。

2. ATM 的特点

与原来的交换技术相比，ATM 交换具有以下特点：

① ATM 交换是固定长度的信元交换，信元实际上是很短的分组。由于信元流被异步时分多路复用，采用很短的信元可以减少交换节点内部的缓冲器容量以及排队时延和时延抖动；固定的信元长度则有利于简化交换控制和缓存器管理。

② ATM 使用光纤传输，由于光纤的误码率极低，且容量很大，因此在 ATM 网内信息域被透明传输，差错控制和流量控制不必在数据链路层而是放在高层处理，因而明显地提高了信元在网络中的传送速率。

③ 网络通过呼叫接入控制来判别是否接纳用户的呼叫请求。若不能接纳，则拒绝；若接纳，则给这个呼叫建立一条从源节点到目的节点的虚信道连接。

④ 每一信元都具有连接识别的标号（位于信头域），而且具有本地重要性，即用于路由选择的标识符只在特定物理链路上才是唯一的。它在交换处被翻译。

3.1.2 ATM 交换系统的组成

1. 系统组成结构

ATM 交换机（或交叉连接节点）的主要任务为进行虚通路标识符/虚信道标识符（VPI/VCI）转换和将来自于特定虚通路/虚信道（VP/VC）的信元根据要求输出到另一特定的 VP/VC 上。ATM 交换系统由入线处理单元、出线处理单元、交换单元和控制单元组成，如图 3-1 所示。其中，交换单元完成交换的实际操作（将输入信元交换到实际的输出线上）；控制单元控制交换单元的具体动作；入线处理单元对各入线上的 ATM 信元进行处理，使它们成为适合交换单元处理的形式；出线处理单元则是对交换单元送出的 ATM 信元进行处理，使它们成为适合在线路上传输的形式。

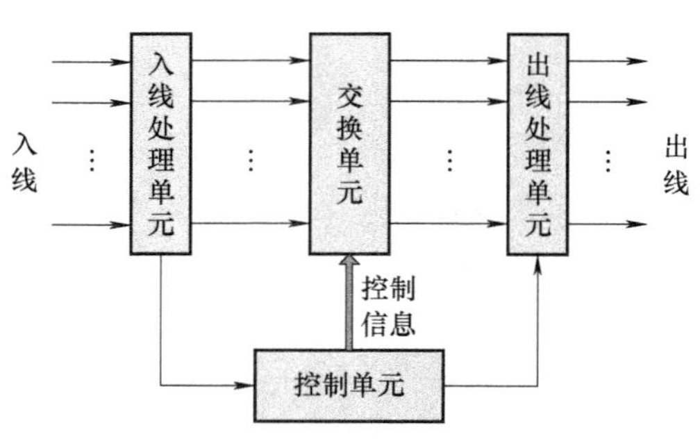

图 3-1 ATM 交换系统的组成结构

2. 功能单元描述

（1）入线处理单元

在传输线路上信息传送的形式是比特流，而信息交换则必须以信元为单位，将 53（即 53×8bit = 424bit）信息作为一个整体同时交换，而不是逐比特进行。同时，入线速率显然远低于交换机内部速率。如何在规定的时间内将某条入线上的信息送入交换单元的特定位置，也是需要解决的问题。另外，传输线路上的信息格式是以光形式为主，而 ATM 交换机则以电信号为主，这样光电转换是必不可少的。其中，最基本的操作是比特流和信元流的转换，实际上就是 B-ISDN 协议参考模型中的物理层和 ATM 层之间的信息交换。入线处理单元主要完成信元定界、信头有效性检验、信元类型分离等任务。

① 信元定界：将基于不同形式传输系统的比特流，如同步数字体系（SDH）、准同步数字系列（PDH）等不同的帧结构形式，分解成为 53B 为单位的信元格式。信元定界的基本原理与信头差错控制（Header Error Control，HEC）和一般流量控制（Generic Flow Control，GFC）相关联。

② 信头有效性检验：将信元中的空闲信元（物理层）、未分配信元（ATM 层）以及传输中信头出错的信元丢弃，然后将有效信息送入系统的交换/控制单元。

③ 信元类型分离：根据虚信道标识符（Virtual Channel Identifier，VCI）分离虚通路（Virtual Path，VP）级操作管理与维护（Operation Aministration and Maintenance，OAM）信元；根据有效载荷类型标识符（Payload Type Identifier，PTI）分离虚信道（Virtual Channel，VC）级 OAM 信元，递交给控制单元，其他用户信息则由交换单元进行交换。

（2）控制单元

控制单元完成信息传递的路由选择，通过输入信元与输出信元的 VPI/VCI 转换方式，建立和拆除虚通路连接（Virtual Path Connection，VPC）和虚信道连接（Virtual Channel Connection，VCC），并对交换单元进行控制，同时处理和发送 OAM 信元信息。

具体包括：

① 完成 VPC 和 VCC 的建立和拆除操作。例如，在接收到一个建立虚信道连接的信令信元后，如果经过控制单元分析处理允许建立，那么控制单元就向交换单元发出控制信息，指明交换单元凡是 VCI 等于该值的 ATM 信元均被输出到某特定的出线上去；拆除操作执行相反的处理过程。

② 进行信令信元发送。在进行用户网络接口（User Network Interface，UNI）和网络节点接口（Network Node Interface，NNI）应答时，控制单元必须可以发送相应的信令信元，以便用户/网络顺利执行。

③ 进行 OAM 信元处理和发送。根据接收的 OAM 信元的信息，进行相应处理，如性能参数统计或者进行故障处理，同时控制单元能够根据本节点接收到的传输性能参数或故障消息发送相应的 OAM 信元。

（3）出线处理单元

出线处理单元完成与入线处理单元相反的处理。例如，将信元从 ATM 层转换成适合于特定传输媒质的比特流形式。

具体包括：

① 将交换单元输出信元流、控制单元给出的 OAM 信元流以及相应的信令信元流复合，形成送往出线的信息流。

② 将来自 ATM 交换机的信元适配成适合线路传输的速率（即速率适配），例如，当收到的信元流速率过低时，填充空闲信元；当速率过高时，则使用存储区予以缓存。

③ 将信元比特流适配成特定传输媒质所要求的格式，如 PDH 和 SDH 帧结构格式。

（4）交换单元

将来自入线处理单元的信元信息经过虚电路方式交换后输出到出线处理单元。作为实际执行交换动作的部件，其性能的优劣直接关系到交换机的效率和性能，以至于人们在讨论宽带交换系统时仅注重交换单元的设计，而忽略交换机的其他三个基本组成单元。一个具有 M 条入线和 N 条出线的交换单元称为 $M \times N$ 的交换单元（通常 $M=N$）。M 和 N 越大，则交换单元连接的入线和出线数就越多，容量也就越大。

3.1.3　信息传输方式

1. 面向连接的虚电路方式

在 ATM 系统中，用户通信采用面向连接的方式，经一个由系统分配给自己的虚电路进行传送。该虚电路可能是这个用户长期占用的（专用电路），也可能是在进行通信前临时申请的（临时电路）。用户在占用一条虚电路之前可以声明自己所需要的业务质量，包括最大通信速率、平均通信速率以及时延要求等；ATM 系统接收用户的申请后，将按照业务质量来提供虚电路，并可对不按业务质量要求使用的用户进行某种制裁。

2. 关于虚电路的相关概念

（1）虚通路和虚信道

ATM 系统中的虚电路包括虚通路（Virtual Path，VP）和虚信道（Virtual Channel，VC）。虚信道（VC）表示单向传送 ATM 信元的逻辑通道，这些信元可以使用虚信道标识符（VCI）进行标识。虚通路（VP）表示通过一组 VC 传送 ATM 信元的路径，这些信元由相应的虚通路标识符（VPI）进行标识。一个 VP 可由多个 VC 组成。一个用户可以使用一个

VC，也可以使用一个 VP。若用户使用 VP，就相当于同时拥有多个 VC，并可以使用这些 VC 同时进行多个不同的通信。

（2）虚通路连接和虚信道连接

在一条通信线路上具有相同 VPI 的信元所占有的子信道叫做一个 VP 链路（VP Link）。多个 VP 链路可以通过 VP 交叉连接设备或 VP 交换设备串联起来。多个串联的 VP 链路构成一个虚通路连接（Virtual Path Connection，VPC）。

一个 VPC 中传送的、由相同 VCI 的信元占有的子信道叫做一个 VC 链路（VC Link）。多个 VC 链路可以通过 VC 交叉连接设备或 VC 交换设备串联起来。多个串联的 VC 链路构成一个虚信道连接（Virtual Channel Connection，VCC）。值得注意的是，在组成一个 VPC 的各个 VP 链路上，ATM 信元的 VPI 不必相同；在组成一个 VCC 的各个 VC 链路上，ATM 信元的 VCI 也不必相同。

VP 交叉连接设备和 VC 交叉连接设备都叫做 ATM 交叉连接设备，其不同在于是处理 ATM 信元的 VPI 还是 VCI。ATM 交叉连接设备和 ATM 交换设备的区别在于，前者是由网络管理中心的命令控制，而后者是根据用户要求进行自动连接。

3.2 ATM 信元交换的控制原理

ATM 信元交换的协议参考模型是基于国际电信联盟相关标准产生的，如图 3-2 所示。

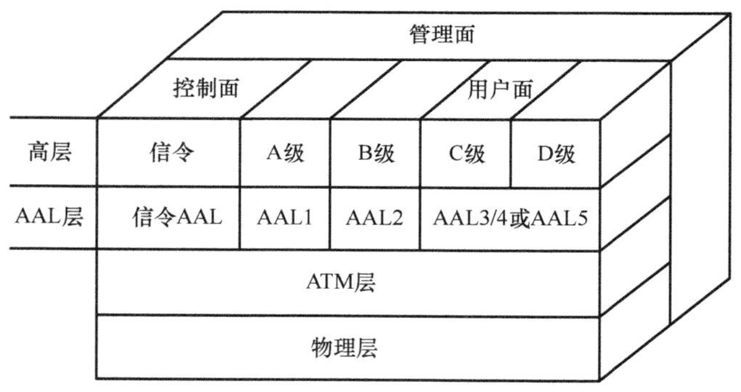

图 3-2　ATM 协议参考模型

ATM 协议参考模型由三个面组成：控制面处理寻址、路由选择与信令相关功能，对网络动态连接的建立举足轻重；用户面在通信网中传递端到端用户信息；管理面提供操作和管理功能，也管理用户面和控制面间信息交换。管理面又分为两层，即层管理和面管理。层管理包括网络故障和协议差错检测的层特定管理功能；面管理提供网络相关的管理和协调功能。这三个面在物理层和 ATM 层工作。控制面和用户面都分为 ATM 适配层（ATM Adaptation Layer，AAL）、ATM 层和物理层三层结构，其中信令 ALL 是业务特定的，其使用取决于应用要求。

3.2.1　ATM 信元结构与传送处理

1. ATM 的信元结构

ATM 信元由 5B 信头和 48B 信息域构成，其结构如图 3-3 所示。

一般流量控制（GFC）：由 4bit 组成，仅用于用户网络接口（UNI），其功能是控制产生于用户终端方向的 ATM 连接的业务流量，减小用户侧出现的短期过载，支持点到点连接和点到多点连接。

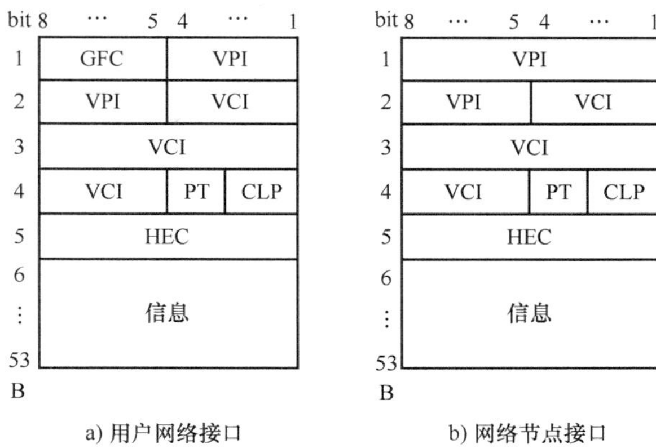

图 3-3　ATM 信元结构

虚通路标识符（VPI）：在用户网络接口（UNI）中，由 8bit 组成，用于路由选择；在网络节点接口（NNI）中，由信元信头的前 12bit 组成，以增强路由选择功能。

虚信道标识符（VCI）：由 16bit 组成，用于 ATM 虚信道路由选择，适用于用户网络接口和网络节点接口。

有效载荷类型（PT）：由 3bit 组成，用于区别信元信息域的信息类型（用户信息信元和网络信息信元）。在用户信息信元中，信元信息域包括用户信息和业务适配信息；在网络信息信元中，信元信息域携带网络操作和维护信息。

信元丢失优先级（Cell Loss Priority，CLP）：由 1bit 组成，用于表示信元丢失的先后顺序（等级），可由用户或业务提供者设置。

信头差错控制（HEC）：由 8bit 组成，它从接收比特流识别信元，用于 ATM 信元信头差错的检测和纠正以及信元定界。

2. ATM 信元的传送处理

（1）信息发送顺序

从字节 1 起始，8bit 的字节以增序方式发送；对于各域而言，首发比特是最高有效位（Most Significant Bit，MSB）。用户网络接口（UNI）的 ATM 信元信头与网络节点接口（NNI）的 ATM 信元信头不同。在 UNI 中，信头字节 1 中的 4bit 构成一个独立单元（GFC）；而在 NNI 中，它属于虚通路标识符部分。

（2）误码处理方法

在传送 ATM 信元的网络（简称 ATM 网络）中，通过对信头部分的信头差错控制（HEC）字节进行检验，可以纠正信头的一位错码（因光纤传输误码主要是单比特误码）和发现多位错码，对无法纠正的信元予以丢弃。对信息域不采取任何纠错和检错措施，这使得接收方收到的 ATM 信元的信头都是正确的，但不保证传输信息的正确性。同时，因信头错误的信元被丢弃，使得不是所有的 ATM 信元都能送到接收方。

（3）空闲信道填充

当信道没有用户信息传送时，就利用空闲信元来填充信道。具有特定信头值（不包括 HEC 域）0000 0000 0000 0000 0000 0000 0000 0001 的信元被定义为空闲信元。这相当于：GFC = 0（对于 UNI）；VPI = 0；VCI = 0；PT = 0（相当于第 0 类未经历拥塞的用户数据信元）；CLP = 1（相当于高丢弃优先级）。空闲信元只用作信道填充，以保持 ATM 信道的恒定传送速率，不能作为其他用途；接收端应把收到的空闲信元丢掉，对其信息域也不做任何处理。信道填充方法使得信道上永远处于信元传送状态。同时，因信元是等长的，故信道上时间被等分为一系列小时间段，在每个小时间段中信道上传送一个信元。

（4）信元定界方法

由于信元之间没有使用特别的分割符，信元的定界也借助于 HEC 字节来实现。信元定界方法如图 3-4 所示。信元定界定义了三种不同的状态：搜索态、预同步态和同步态。在搜索态，系统对接收信号进行逐比特的 HEC 检验。使用循环冗余检验（Cyclic Redundancy Check，CRC）法检测出 5B 数据字，用 CRC-8 除 5B 数据字，就能确定 HEC 域值。当余数为“0”，就可断定 5B 数据字是 ATM 信元信头，这也就确定了信元边界。当发现一个正确的 HEC 检验结果后，系统进入预同步态。在预同步态，系统认为已经发现了信元的边界，并按照此边界找到下一个信头进行 HEC 检验；若能够连续发现 m 个信元的 HEC 检验都正确，则系统进入同步态；若发现一个 HEC 检验的错误，则系统回到搜索态。在同步态，系统对信元逐个地进行 HEC 检验，发现连续 n 个不正确的 HEC 检验结果后，系统回到搜索态。在同步态，HEC 域用于检测和纠正单比特差错，或者在多比特差错信元丢弃条件下，丢弃多比特差错信元。ITU-T 建议 $m=7$ 和 $n=6$ 是信元定界的适当值。ATM 信元的定界方法没有采用分组交换系统“比特填充”和特定的帧头、帧尾码，不会改变信元的实际长度，故效率更高。

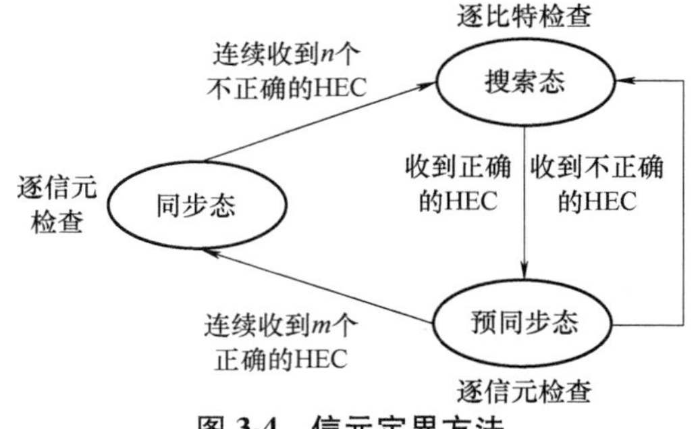

图 3-4　信元定界方法

3.2.2　用户信息传递

图 3-5 所示为 ATM 端系统之间的信息传递原理。表 3-1 所示为物理层、ATM 层和 ATM 适配层（AAL）执行的功能。

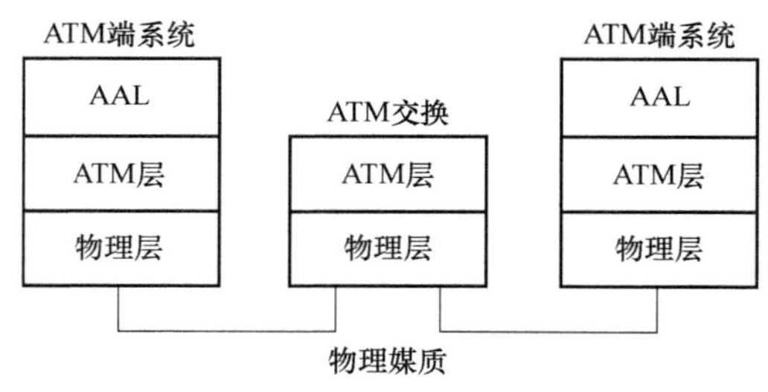

图 3-5　ATM 端系统之间的信息传递原理

表 3-1　物理层、ATM 层和 AAL 执行的功能

层名称		功能	
高层		高层功能	
ATM 适配层（AAL）	CS	业务特定（SSCS） 公共部分（CPCS）	层管理
	SAR	分段和重装	
ATM 层		一般流量控制 信元信头产生和提取 VPI/VCI 的翻译 信元多路复用和多路分解 ATM 层管理 ATM 层转接业务	

（续）

<table>
<tr><th colspan="2">层名称</th><th colspan="2">功能</th></tr>
<tr><td rowspan="2">物理层</td><td>TC</td><td>信元速率解耦
信元定界
传输帧的产生和恢复
HEC 的产生和验证</td><td rowspan="2">层管理</td></tr>
<tr><td>PMD</td><td>比特定时
物理媒质
传输
编码和解码</td></tr>
</table>

1. ATM 适配层

ATM 适配层（AAL）在用户层和 ATM 层间提供应用接口，定义各种 ATM 适配层协议支持不同类型的业务量，其主要功能是将业务信息适配到 ATM 信息流，把用户终端（高层）的应用特定业务信息适配转换为 ATM 信元信息送给 ATM 层，以及接收来自 ATM 层的信元信息重新组装成为原始业务信息送给用户终端（高层）。

可变比特率业务的 AAL 功能如图 3-6 所示。可变长度信息分组称为业务数据单元（Service Data Unit，SDU）。它首先被汇聚子层（CS）接收，附加 CS 信头和 CS 尾标，然后传到分段重装子层（SAR），形成信元信息域。

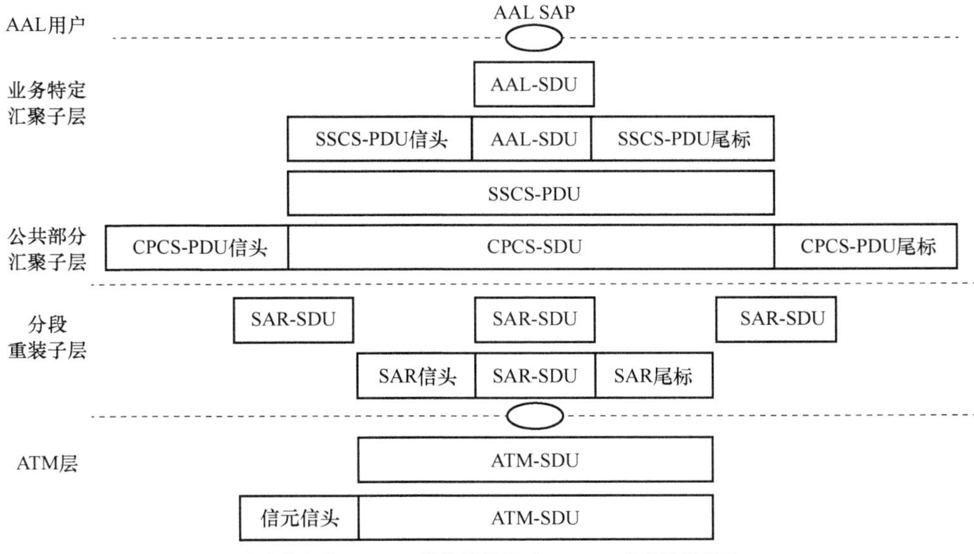

图 3-6　可变比特率业务的 AAL 功能

（1）公共部分汇聚子层

对于用户信息（用户面）来说，业务特定汇聚子层（SSCS）无效（为“0”），公共部分汇聚子层（CPCS）接收固定或者可变长度 AAL 用户信息分组（AAL-SDU），作为 CPCS-

SDU，附加其信头和尾标，形成公共部分汇聚子层协议数据单元（CPCS-PDU），将它们传递到分段重装子层（SAR）进一步处理。

（2）分段重装子层

分段重装子层（SAR）先对接收的公共部分汇聚子层协议数据单元（CPCS-PDU）进行分段，形成 SAR-SDU，然后附加其信头和首尾，形成 48B 的分段重装子层协议数据单元（SAR-PDU），送给 ATM 层。

接收侧的处理与此相反，ATM 层分离信元信头后，把信元信息传递到分段重装子层（SAR），经过检验 SAR-PDU 的传输差错，分离 SAR 信头，重组 CPCS-PDU 处理后，又被传到公共部分汇聚子层（CPCS）；再通过 CS 信头和 CS 尾标分离处理，把协议数据单元中的信息传递到 ATM 适配层用户。

2. ATM 层

ATM 层主要执行 ATM 网的交换功能，在同一 ATM 层单元间传递信元。它利用物理层业务在 ATM 层用户间顺序传送信元。在始发端，它从 ATM 层用户（ATM 适配层）接收 48B 信元信息，再加包含 VPI/VCI 在内的 4B 信元信头（HEC 字节除外）组成 ATM 信元，然后将它传送到物理层进行 HEC 处理和传输。在终接端，ATM 层从物理层接收信元，去除信元信头并且将信元信息送到 ATM 层用户（ATM 适配层）。

ATM 层的交换功能体现在图 3-5 所示中间节点的虚电路交换上，由于该节点不是目的地，所以它把上一节点 VPI/VCI 传递而来的接收信息，进行信元信头处理，替换至下一节点 VPI/VCI 形成新的信元信头（即 VPI/VCI 翻译），经过 VPI/VCI 交换后，重新送给物理层，传递给下一个节点。

ATM 网络实际是在终端用户间提供端到端 ATM 层连接。ATM 层的技术规范描述了一般流量控制、信元信头产生和提取、VPI/VCI 的翻译、信元多路复用和多路分解、ATM 层转接业务和 ATM 层管理等功能。ATM 层主要执行网络中业务量的交换和多路复用功能，它不涉及具体应用，这就使网络处理和高速链路保持同步，从而保证网络的高速性。

3. 物理层

物理层主要处理相邻 ATM 层间 ATM 信元的传输。在传输方向，ATM 层把 ATM 信元（HEC 值无效）传递到物理层；在接收方向，ATM 层从物理层接收 53B 信元（HEC 值无效）。物理层执行的功能分为两类，即传输汇聚（Transmission Convergence，TC）和物理媒质（Physical Medium，PM）。物理媒质关联子层和传输汇聚子层间的关系如图 3-7 所示。在常规网络中，物理层只是通过物理媒质传输比特流；但是在 ATM 网中，物理层向 ATM 层传递的是信元，而不是比特流。因此，ATM 层独立于物理层，它能够在各种类型物理链路上工作，这就要求 ATM 物理层的功能较一般物理层功能多，如具有确定信元边界功能。

（1）传输汇聚子层

生成物理媒质的关联信息，并且为物理层产生协议信息。它的功能主要包括 HEC 的产生和验证、信元速率解耦、信元定界（确定信元的起始和结束）、传输帧的产生和恢复。

（2）物理媒质关联子层

类似常规网络的物理层。在传输方向它通过编码、调制、传递等功能在链路上透明传输比特流。在接收方向，它检测和恢复传递来的比特流，并通过解调、解码后将其再传递到传输汇聚子层，接收传输帧并恢复 ATM 信元。

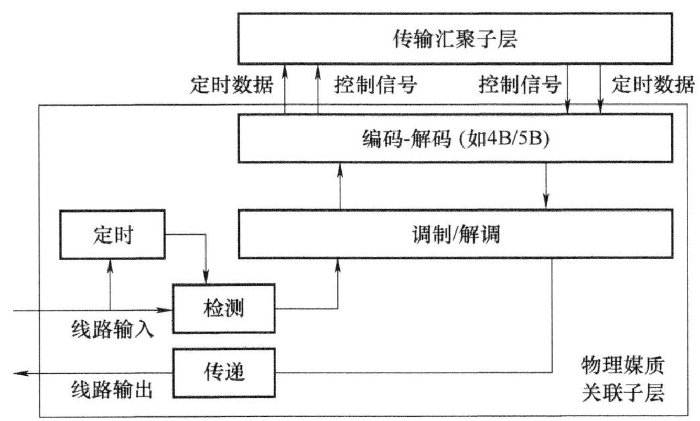

图 3-7　物理媒质关联子层和传输汇聚子层间关系

3.2.3　信令信息传递

图 3-8 所示是信令 ATM 适配层（SAAL）结构。SAAL 的汇聚子层包括业务特定汇聚子层部分（SSCS）和公共部分汇聚子层（CPCS）。AAL5 公共部分、ATM 层、物理层的功能与用户面的完全相同。业务特定的汇聚子层（SSCS）由业务特定的协调功能（SSCF）和业务特定面向连接的协议（SSCOP）组成，其主要功能是保证在信令虚信道上使用 ATM 层业务可靠地传送用于呼叫（连接）控制的信令报文。

图 3-8　SAAL 结构

用户网络接口（UNI）是运行在信令 ATM 适配层（SAAL）顶上的一个第三层协议，其通过一个业务访问点（SAAL-SAP）访问所有的 SAAL 功能。业务特定的协调功能（SSCF）把 UNI 信令的特别需求映射成 ATM 层的需求，业务特定面向连接的协议（SSCOP）在对等信令实体之间提供建立、释放和监视信令信息交换的机制。ATM-SAP 提供双向信息流，并允许 AAL 访问 ATM 功能。在 SAAL-SAP 内的连接端点和 ATM-SAP 内的连接端点之间总是存在着一一对应的关系。

信令报文用于完成用户与网络之间的呼叫建立、保持、释放操作和它对网络的服务需求，还被网络用于通知用户其连接请求是否被接受（例如网络是否有资源支持该连接）。这个过程需要在用户和网络之间交换一系列的信令报文。每个信令报文要么是请求一个特别的功能，要么是对一个特别请求的应答。不管是哪一种情况，一个信令报文都由若干个信息元素（IE）组成，每个 IE 标识报文所请求的功能的一个特别方面，或者标识对所请求功能的一个特别方面的应答。所有信令报文都是通过控制面的信令 ATM 适配层（SAAL）转换为通用的 ATM 信元信息，与 ATM 用户信元信息以相同的方式进行传送。

3.3　ATM 交换网络的构造机理

ATM 交换结构是实现 ATM 交换的关键技术之一，是 ATM 交换系统中必不可少的重要组成部分。ATM 交换结构应能够实现任意入线与出线之间的信元交换，也就是任一入线的任一逻辑信道的信元要能够被交换到任一出线上的任一逻辑信道中去。

3.3.1　ATM 交换结构的功能与分类

1. ATM 交换结构的功能

（1）基本功能

为了实现信元交换，ATM 交换结构应具有信头变换、选路和排队这三项基本功能。

① 信头变换。信头变换主要是指 VPI/VCI 值的变换，即入 VPI/VCI 变换为出 VPI/VCI。VPI/VCI 的变换体现了信元交换的重要概念，意味着入线上某逻辑信道中的信息被传送到出线上的另一逻辑信道中去。这与程控数字电路交换中的时间交换有些相似，因为各个逻辑信道的信元也占用着不同的时间位置，时间交换是固定的时隙位置之间的交换。

VPI/VCI 的值只在当前的链路上有意义（本地重要性），即用于路由选择的标识符只在特定物理链路上才是唯一的，它在交换处被翻译。因此，当信元进入下一条链路时，其 VPI/VCI 值会在适当的时候重新映射，而且为了实现信头变换，在建立连接时，就生成了翻译表。

② 选路。选路表示任一入线的信元信息可被交换到任一出线上，具有空间交换的特征。信头变换加上选路功能，才能实现 ATM 交换结构的交换功能。也就是说，在翻译表中从入线的 VPI/VCI 应能查出出线号码以及新的 VPI/VCI 值。当然，这都是在建立连接阶段写入的。

选路功能相当于数字交换中的空间交换。当然，数字交换中的空间交换是在同一内部时隙下的交换，而 ATM 交换是异步时分交换，其空间选路功能谈不上同一时隙的问题。

③ 排队。由于是统计复用的异步时分交换，在连接建立后的传送信息阶段，经常会发生在同一时刻有多个信元争抢公用资源的情况，如争抢出线或交换结构中的内部链路。因此，ATM 交换结构需要有排队功能，以免在发生资源争抢时丢失信元。要实现排队就要有一定数量的缓存器。缓存器的设置方式是 ATM 交换结构设计中的重要问题，在很大程度上影响到交换结构的性能和复杂性。

（2）其他功能

除了上述三项基本功能外，ATM 交换结构通常还应具备多播功能和优先级控制功能，以适应带宽业务的多样性。多播功能是指输入信元可通过交换结构送到多个目的地。优先级控制功能是指可以按照各类业务的优先级高低来控制服务质量。例如，当不同优先级的信元在争抢资源时，应该保证优先级高的信元先得到服务，优先级低的信元在缓存器中等待。

ATM 交换结构应提供良好的性能，以保证所需的服务质量，其主要涉及时延、时延抖动和信元丢失率等参数。

在 ATM 交换结构设计中，还有两个重要参数：吞吐率和连接阻塞率。吞吐率定义为交换结构的每个输出端口平均每个时隙所传送的信元数；每个时隙相当于在一定传送速率下一个信元的传送时间，因此吞吐率最大为 1。连接阻塞率表示在连接建立阶段交换结构内部找不到足够的资源来建立新连接的概率。

2. ATM 交换结构的分类

ATM 交换结构可以从不同的方面进行分类，如时分与空分、单通路与多通路、单级与多级、阻塞与无阻塞等。

（1）时分与空分

ATM 交换结构可分为时分与空分两大类，如图 3-9 所示。

时分交换结构的基本特征是所有输入和输出端口共享一条高速的信元流通道，这条被共享的高速通路既可以是共享媒质，也可以是共享存储器。整个交换矩阵的交换容量是由这个共享通路的吞吐量（如纵向速度、存储器容量和存取速度等）所限制。竞争公共资源是时分交换结构主要特征之一。

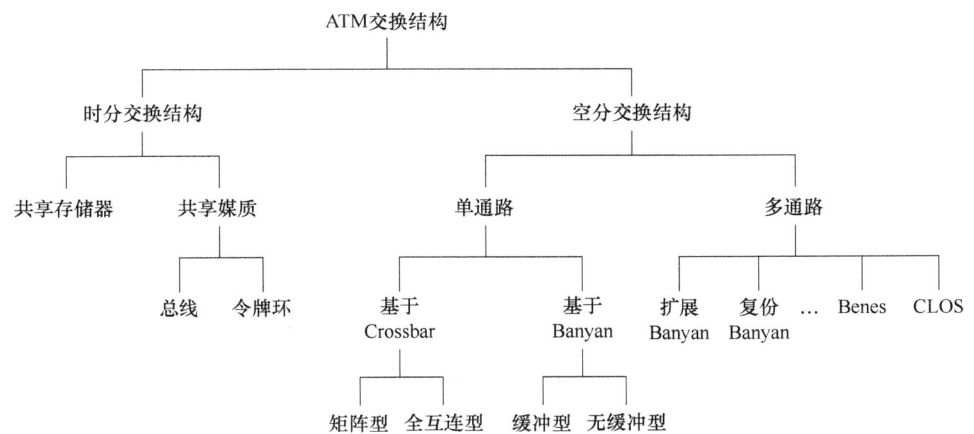

图 3-9　ATM 交换结构的时分与空分分类

空分交换结构的基本特征是可以在多对输入/输出端口之间同时并行地传送信元，它具有更好的硬件扩展性，可以增加端口而不影响交换机的吞吐量。空分交换结构按其在任意一对输入/输出端口之间的路径数可分为单通路和多通路两大类。

（2）单通路与多通路

单通路是指任意一对输入/输出端口之间只有一条通路。多通路则在任意一对输入/输出端口之间有多条通路可以选用，它是针对单通路中网络对突发业务应变能力差的弱点提出来的，可以通过增加交换单元的串联级数来提高性能。

单通路有两种典型结构：基于 Crossbar 的结构和基于 Banyan 的结构。Crossbar 的含义为交叉开关型，源于纵横制交换机中纵横接线器（Crossbar Switch）的结构，其特点是交换结构的复杂度随着 N 而增长，N 为输入及输出端口数。Crossbar 结构又分为矩阵型和全互连型。Banyan 结构又分为内部缓冲型和内部无缓冲型。

多通路具有多种结构，如扩展 Banyan、CLOS 等。

（3）单级与多级

空分的 Crossbar 结构是典型的单级结构，单一的时分交换模块也属于单级结构。单级交换结构的容量不可能太大，而采用多级结构则可以比较经济地扩大容量。多级结构通常称为多级互连网络（Multistage Interconnection Network，MIN），由分为若干级的多个交换单元（Switching Element，SE）以一定的拓扑结构互连而成。其中，SE 可以是基于 Crossbar 的空分结构，也可以是基于共享存储器的时分结构。MIN 在 ATM 交换中得到了广泛的应用，大部分商用交换芯片都可以通过级联来达到预计的吞吐容量。

（4）阻塞与无阻塞

面向连接的 ATM 交换在连接建立阶段可能产生阻塞，在连接被接纳以后的信元传送阶段也有可能会遇到阻塞。把在信元传送阶段中多个信元对同一公共资源的争抢称为竞争或冲突。于是，会出现两种竞争：内部竞争和输出端口竞争。内部竞争是多个信元争抢交换结构的同一内部链路或缓存器；输出端口竞争是多个信元争抢同一输出端口。内部竞争与交换结构的内部拓扑结构、工作速率等因素有关。如果不存在内部竞争，就称为无阻塞结构，否则就是有阻塞结构。Crossbar 是典型的无阻塞结构，Banyan 网络则是典型的有阻塞结构。需要注意的是，这里定义的无阻塞是指在信元传送阶段没有内部阻塞。无阻塞结构的性能优于有阻塞结构，但硬件结构较复杂，成本较高。

3.3.2 常见的 ATM 交换结构

1. 空分交换结构

（1）空分交换结构原理

ATM 交换的最简单构建方法是将每一条入线和每一条出线相连接，在每条连接线上装上相应的开关，根据信头 VPI/VCI 决定相应的开关是否闭合来实现特定输入和输出线路的接通，也就是将某条入线上的信元交换到出线上。这种思想实现的最简单方法是空分交叉开关，其基本原理如图 3-10 所示。在这样一个交换矩阵中，如果某条入线和出线处于空闲状态，在它们之间就可以建立一条连接，也就是说不存在内部阻塞。但是，如果多个入线上的信元希望送往同一条出线，这是不允许的，即发生所谓的“出线冲突”。出线冲突归属外部冲突类型。解决出线冲突涉及两方面的问题：如何选择一条入线完成信元的传送，以及对其他被阻塞信元采取什么样方法进行处理。为此可以采用不同的实现策略。

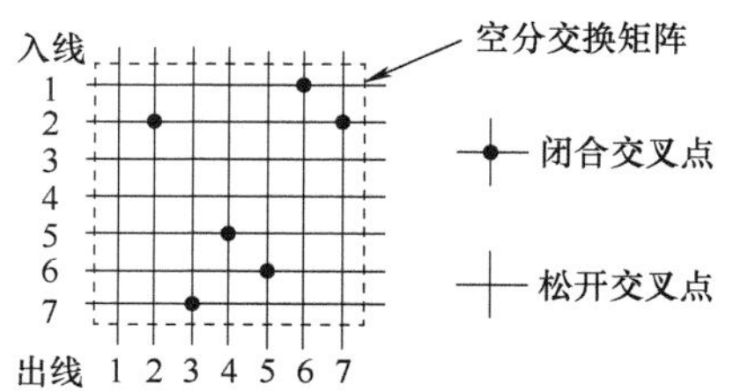

图 3-10　空分交换原理示意图

① 出线冲突时的入线选择策略。当来自多条入线的信元同时竞争一条出线时，只有一个信元可以传送，其他信元将被延迟。因此，就必须采用仲裁机制去选择“获胜信元”。在确定不同方法时，必须考虑公平性，即不同入线上的相同服务质量要求的信元是否具有同样被服务的权利，或者对实时性和差错率有严格要求的信元是否可能被优先服务。根据信元丢失率、信元延迟和抖动参数，可以简单归纳出以下几种服务策略。

a. 随机法：随机地从多条竞争的入线中选取一条入线，传送该入线上的信元。这种策略实施简单，在轻负载情况下，不会对系统服务质量发生影响；当网络出现大量负载时，可能会有许多入线竞争同一出线，则无法保证实时业务的要求。

b. 固定优先级法：每条入线都有固定的优先级，不同优先级的入线发生出线冲突时，优先级高的入线获得发送信元的权利。但是，该策略无法保证业务公平性准则，因为各条入线上承载的信元实际对误码和时延具有不同的要求。从统计角度看，实际上各条入线的信元具有相同的平均优先级，这样各条入线的优先级也应该相同。所以，固定优先级法也不能很好地满足不同业务的传输质量的要求，但实现简单。

c. 轮换优先级法：也称周期策略，即每条入线的优先级并不是固定不变的，而是轮流拥有最高优先级。可见这种方法对所有的入线是公平的，但是仍旧没有兼顾每条入线上不同服务质量要求的传输信元，无法支持时延要求高的业务通信，且实现趋于复杂。

d. 缓存区状态确定法：ATM 交换机必须设置缓存区以放置无法立即交换的信元，根据缓存区的溢满程度选择传输的信元。由于缓存区有不同的设置策略，如果缓存区设置在输入端，那么可以认为交换机选择信元传输的过程相当于排队过程，所以这种方法又称为“队列状态确定法”或“时延相关策略”。它可以提高系统的通过量，减少系统因缓存区满而丢失信元的概率。但由于决策是依据系统的状态而非信元本身的状态，与前面几种方法类似，缓存区状态确定法仍旧无法满足对实时性业务的支持，且实施较为复杂。

e. 信元状态确定法：根据信元丢失优先级（CLP）值的不同确定信元服务的先后顺序。如果信元优先级相同，则可以采用随机法、固定优先级法或是缓存区状态确定法以确定具体服务的信元。特别是如果采用缓存区状态确定法，那么解决出线冲突时实际考虑了连接的服务质量和系统总的服务效率，所以可以在提高系统运行质量的同时满足业务的服务要求。

② 阻塞信元的处理——缓存存储方法。不管是采取什么样的入线选择策略，都存在交换单元无法立刻服务的信元。此时，可以采用缓存存储方法（也称排队方法）将这部分信元暂时缓存，等待下一次服务。根据缓存区设置位置不同可以分为输入缓存、输出缓存和中央（交叉点）缓存三种方法。

a. 输入缓存（输入队列）。输入缓存法采用图 3-11 所示的方法来解决输入端可能的竞争问题。给每条入线配置一个专用的缓存器用来存储输入信元，直到仲裁逻辑对这些信元予以“放行”后，交换传输媒质将 ATM 信元从输入缓存传送到出线，而不会再有竞争。仲裁逻辑决定哪条入线可先得到服务，其裁决的方法可以很简单（如轮流服务），也可以很复杂（如根据输入缓存的长度来选择优先者）。

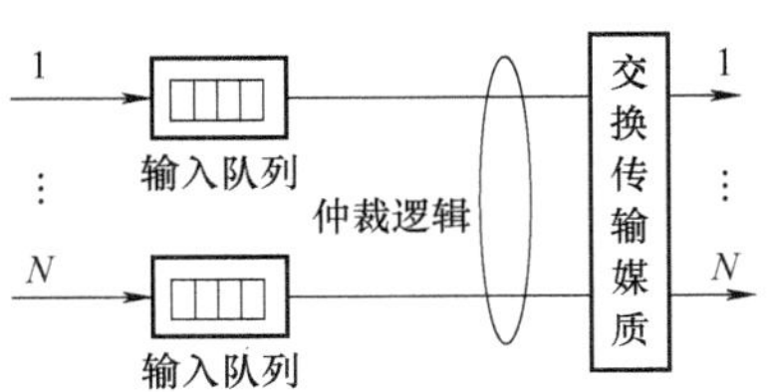

图 3-11　采用输入队列的交换单元

输入缓存法的缺点是存在队头阻塞。假定入线 i 的信元被选择传送到出线 p，如果入线 j 上也有一个信元要传送到出线 p，这个信元和其后继信元将被停下来。假设在入线 j 中的第二个信元想输出到出线 q，这时即使其他缓存中没有信元在等待向出线 q 输出，上述信元也不能被服务，因为这个信元的前头已有一个信元阻挡着它的传送。解决队头阻塞问题可以采用窗口、扩展和加速等方法。

b. 输出缓存（输出队列）。输出缓存法如图 3-12 所示，采用这种方法对不同入线上要去往同一出线的信元可以在一个信元的时间内全部被传送（交换）。但仅有一个信元能在出线上得到服务，因此产生了出线竞争。通过在交换单元的每一条出线上设置缓存来解决这种可能的输出竞争。

当多个信元在同一信元时间内到达同一条出线时，原则上，所有入线上的信元即使都要去往同一出线也可以同时到达。因此，信元传输必须以 N 倍于入线的速率来操作，即系统应能在一个信元时间内向队列写入 N 个信元。输出缓存的控制基于简单的先进先出（First In First Out，FIFO）原则，这样能保证信元正确的缓存顺序。在实际应用中，输入缓存和输出缓存两种方法往往是配合使用的，称之为输入输出缓存。

c. 中央缓存（中央队列）。中央缓存法是在基本交换单元的中央设置一缓存器，所有入线上的全部输入信元都直接存入中央缓存器，每条出线将从中央缓存器中选择以自己为目的地的信元，并按先进先出的原则读取这些信元，如图 3-13 所示。这样就必须在交换单元内部采取一定的方法，使所有出线知道哪些信元是分派给它们的。中央缓存器的读写不再是简单的先进先出的原则，必须提供一个更加复杂的存储器管理系统。

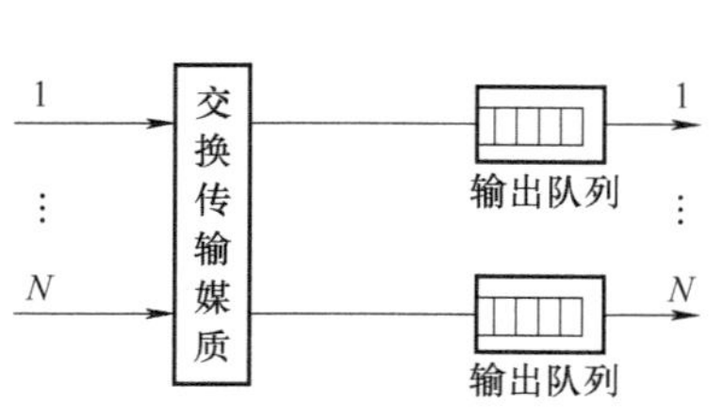

图 3-12　采用输出队列的交换单元

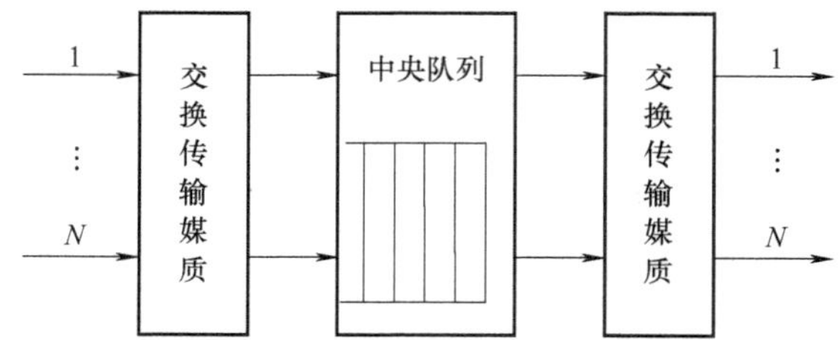

图 3-13　采用中央队列的交换单元

（2）Crossbar 交换结构

Crossbar 交换结构是一种空分的、无阻塞的交换结构，与其他交换结构相比，具有很高的交换能力，可以分为矩阵型和全互连型。

① 矩阵型。$N \times N$ 的矩阵具有 N^2 个交叉点。图 3-14 所示为 4×4 矩阵型 Crossbar 的两种实现方式。

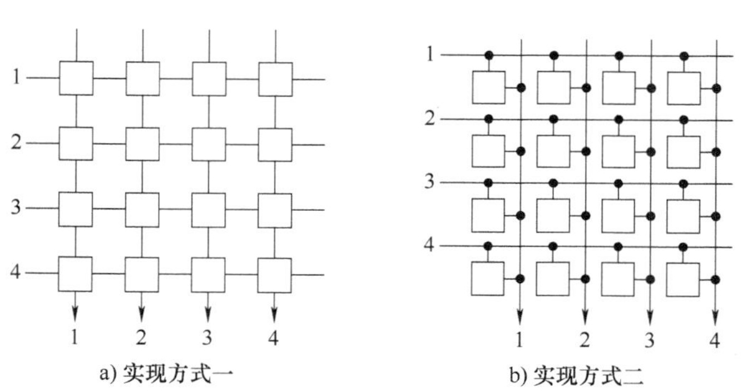

图 3-14　4×4 矩阵型的 Crossbar

图 3-15 所示是一个 2×2 的传送门，它的 2 个输入可称为横向输入与纵向输入，2 个输出可称为横向输出与纵向输出。2×2 传送门有 2 个状态（Bar 和 Cross），Bar 状态是指横向输入连到纵向输出，纵向输入连到横向输出；Cross 状态是指横向输入连接到横向输出，纵向输入连到纵向输出。在初始状态时，交叉矩阵所有交叉点均处于 Cross 状态，即任何入线与任何出线间均不连通。

从图 3-14a 可以看出，如果要使入线 i 与出线 j 连通，则应使处于交叉点（i,j）上的传送门处于 Bar 状态，而在 i 行和 j 列的所有其他的传送门仍处于 Cross 状态。当入线 i 上到达的信元含有目的地址 j 时，就使信元沿 i 行水平传送，到达第 j 列时就将（i,j）处的传送门改为 Bar 状态，从而信元就能沿着 j 列往下传送到出线 j。按照信头中所含的目的地址，可以由硬件自动控制选路的性能称为自选路由。利用自选路由功能可以使处理速度大大加快，这正是 ATM 交换结构所要求的。

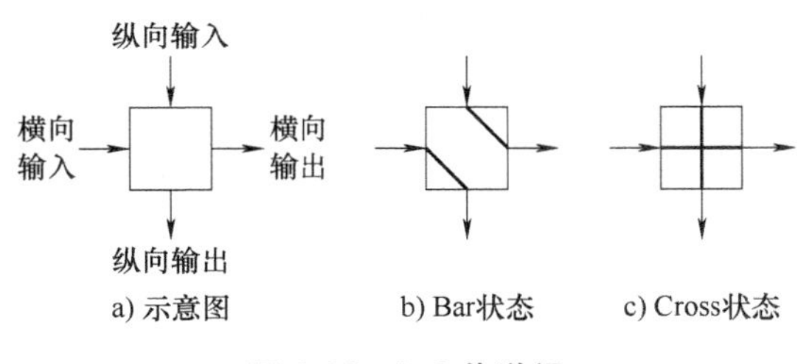

图 3-15　2×2 传送门

图 3-14b 所示为矩阵型的另一种实现方式，每个交叉点的部件可以看成是一个具有通/断功能的开关。在具体实现时比较复杂，要包含 FIFO 缓存器和相应的控制逻辑。交叉点部件中含有缓存器实际上就是缓存器设置的一种方式，称为交叉点缓存，也可用作多级交换结构中的交换单元。

② 全互连型。全互连就是在每个输入与每个输出之间都有一条分离的通路，对于 $N\times N$ 的交换结构，就有 N^2 个通路，故又称为 N^2 分离通路型。图 3-16 所示表示了两种全互连型交换结构。

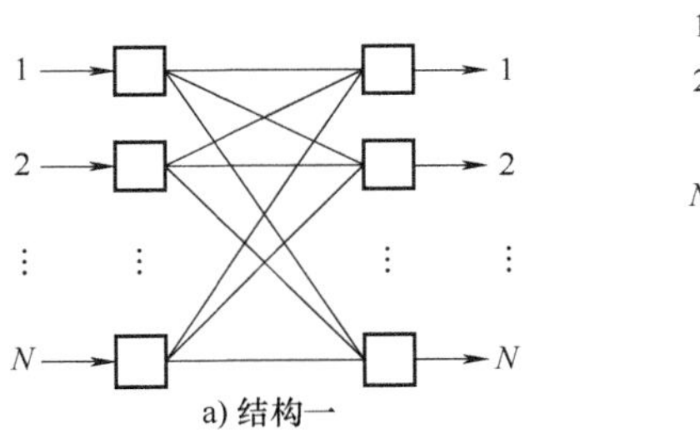

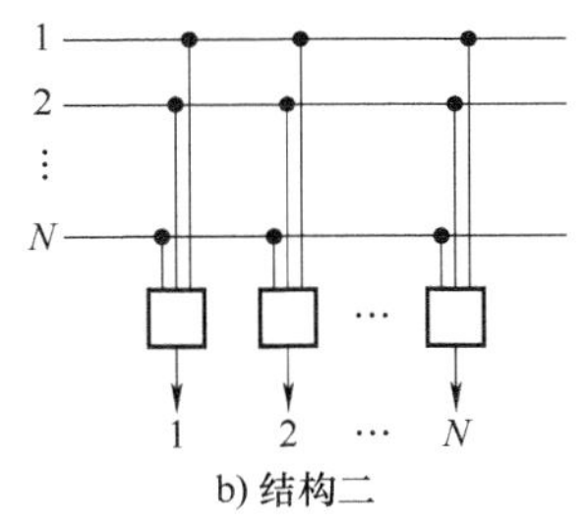

图 3-16　全互连型交换结构

有时并不严格区分矩阵型和分离通路（全互连）型，而通称为 Crossbar 型，因为其共同特征都是复杂度随 N^2 增长的单通路无阻塞结构。

2. 时分交换结构

（1）共享存储器结构

共享存储器结构是指存储器被所有的输入端口和输出端口共用，是一种时分交换结构。从各个输入到达的信元通过复用器被复用成单一的输入信元流，然后写入共享存储器。

共享存储器结构要有足够高的处理速度，使得处理时间很短，从而能与信元流的输入速率相适配。处理时间主要是指判定输入信元流中各个信元应编入哪个输出队列并控制写入的过程。因此，共享存储器结构对存储器访问速度的要求比较高。

共享存储器容量的设计也是一个重要问题。为使信元丢失率保持在一定限度以下，存储器容量不但与交换结构容量、流入负荷和业务流模型有关，而且与存储器的共享方式有关，一般可以有完全共享和完全分离两种方式。完全共享是各个输出队列可以共享整个存储区，只有当整个存储区占满时才会发生信元丢失。完全分离是将整个存储区划分为 N 个区域，每个区域对应一个输出队列；当某个输出队列已满，则再到达该输出端口的信元将被丢弃。显然，完全共享方式的存储器的使用效率较高，在相同条件下，存储器的容量可以减少。完全共享方式可能因为非均匀业务流而出现整个存储区被少数几个输出端口占有的不公正情况，而完全分离方式保证了对各个输出端口的公正性，但存储器效率不高。一种折衷的方式是，划出一部分存储区作为所有输出端口的共享区。此外，还可以有基于每个端口的最小分配、最长队列、队列长度的动态控制等方式。

图 3-17 所示为共享存储器的一种结构形式（也称为时隙交换器），包括输入时隙、缓存区和输出时隙。时隙交换器（Time Slot Interval，TSI）是时分交换结构中的关键组成单元，TSI 本质上可以看作一个缓存区，该缓存区的地址对应输出时隙、内容对应输入时隙；其功能是从输入线某时隙中读取数据（信息单元），然后向特定的输出时隙写入该数据，相当于对一条线路上不同时隙内容进行互换。对于一个 $m\times n$ 的 TSI，从信息交换的角度来说，与 $m\times n$ 的空分交换结构具有等价关系。因此，为了表述方便，就以它们的等价关系来说明。

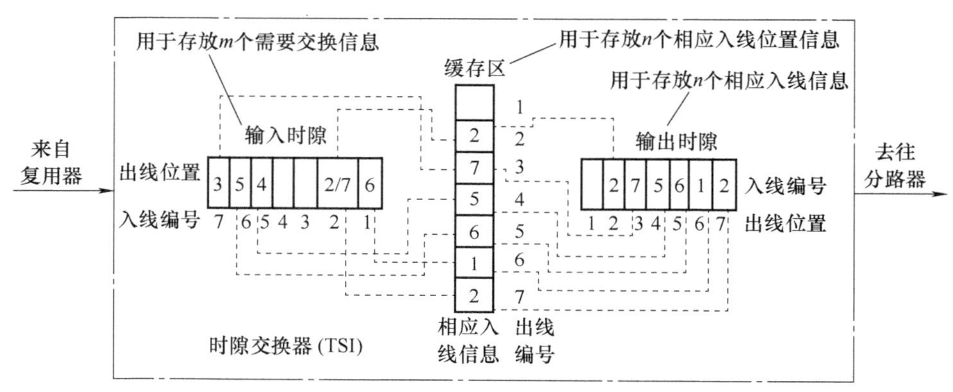

图 3-17　TSI 交换原理图（共享存储器）

① 输入时隙。时隙数和输入线路数相等，输入时隙方框下填写的入线编号与输入时隙编号相等价。输入时隙方框中填写的是出线编号，表示该输入时隙中所承载的内容需要送到框中所指定的输出时隙中。若某些方框中填写了多个出线编号（如 2/7），表明该时隙对应的入线信息将广播到多条出线上，即一对多连接。同时可以注意到，在输入时隙方框中没有重复的出线编号，这是因为同一出线只可以输出一种信息（没有出线冲突）。

② 输出时隙。时隙数和输出线路数相等，输出时隙方框下填写的出线编号与输出时隙编号相等价。输出时隙方框中填写的是所对应的入线编号（输入时隙），表明该输出时隙只是存放来自相应输入时隙的数据信息。可以看到一个输出时隙中只能填写一个入线编号（没有出线冲突），但是不同输出时隙中可以填写相同入线编号（一对多连接）。

③ 缓存区。完成将输入时隙中的信息交换到特定的输出时隙中。其中，缓存区的容量和输出线路数是相等的。采用的策略是将输入时隙中的信息根据其输出时隙的编号填入相同编号的缓存区中，缓存信息按照顺序方式读到输出时隙中，从而实现信息交换的目的。

（2）共享媒质结构

① 总线交换结构。总线是指所有通信部件间的公共连线，通信部件间的信息交换全部通过总线提供的通道来完成。基于总线机制的 ATM 交换单元如图 3-18 所示，所有入线和出线都连接到总线上，总线通过总线管理器进行管理。这里涉及不同入线与出线之间如何传输

信息的控制问题，其控制方式是先将时间分成若干时隙，然后将这些时隙分给不同的入线，入线在规定的时隙内将信元发送到总线上，出线则连续监听信道上信元，检查传输信息的 VPI/VCI 值，确定该信息是否由本出线接收。这样出线接口速率必须为入线速率的 m 倍，但是实际出线速率和入线速率是相同的，因而在出线处必须设置缓存区，该缓存区具有高速访问的特点。

为了减轻总线负担，可采用多总线方法。就是把入线分成若干分组，每组内的每条入线只使用一组总线，这样总线的速率降低，避免了总线冲突，不需要专门的总线管理器。与此同时，出线控制电路必须连接多组总线，对每组总线必须做缓存和信头判决工作。它与输出缓存交换矩阵不同，输出缓存交换矩阵是在交叉点进行信头判决完成信息交换，出线仅完成缓存，而多总线 ATM 交换是在出线处完成所有功能。此时入线负担比较轻，可以将信头判决的功能交给入线处理完成，而出线冲突仍由出线控制。这样可以得到改进型多总线 ATM 交换结构，如图 3-19 所示。

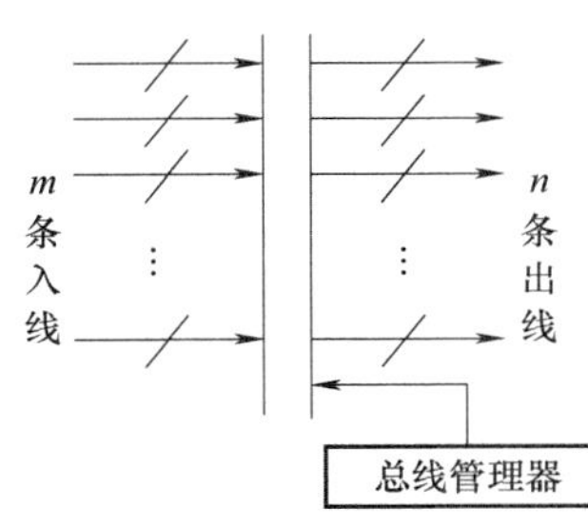

图 3-18　基于总线机制的 ATM 交换单元

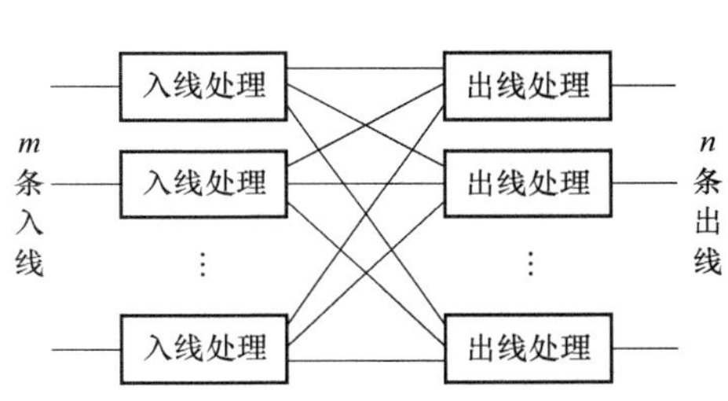

图 3-19　改进型多总线 ATM 交换结构

② 令牌环交换结构。令牌环交换结构如图 3-20 所示。所有入线、出线和环形网络相连，如果环的传输容量等于所有入线容量之和，则可以采用开槽（时隙）方法，为每个入线分配时隙，入线在相应的时隙将其上的信元送上环路，而在任意出线处进行 VPI/VCI 判断，查看信元是否由该出线接收。令牌环与总线方法相比，其优点在于：如果采用某种合适的策略安排出线和入线位置，并且不将时隙固定分配给特定的入线，出线可以强制将接收时隙置空（即释放时隙），那么一个时隙可以在一次回环中使用多次，这样可以使令牌环的实际传输效率超过 100%。当然这时需要许多额外的设计和计算开销。

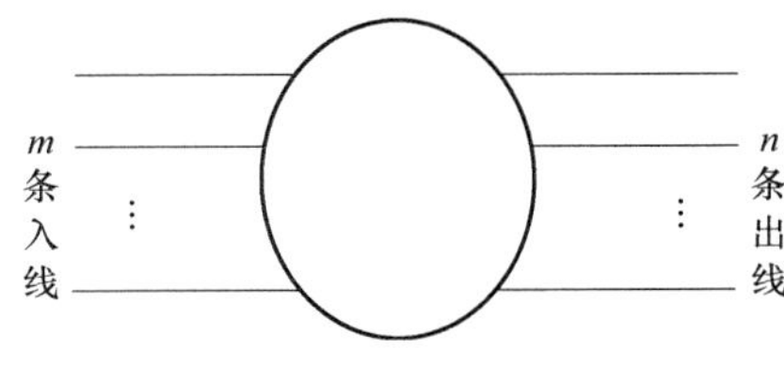

图 3-20　令牌环交换结构

3.3.3　ATM 多级交换网络

由于工艺、技术及制造等方面的原因，ATM 交换中使用的多级互连网络大多以最小的交换单元（即 2×2 交换单元，或称为交叉连接单元）为基本部件构建，所构成的应用最广泛的多级互连网络通常是 Banyan 网络。

1. Banyan 网络及其递归构造

一个基本交叉连接单元有平行连接和交叉连接两种状态，如图 3-21 所示。平行连接时，入端 0 和出端 0 连接，入端 1 和出端 1 连接；交叉连接时，入端 0 和出端 1 连接，入端 1 和出端 0 连接。用于 ATM 交换的交叉连接单元的实现原理如图 3-22 所示。

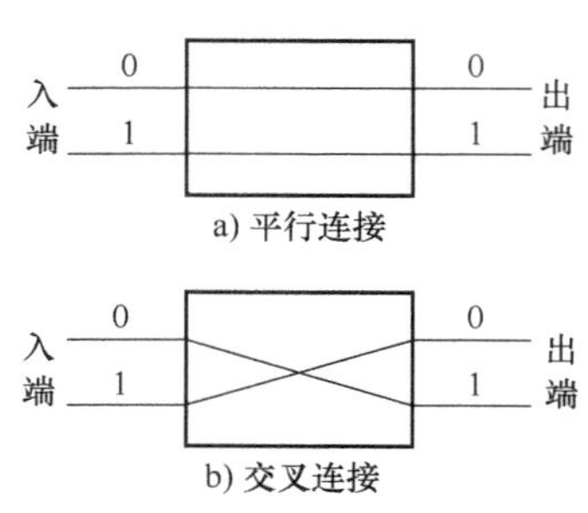

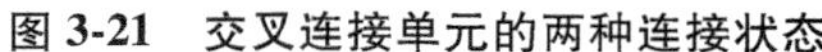
图 3-21　交叉连接单元的两种连接状态

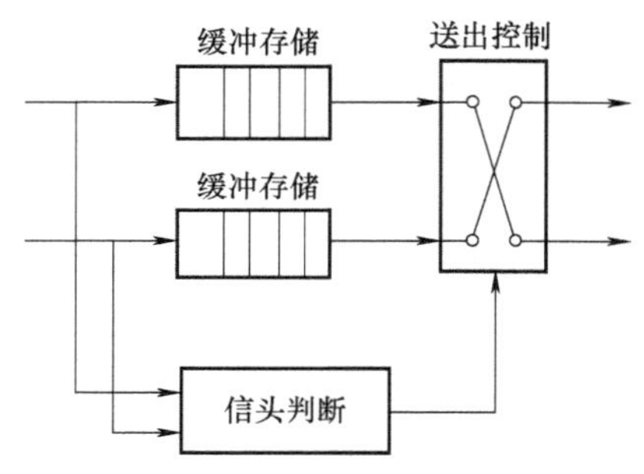

图 3-22　交叉连接单元的实现原理

4 个基本交叉连接单元连接起来，可以得到一个 4×4 的多级互连网络。它的每一个入端到每一个出端都有一条路径，并且只有一条路径。例如，在图 3-23 中画出了由入线 0 到出线 0 和入线 3 到出线 1 的路径。

同样地，如果使用 12 个 2×2 交叉连接单元，可以排成一个 8 端入 8 端出的交换单元，如图 3-24 所示。由图中可以看出，可以把后面的 8 个 2×2 交叉连接单元认为是两个 4×4 的交换单元，它们前面加上一级由 4 个 2×2 交叉连接单元组成的混合级，构成 8×8 的交换单元。

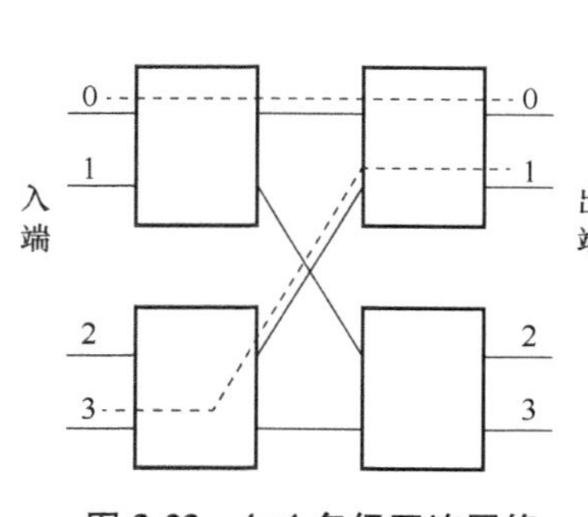

图 3-23　4×4 多级互连网络

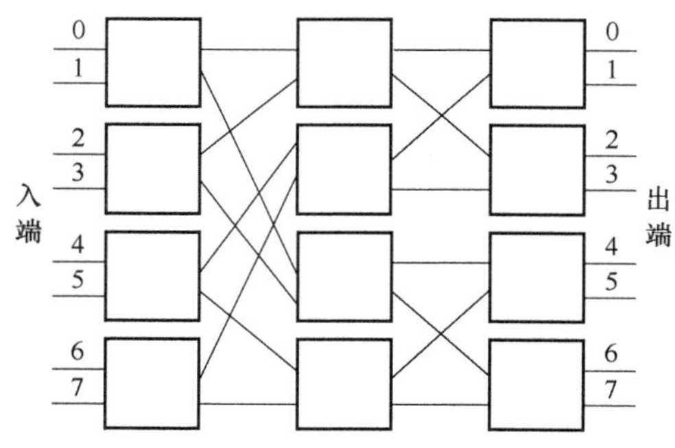

图 3-24　8×8 多级互连网络

一般地，假如要用两个 $N\times N$ 交换单元来构成一个 $2N\times 2N$ 交换单元，则可以再加上 N 个 2×2 交叉连接单元，把第一个 $N\times N$ 交换单元的 N 条入线分别与 N 个 2×2 交叉连接单元的某一出线相连，把另一个 $N\times N$ 交换单元上的 N 条入线与该 N 个 2×2 交叉连接单元上的另一条出线相连。按照这种方式构成的多级互连网络不仅用于 ATM 交换，也可用于多处理器的计算机系统。它的几种变形分别称为 Banyan 网络、Baseline 网络和洗牌-互换网络，如图 3-25 所示。由于这几种网络的构成方式都是相同的，区别只在排列位置的不同，所以也常将其统称为 Banyan 网络。

2. Banyan 网络的性质

Banyan 网络的构造非常规则，使其具有许多重要性质。

（1）唯一路径性质

Banyan 网络中的每条入线和每条出线之间都有一条路径并且只有这一条路径，称之为唯一路径性质。下面简单地证明这个性质。

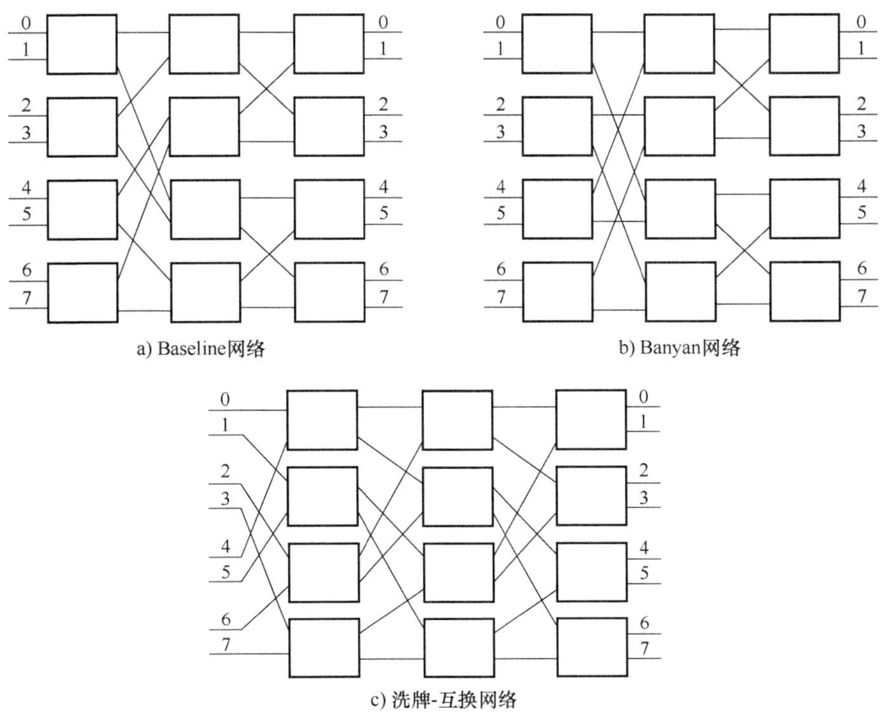

图 3-25　Banyan 网络及其变形

首先可直接验证，该性质对 4×4 交换单元是成立的。因此，一般可以假设它对 $N\times N$ 交换单元也是成立的。由于 $2N\times 2N$ 的交换单元是用上述递归法构成的，显然从 2 个 $N\times N$ 交换单元到前面一级 N 个 2×2 交换单元中共有 $2N$ 条路径，并且要到其中某一个入端去必须经过其中唯一的一条路径。可见，这样构成的 $2N\times 2N$ 交换单元仍然是在每个入线和每个出线间都存在一条路径，并且只有唯一的一条路径。这就证明了上述性质对任何 N 都成立。

（2）自选路由性质

由 Banyan 网络的构造方法可知，其入线数和出线数相等，若设其为 N，则必有 $N=2^M$。把 N 个入线和 N 个出线顺序分别编号为 0，1，2，…，$N-1$，那么，依据 M（$M=\log_2 N$）位二进制数字既可以用来区别 N 个入端，也可以用来区别 N 个出端。从交换单元的任意一个入线开始到交换单元的全部 N 个出线的 N 个连接，可采用 N 个不同的编号表示。

一个 $N\times N$ 的 Banyan 网络共有 M 级，每级有 $N/2$ 个 2×2 交叉连接单元，一个由入线 i 到出线 j 的连接是由属于不同级的 M 个交叉连接单元顺序连接组成的。如果把每个 2×2 交叉连接单元的两个入线和两个出线都在图上的上下位置分别编号为 0 和 1，那么，从第一级开始顺序排列各个交叉连接单元的出线编号，就组成一个 M 位二进制数字。这个数字的 N 种不同取值正好表示了从同一个入端出发到全部出线的 N 个不同连接或路径。

如果把出线的编号（或者叫做地址）以二进制数字的形式送到交换单元，每一级上的 2×2 交叉连接单元只需要根据这个地址中的某一位就可以判别应如何将其送往哪一个出线上。例如，在第一级上的 2×2 交叉连接单元只读地址的第 1 位，在第二级上的 2×2 交叉连接单元只读地址的第 2 位……当所有地址都被读完，这个信元就已经被送到相应的出线上，这叫做自选路由性质。因此，交叉连接单元的控制部分就可以做得十分简单。

图 3-26 所示为一个 8×8 的 Banyan 网络，标出了全部 8 条通往出线 3 上的路径，每条路径上三个交叉连接单元出端号码都是 011，它正是二进制数字 3。

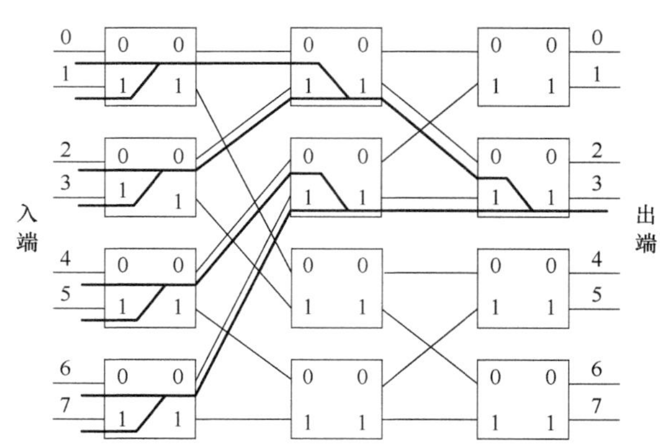

图 3-26 到出端 3 的全部路径

(3) 内部阻塞性质

在没有出线冲突时，纵横开关阵列是没有内部阻塞的。但上面所讨论的 Banyan 网络是存在内部阻塞的，而且这种内部阻塞是随着阵列级数的增加而增加的，当级数太多时，内部阻塞就会变得不可容忍。

通过分析观察可知，该内部阻塞是在 2×2 交叉连接单元的两个入线要向同一个出线上发送信元时产生的。在最坏情况下，这个概率是 1/2；如果入线上并不总是有信元，这个概率就会下降。因此，可以通过适当限制入线上的信息量来减少内部阻塞。此外，也可通过加大缓存器容量来减少内部阻塞。

由于多级互连结构中的排列很整齐，使用的电子开关数也较少，但是内部阻塞又是一个必须要解决的问题，通过多年研究，提出了若干方案。下面是其中的两种：

① 增加多级开关阵列的级数。把一个 $M(M=\log_2 N)$ 级 Banyan 网络对折叠加，使其级数增加到 $2M-1$，得到的网络是无阻塞的，称为 Benes 网络。例如，把 8×8 多级开关阵列的级数由 3 增加到 5，按照图 3-27 所示构成的网络，就可以消除内部阻塞。Benes 网络实际上相当于两个 Banyan 网络的背对背相连，并将中间相邻两级合并为一级。

② 排序 Banyan 网络。通过在 Banyan 网络前面添加一个排序网络，使其满足某些特定的条件，就可以成为一个无阻塞网络。例如，对于洗牌-互换网络，若有两个连接 $a \to b$ 和 $c \to d$，其中两个入线编号（a，c）和两个出线编号（b，d）满足：$c>a$，$d>b$，$d-b \geqslant c-a$，则这两个连接的路径是完全不重叠的（即无阻塞）。

图 3-28 所示为一个 8×8 洗牌-互换网络中一一连接的情形，即编号相同的入端和出端连接的情况。图中显示，洗牌-互换网络上各入端到各出端的连接是经过排序的，即彼此不交叉，可以容易自行验证，满足上述条件，所以网络是无阻塞的。

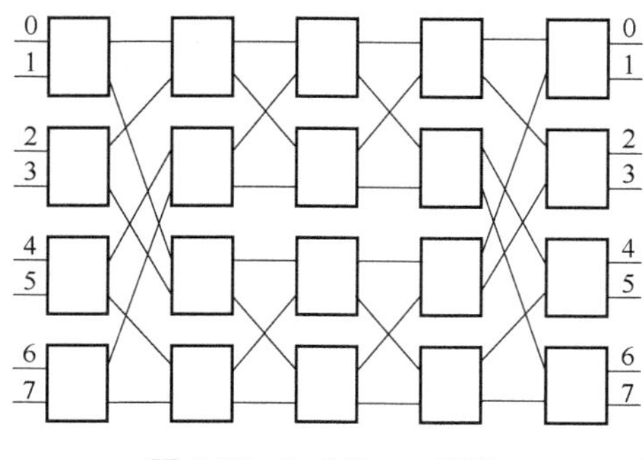
图 3-27 8×8 Benes 网络

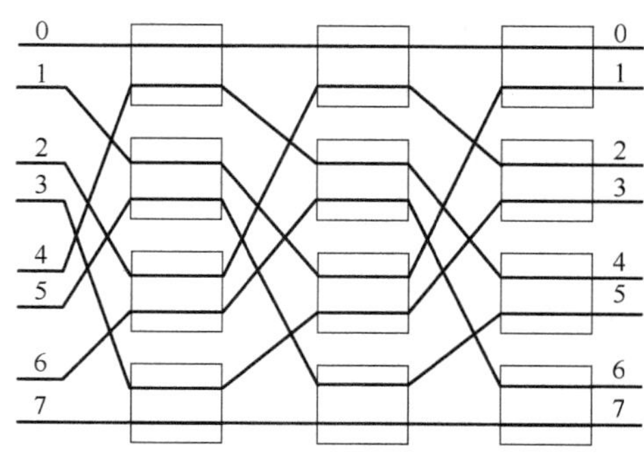
图 3-28 洗牌-互换网络的无阻塞性质

由此可知，如果在 Banyan 网络前面加上一个网络进行排序，使得上述无阻塞条件得到满足，则这样的两个网络构成的交换单元将是无阻塞的。前面增加的这个网络叫做排序网络，它与后面的 Banyan 网络组成的整体叫做排序 Banyan 网络。

有多种构成排序网络的方法，图 3-29 所示为一个 8×8 排序网络的实现举例。图中的基本部件叫做比较-交换器。有↑符号的叫做出线升序的比较-交换器，其功能是比较两个入线要连接到的出线的号码，若上面的一个大于下面的一个，则进行交叉连接；否则进行平行连接。有↓符号的叫做出线降序的比较-交换器，其功能是比较两个入线要连接到的出线的号码，若上面的一个大于下面的一个，则进行平行连接；否则进行交叉连接。图中同时给出了一个例子，即在把顺序排号的 8 个入线要分别连接到出线 0、7、5、4、1、3、2 和 6 上时，各个比较-交换器的连接方式。图 3-29 所示的括号中的数字表示了要连接到的出线的号码，排序后出线顺序由 0、7、5、4、1、3、2、6 变为 0、1、2、3、4、5、6 和 7。

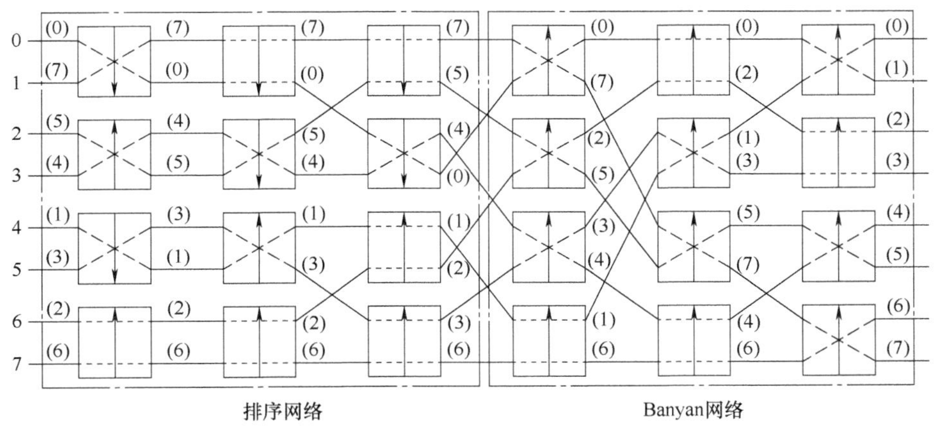

图 3-29 8 端口排序 Banyan 网络

(4) 出线冲突

排序 Banyan 网络不仅可以实现内部无阻塞，还可以用来解决出线冲突问题。其方法可以分三步进行：仲裁、认可和发送。

图 3-30 给出了排序 Banyan 网络解决出线冲突的过程。在阶段 1 中，将入线编号和出线编号数据传送给排序网络，排序网络根据输出地址的大小按非递减顺序排队，这时候具有相同出线地址的数据显然会排列在一起，系统采用某种策略清除对出线重复请求的连接（如去除入线 1→出线 3 对）；从而在排序网络的输出处仅留下相应的允许连接的入线/出线对，完成仲裁。在阶段 2 中，将排序网络出线处的允许连接编号对的入线编号（2，4，3）简单复制到排序网络的入线处，通过排序网络和 Banyan 网络的传递传送入线编号，此时 Banyan 网络的输出端正好是允许传输信息的入线位置（2，3，4），完成认可。在阶段 3 中，再将 Banyan 网络的输出（2，3，4）复制到排序网络的输入就可以确定允许传送数据的入线位置，此时可以再将相应入线上的数据传送给交换网络，完成信息交换发送功能。

三步法的最大特点是借助排序 Banyan 网络本身解决出线冲突，运算效率和处理速度比

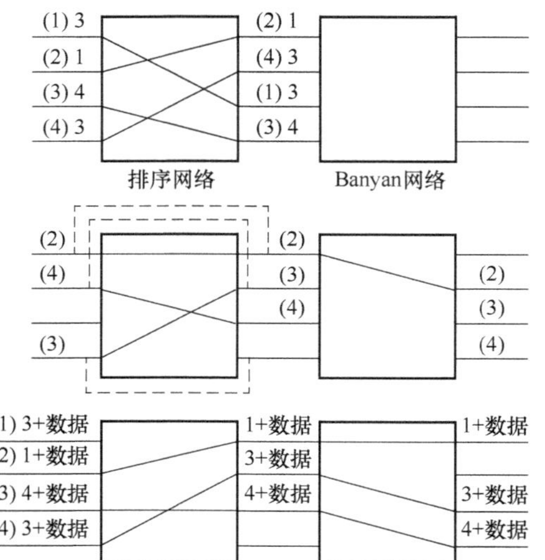

图 3-30　排序 Banyan 网络解决出线冲突的过程

较快，可以满足 ATM 高速交换的要求。该方法大约需要交换机提高 14%工作速度才能满足高速数据传输的要求。例如，若每根入线的速率为 155Mbit/s，则交换机内部对该线的运行大约为 170Mbit/s。

前面讲述的都是点对点连接时路由建立的技术，随着多点业务需求不断增加，可以通过放宽对点到点交换路由选择中的某些约束，在交换机中实现多播功能。更多的关于实现无阻塞多级互连网络的例子，请自行参考有关文献。

复习思考题

3-1　什么是 ATM？

3-2　ATM 交换系统是由哪些基本功能单元组成的？

3-3　如何理解“面向连接”的具体含义？

3-4　在 ATM 系统中，什么是虚通路，什么是虚信道？它们之间存在什么关系？VPI 和 VCI 的作用是什么？

3-5　简述 ATM 信元结构。影响 ATM 信元长度的因素主要有哪些？请说明在 UNI 上和 NNI 上的信元格式有何不同？

3-6　简述 ATM 信元定界方法。

3-7　ATM 信元定界方法是基于 HEC 的搜索，为什么在搜索态时要逐个比特进行？而在预同步和同步态时为什么逐个信元进行？

3-8　在 ATM 参考模型中，三个面的作用是什么？

3-9　简述 ATM 参考模型中物理层的作用和内容。

3-10　简述 ATM 层的作用。

3-11　ATM 适配层分为哪两个功能子层，它们各自的功能是什么？

3-12　用户面 ATM 适配层和控制面 ATM 适配层有什么区别？

3-13　解决出线冲突问题主要有什么策略？

3-14　对于 ATM 时分交换结构，若要在输出线 1，2，3，4，5，6，7 和 8 上分别输出来自输入线 3，5，2，4，3，5，6 和 1 的信元信息，请填写相关内容。

3-15　对于 ATM 时分交换结构，若要实现输入线 1 对输出线 2，3 和 4 的点对多点连接，和输入线 2，3，4，5 和 6 分别对输出线 8，5，7，1 和 6 的点对点连接，请填写相关内容。

3-16　什么是 Banyan 网络？

3-17　简述 Banyan 网络的唯一路径性质。

3-18　简述 Banyan 网络的自选路由性质。

3-19　简述 Banyan 网络内部阻塞问题的解决方法。

3-20　采用排序 Banyan 网络时，出线冲突问题是如何解决的？

第 4 章　多协议标记交换

多协议标记交换（Multi-Protocol Label Switching，MPLS）是国际电信联盟电信标准部（ITU-T）推荐的一种网络交换技术，其兼有基于第二层交换的分组转发技术和第三层路由技术的优点。本章从 IP 与 ATM 的融合入手，讨论 IP 与 ATM 融合、MPLS 技术概述、MPLS 网络体系结构、MPLS 的工作原理等方面内容。

4.1　IP 与 ATM 的融合

互连网协议（Internet Protocol，IP）技术采用无连接、端到端的传输控制协议/互联网协议（TCP/IP）来互连不同的物理网络，并对所互连的异质/异构计算机网络子系统进行高度抽象，将通信问题和网络应用问题分开，建立统一的、协作的、通用的、透明的信息网络系统。它是面向无连接的技术，具有结构简单，容易实现异型网络互连；具有统一的寻址体系，网络扩展性强；几乎可以运行在任何一种数据链路层，适用范围极其广泛等优势。异步传输模式（ATM）是一种面向连接的信息复用和交换技术，由于它只涉及开放系统互连参考模型（OSI-RM）的下两层，对每个数据包的处理过程大大简化，处理时间大大缩短，可为不同等级的业务提供相应的服务质量（QoS），能承载任何信息流，包括数据、语音和图像等。因此，IP 在技术上需要 ATM，而 ATM 在商业应用方面又需要 IP。能否将 IP 和 ATM 的优势相结合（融合），构筑新一代宽带网络正是人们所关心的问题。

4.1.1　融合的技术模型

IP 是面向无连接的，有相应的地址和选路功能；ATM 是面向连接的，有自己的地址结构、选路方式和信令。但是，IP 与 ATM 并不存在对抗。从 IP 与 ATM 协议的关系划分，IP 与 ATM 相融合的技术存在两种模型，即重叠模型和集成模型。不管是哪种模型，均需要解决 ATM 中面向连接的特点与 IP 中面向无连接的特点之间的矛盾，也需要解决 IP 和 ATM 在地址和信令方面的各类问题。

1. 重叠模型

重叠模型就是将 IP 当成一个网络与 ATM 网络互连，不更改 ATM 网络的协议模块，而将 IP 的功能层叠加在 ATM 上。因此，重叠模型要求对 ATM 和 IP 分别定义不同的地址结构和相关路由协议。也就是说，在重叠模型中，ATM 的端点用 ATM 地址和 IP 地址两者来标识。当用 ATM 路由协议来为 IP 分组包选择路由时，需要 ATM 地址选择协议将 IP 地址映射到 ATM 地址上，使得 IP 重叠在 ATM 上运行。因此，ATM 系统需要定义两套地址结构和选路协议，以及两套维护管理功能，既要分配 IP 地址，也要分配 ATM 地址。所有在 ATM 网络上工作的协议均需解析协议，将高层地址（IP 地址）与相应的 ATM 地址联系起来。图 4-1 所示为重叠模型中用于 IP 分组的协议层次关系。

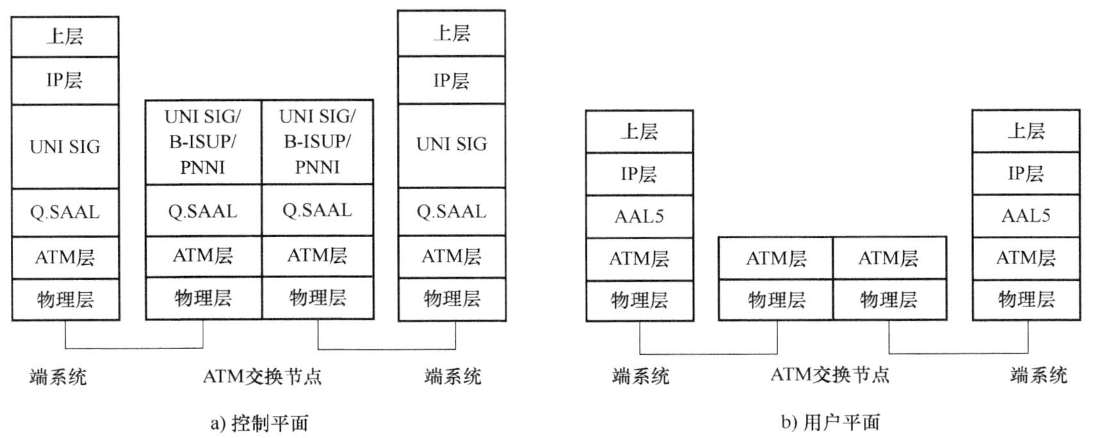

图 4-1　由 ATM 支持 IP 技术的重叠模型

重叠模型的主要技术包括 ATM 上的传统 IP（Classical IP over ATM，CIPOA）、局域网仿真（LANE）和 ATM 上的多协议（MPOA）等。重叠模型的缺点主要是传送 IP 包的效率较低、地址和路由功能重复等。

2. 集成模型

集成模型是将 IP 路由器的智能和管理性能集成到 ATM 交换中形成的一体化平台。与重叠模型不同，集成模型中将 ATM 单元实体与 ATM 网络地址分配策略和路由选择协议分离；ATM 层被看作 IP 层的对等层，ATM 网络实体采用与 IP 完全相同的协议体系和地址分配策略；ATM 系统仅需要分配 IP 地址，网络中则采用 IP 选路技术，不再需要 ATM 的地址解析规程。图 4-2 给出了集成模型中控制平面和用户平面的协议层结构。集成模型的主要技术包括 IP 交换、标记交换和多协议标记交换（MPLS）等。集成模型的优点是传送 IP 包的效率比较高、不需要地址解析协议等。

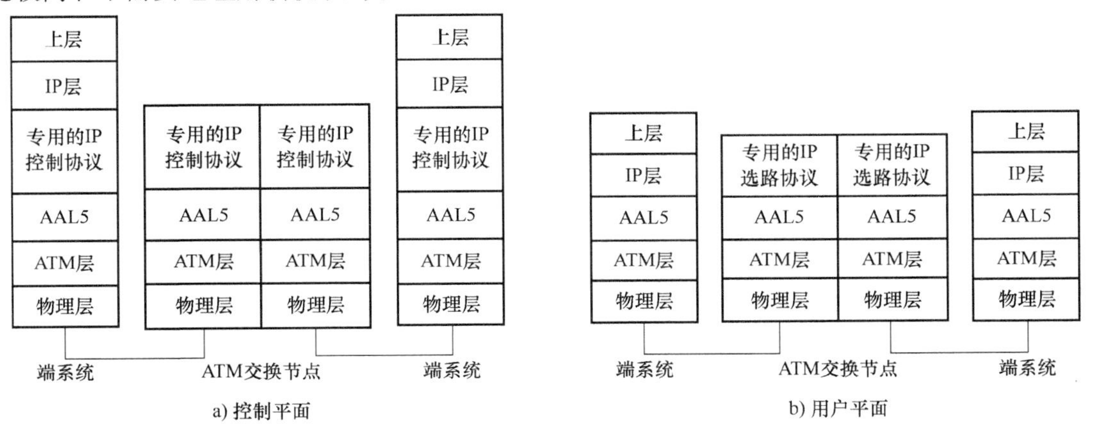

图 4-2　集成模型中控制平面和用户平面的协议层结构

4.1.2 典型的融合技术

集成模型是 IP 与 ATM 融合的发展方向，所以这里主要讨论集成模型技术，由 IP 交换、标记交换到多协议标记交换。

1. IP 交换

IP 交换（IP Switch）是 Ipsilon 公司提出的专门用于在 ATM 网络上传送 IP 分组的技术，它克服了 ATM 上的传统 IP（CIPOA）的一些缺陷，如在子网之间必须使用传统路由器等，提高了在 ATM 网络上传送 IP 分组的效率，是一种属于集成模型的典型技术。

在 IP 交换技术中，主要涉及 IP 交换机和 IP 交换网关。其中，IP 交换机负责对不同类型的业务流进行信息中转；IP 交换网关主要实现 IP 报文和 ATM 信元之间的拆装处理，如 IP 报头的分段、重装和 IP 报文的接收、发送。

（1）IP 交换机的构成

IP 交换机由 ATM 交换机和 IP 交换机控制器等组成，如图 4-3 所示。IP 交换机控制器包括路由软件和控制软件等。IP 交换机控制器与 ATM 交换机之间相连接的接口为控制端口，其作用是传送两者之间的控制信号和用户数据。在 IP 交换机控制器与 ATM 交换机之间进行信息交换所使用的协议是通用交换管理协议（General Switch Management Protocol，GSMP），协议文档为 RFC1987。GSMP 定义了 IP 交换机控制器可以对 ATM 交换机进行完全控制的功能。在 IP 交换机内，IP 交换机控制器通过 GSMP 向 ATM 交换机发出各种请求，如建立和释放经过 ATM 的虚连接、点到多点连接中增加或删除端点等。IP 交换机之间进行信息交换所使用的协议是 IP 流量管理协议（Ipsilon Flow Management Protocol，IFMP），协议文档为 RFC1953。

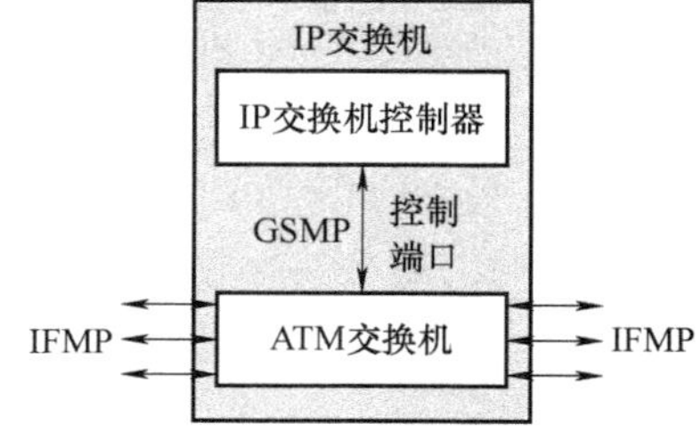

图 4-3 IP 交换机的构成

（2）IP 交换的工作原理

IP 交换的基本概念是流的概念，一个流是从 ATM 交换机输入端口输入的一系列有先后关系的 IP 包，它由 IP 交换机控制器的路由软件来处理。

IP 交换的核心是对流分类传送，如图 4-4 所示。IP 交换将输入的数据流分为两种类型：一是持续期短、业务量小、呈突发分布的用户数据流，包括域名服务器查询、简单邮件传送协议（SMTP）数据、简单网络管理协议（SNMP）查询等数据流；对于具有这种突发性的数据流，与传统 IP 路由器的处理方式一样，按一跳接一跳（hop-by-hop）和存储转发方式发送，由 IP 交换机控制器中的 IP 路由软件进行处理。二是持续期长、业务量大的用户数据流，包括文件传输协议（FTP）数据、远程登录（Telnet）数据、多媒体音频视频数据以及超文本传输协议数据等数据流；对于这种类型的数据流，则安排在 ATM 交换

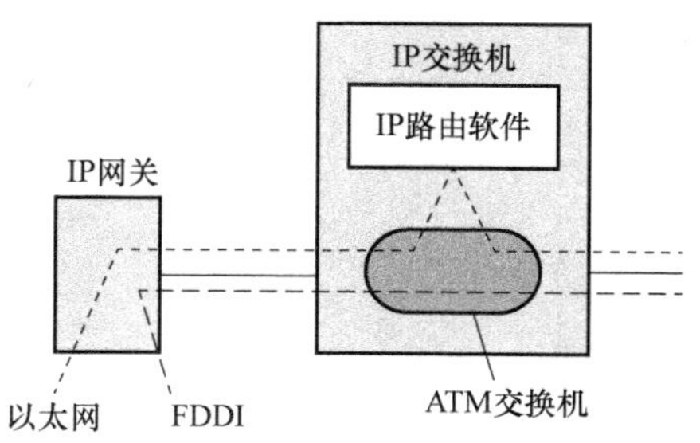

图 4-4 IP 交换机分类传输两类用户数据流

机中进行直接交换，也能利用 ATM 交换机硬件的广播和多发送能力。

IP 交换的最大特点是对用户输入的业务数据流进行了分类，有针对性地提供不同的交换机制。对于持续时间长、业务量大的用户数据流，采用直接 ATM 交换，省下了建立 ATM 虚信道的开销，提高了传输效率。IP 交换的缺点是只支持 IP，同时它的效率依赖于具体用户业务环境，对于持续时间短、业务量小、呈突发分布的用户数据流，其效率并没有得到明显提高，一台 IP 交换机只相当于一台中等速度的路由器。

2. 标记交换

标记交换（Tag Switching）是思科（CISCO）公司推出的一种基于传统路由器的 ATM 承载 IP 技术。标记交换结合了 ATM 的第二层交换技术和第三层的路由技术，可以更好地利用 ATM 的服务质量特性，并能支持多种上层协议。

（1）标记交换的基本原理

标记交换网络体系架构如图 4-5 所示，其工作原理是：在交换网系统标记边缘路由器中，先将每个输入数据单元（IP 帧）的第三层地址（IP 地址）映射为简单的标记（Tag）；然后将带有标记的数据单元（IP 帧）转化为打了标记的 ATM 信元，带有标记的 ATM 信元被映射到 ATM 虚电路上，由 ATM 交换机进行标记交换，与 ATM 交换机相连的路由处理器用来保存标记信息库（即路由表），以寻找第三层路由；这些信元在另一个（或一些）标记边缘路由器中，经过一个逆过程，恢复出原始的数据单元，再发送给接收用户。

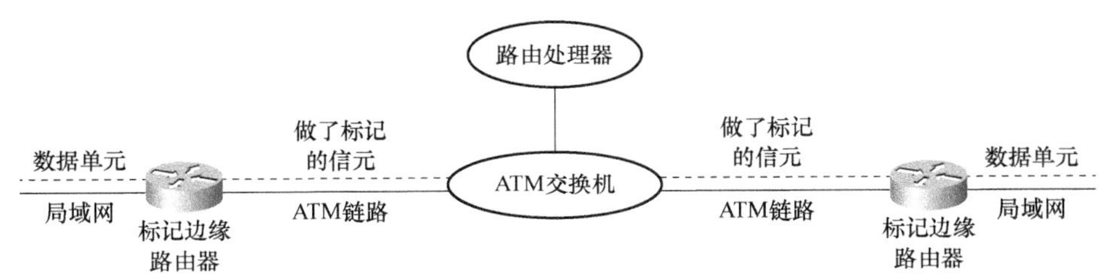

图 4-5　标记交换网络体系架构示意图

标记交换不依赖于路由过程所针对的网络层协议，因此可以支持不同的路由协议，如 IP 或 IPX 等。

标记交换技术可以在各种不同的物理媒体上使用，包括 ATM 链路、LAN 接口等。在不同媒体上使用的标记长度也不相同，如在 ATM 上使用时，标记长度是 16bit，在局域网（LAN）应用中，标记长度是 19bit。

（2）标记交换网中的部件

标记交换网中的部件主要包括标记边缘路由器、标记交换机（ATM 交换机或路由器）和标记分发协议（Tag Distribution Protocol，TDP）三个部分。

① 标记边缘路由器。标记边缘路由器位于标记交换网络核心的边缘，提供网络层服务，负责将标记加到数据包（IP 包）上。标记边缘路由器可以是路由器，也可以是具有多层交换功能的局域网（LAN）交换机。

② 标记交换机。标记交换机根据携带的标记信息和交换机中保存的标记传递信息（信元标记或信元）进行交换。除了标记交换以外，还可支持第三层路由或第二层交换功能。

③ 标记分发协议。TDP 是标记交换机和标记边缘路由器进行标记信息交换的标准（协

议)，提供了标记交换机与标记边缘路由器进行标记信息交换的方式。标记边缘路由器和标记交换机采用标准的路由协议来建立它们的 TDP 路由数据库。相邻的标记交换机和标记边缘路由器运用 TDP 相互分发标记值。

标记交换具有许多优点，但由于标记交换是思科公司的专有技术，并非统一的标准，所以构建标记交换网络时端到端都要使用思科公司的设备，才能完成通信。因此，国际标准化组织开展研究制订统一的多协议标记交换（MPLS）标准已成为必然。

4.2 MPLS 技术概述

MPLS 是 IP 和 ATM 融合产生的网络技术，同时具有 IP 和 ATM 的优点和技术特点。它能够简化网络管理的复杂性，降低网络运营的成本，提高骨干网网络资源的使用效率。MPLS 作为下一代宽带骨干网设计的数据业务承载技术，其技术优势在大规模通信网络的运营与管理中发挥重要作用。

4.2.1 MPLS 的含义

多协议标记交换（Multi-Protocol Label Switching，MPLS）是一种新出现的交换技术，用于解决当前互联网环境中使用的分组转发技术相关的许多问题，是 IP 骨干网络的关键技术之一。MPLS 是旨在将第三层路由选择功能与第二层面向连接的交换功能结合在一起，提高路由器的转发性能。这一技术的核心思想就是在网络边缘对分组进行分类，依据不同的类别为分组打上标记，建立标记交换路径，随后在 MPLS 网络中只依据标记将分组在预先建立起来的标记交换路径上传输。MPLS 基于标记交换，其转发部分采用了类似 ATM 的交换技术，控制部分则建立在 IP 路由协议之上，使用 MPLS 网络既可以充分利用网络层路由选择的智能、灵活和可扩展性，又能充分发挥数据链路层交换的高速性。

4.2.2 MPLS 技术的相关概念

MPLS 网络引入了一些新的概念，包括转发等价类、标记、标记交换路由器、标记交换路径、标记分发协议、标记信息库、转发信息库、标记转发信息库。

1. 转发等价类

MPLS 实际上是一种分类转发的技术，它将具有相同属性的分组归为一类，这种类别称为转发等价类。因此，转发等价类（Forwarding Equivalence Class，FEC）是一系列具有某些共性的数据流集合，这些数据在转发的过程中被标记交换路由器以相同的方式进行处理，正是从转发处理这个角度讲这些数据“等价”。这些属性可以是目的地相同、使用的转发路径相同、具有相同的服务等级等。图 4-6 所示为对 FEC 概念的简单图例解释。

在实际应用中，确定 FEC 属性往往还要考虑流量工程、多播、虚拟专用网络（Virtual Private Network，VPN）等因素的影响。属于相同转发等价类的分组在 MPLS 网络中将获得完全相同的处理。标记交换路由器在网络入口处把具有相同属性的分组映射到某个 FEC 来标识分组。分组可以只包含一个数据流，也可以是一组数据流，但一个流通常只能映射至一个 FEC。在转发等价类中的流量沿着标记交换路径贯穿整个 MPLS 域。在分组转发路径建立的过程中，MPLS 网络核心节点的转发决策完全以 FEC 为依据，无需重复执行提取、分析 IP

报头信息的烦琐工作，与 IP 技术相比是一个巨大的进步。

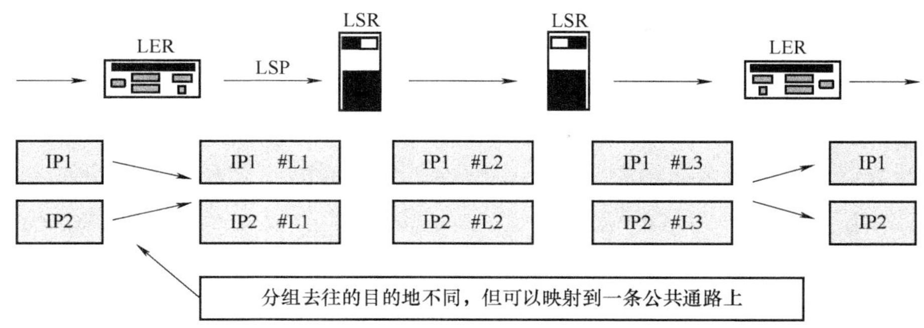

图 4-6　转发等价类的示意图

2. 标记

标记（Tag 或 Label）是简短的、长度固定的、具有本地意义的标识符，用以表征转发等价类（FEC）。标记用于唯一地表示某一分组所属的 FEC，决定标记分组的转发方式，所有属于同一个 FEC 的分组都会被分配相同的标记。标记只具有本地意义，尽管路由器将会查询网络层分组头信息以指派标记，但标记并不会直接对网络层分组头地址信息进行编码，它仅在相邻标记交换路由器间的相关链路上有意义，即只在逻辑相邻的节点间有意义，上游路由器的输出标记就是下游路由器的输入标记。或者说，标记只是在上游路由器的发送端口和下游路由器的接收端口之间有意义，相同的标记值在不同的路由器之间可能会有不同的意义。一个具体的标记就代表了一类 FEC 的语义，各节点将通过分组的标记来识别分组所属的转发等价类。

标记交换路由器可以根据需要利用各类信息对 IP 数据包加上不同类型的标记：按目的地址前缀来标记 IP 数据包，标记以路由表中的路由为基础，允许来自不同源地址的业务数据流向同一个目的地址发送时共享相同的标记和虚信道连接，可节省标记和提高传输的效率；按边界路由进行标记，即在标记交换网的标记边缘路由器对之间分配标记；按业务量调节来标记 IP 数据包，使得加上标记的 IP 数据包能按指定的、与路由算法选择不同的路由流动，从而允许网络管理员平衡中继线路上的业务负荷；按应用业务流来分配标记，例如根据源地址和目的地址之间所需的服务质量登记，提供更精确的控制，以得到质量保证。

3. 标记交换路由器

支持 MPLS 功能的路由器称为标记交换路由器（Label Switching Router，LSR），若干个 LSR 组成的网络称为 MPLS 域，处于 MPLS 域边缘的 LSR 称为标记边缘交换路由器（Label Edge Router，LER），非标记边缘交换路由器有时也称为转发标记交换路由器。标记边缘交换路由器是 MPLS 网络同其他网络的边缘设备，主要完成数据分组到标记的映射。当分组到达 LER 时，它查看分组所属的 FEC，并分配相应的标记；对于离开 MPLS 网络的分组，它将分组的标记去掉，并按照传统 IP 转发方式进行转发。标记交换路由器是 MPLS 网络的核心交换设备，位于 MPLS 网络内部，根据已经计算好的交换表，负责交换被加上标记的数据包。

4. 标记交换路径

在 MPLS 域中，将具有某特定 FEC 分组通过标记交换进行转发的一条路径称为标记交换路径（Label Switching Path，LSP）。它由标记分组的源 LSR 与目的 LSR 之间的一系列 LSR 以及它们之间的链路构成，类似于 ATM 中的虚电路。LSP 中各中间标记交换路由器将完成输入标记、输入接口到输出标记、输出接口间的绑定。通过在 LSP 各中间标记交换路由器上实施标记交换，将分组数据沿 LSP 进行转发。

5. 标记分发协议

为了能够在 MPLS 域内明确定义、分配标记，同时使网络内各元素充分理解其标记含义，MPLS 网络需要一套完整的信令协议，即标记分发协议（Label Distribution Protocol，LDP）。LDP 提供一套标准的信令机制用于控制标记交换路由器之间交换标记与 FEC 绑定信息的一系列规程，负责 FEC 的分类、标记分配以及 LSP 的建立和维护等一系列操作。

LDP 是 MPLS 工作组专门为 MPLS 制定的一套信令协议。另外，为支持显式路由，互联网工程任务组（IETF）又定义了约束的 LDP（CR-LDP）和 RSVP-TE（带有流量工程扩展的资源预留协议）。其中 LDP 和 CR-LDP 运行在 TCP 上，而 RSVP-TE 运行在 UDP 上。LDP 是基本的 MPLS 信令与控制协议，它规定了各种消息格式以及操作规程。LDP 与传统的路由算法相结合，通过在 TCP 连接上传送各种消息，分配标记和发布<标记，FEC>映射，从而建立和维护标记转发表以及标记交换路径。

由于 LDP 本身并不能支持流量工程业务，仅仅用于实现 MPLS 标记的分配与转发等基本功能，为了实现流量工程，必须有相应的技术来实现对网络中业务量的约束。CR-LDP 就是对 LDP 进行扩展而实现流量工程能力的一种信令协议。CR-LDP 可以简单地概括为 LDP 加上显式路由。它与 LDP 使用相同的消息集和相同的传输方式，CR-LDP 的特点在于通过网管制定或是在路由计算中引入约束参数的方法建立显式路由。

LDP 采用的是下游 LSR 发送 Label Mapping 消息的方式，即下游 LSR 在上游 LSR 发送请求的情况下发布 Label Mapping 消息或者独立地发布 Label Mapping 消息。LDP 是一个分布式的控制协议，通过相互交换信息来获得全网 LSP 在各个节点的收敛。

6. 标记信息库

标记信息库（Label Information Base，LIB）中存放的是到目的网络的入口标记和可能的出口标记等信息。MPLS 使用 LDP 来分发标记，在两个相互通信的标记交换路由器之间建立标记交换路径。标记分配的结果是在每个路由器中产生一个标记索引的路由表，称为标记信息库。标记交换路由器利用转发等价类和上行标记作为索引，来找到出口链路以及与出口链路有关的标记，以便中间标记交换路由器查找标记信息库完成数据转发。标记信息库（格式）包括：转发等价类（Forwarding Equivalence Class，FEC）、输入端口指示（Input Indication Field，IIF）、输入标记（Iutput Label，IL）、输出端口指示（Output Indication Field，OIF）和输出标记（Output Label，OL）。

7. 转发信息库

在 MPLS 域中，入口处的标记交换路由器（LSR）中建立起转发信息库（Forwarding Information Base，FIB）对分组进行分类和转发。转发信息库（格式）包括：目的地址前指示缀（DEST）、服务类型（TOS）、转发等价类（FEC）、下一跳路由器（NextHop）、输出端口指示（OIF）。FIB 的主要作用是维护标记转发信息库中的标记重写机制；路由的递归查询；为进入 MPLS 网络的数据包打上标记。

8. 标记转发信息库

标记转发信息库（Label Forwarding Information Base，LFIB）是 LSR 进行标记交换实际使用的信息库。其中存放的是入口标记、输入端口、出口标记、输出端口等信息，这些信息是从综合路由表、LIB 等信息中得到的。

4.2.3 MPLS 技术的优势

MPLS 技术致力于解决互联网中骨干网的路由器转发瓶颈问题，并支持所定义的任何一种网络服务。以 MPLS 设备构成骨干网上的 MPLS 核要优于现有的路由器核和 ATM 核，这是 MPLS 发展的重要技术动力之一。其网络性能在以下各个方面得到了有效改进，使得 MPLS 已日益成为 IP 网络的重要标准。

1. 提高了数据包转发效率

MPLS 标记交换分组转发是基于长度固定的短小标记，简化了分组转发机制，不再需要常规的 IP 基于最长地址匹配路由查找的 hop-by-hop 数据包转发方式，也不再需要对网络中的所有路由器进行第三层路由表的查询，而是把第三层的包交换转换成第二层的交换。此外，MPLS 使用的标记头比典型的数据报协议（如 IP 的分组头）要简单，标记的长度一般为 32bit 报头，可用硬件实现表项的查找和匹配以及标记的替换，减少了传输路径中后续节点处理的复杂性，大大提高了数据包的转发性能，能够更容易地制造出高速路由器。

2. 实现了有效的显式路由功能

显式路由技术是一种很有效的骨干网路由技术，它是指网络中某个 LSR（通常是标记交换路径的入口节点或出口节点）规定好 LSP 中的部分或全部的 LSR，而不是每个 LSR 自己独立决定下一跳的选择。显式路由技术在实现网络负荷调节、保证用户需求的 QoS 要求、提供差分服务等方面起着重要的作用。在纯数据报的无连接选路网中，难以实现完全的显式路由功能。而 MPLS 在标记交换路径建立时所用的信令分组，允许携带显式路由信息，但并不需要每个分组都携带，因而 MPLS 使得显式路由切实可行，也意味着 MPLS 可以利用显式路由带来的许多好处。

3. 有利于实现流量工程

互联网的迅速发展以及各种业务对带宽需求的增加，使流量工程显得特别重要。流量工程是指根据用户数据业务量及当前网络状态选择数据传输路径的过程，它主要用来平衡网络中不同链路、路由器和交换机的流量负荷。在有多个并行路径或可选路径的网络中，流量工程所起的作用非常巨大。在 ATM 骨干网上运行 IP 的时候，通常是采用手工配置每条 PVC 的办法来实现的。在数据报路由方式下，流量工程的实现非常困难，通过调整与网络链路相关的度量能实现一定程度的负载平衡；尤其在大型网络中，每两个节点之间都有多条路径，仅仅靠调整一跳接一跳（hop-by-hop）的路由度量是难以实现所有链路间的流量平衡的。MPLS 可识别并测量在特定的入口节点与出口节点之间的业务流量，又可采用显式路由的标记交换路径，这就为实现业务流量工程提供了有利条件。

4. 支持 QoS 选路

QoS 选路是指对特定的数据流，按其 QoS 要求来选择路由的方法。在许多情况下，QoS 选路需要利用显式路由，其原因有下面几点。

① 在有些情况下，要求为指定的每个数据流都保留一定的带宽，但这些数据流的总带

宽可能超过任何一条链路的可用带宽。因此，即使是有相同入口和出口节点的所有数据流，也不能够走同一路径，这就需要显式路由技术来为每个数据流单独进行路由寻找。

② 考虑为一个指定带宽的数据流寻找路由的情况，路由选择将受所需带宽的限制。最简单的情况下，可以对任何一个指定带宽需求直接选择一条满足要求的路径。MPLS 可以利用显示路由来计算传输路径，而且可以很方便地与约束路由（Constraint Based Routing, CBR）集成，通过 CBR 可以建立满足一定的管理约束和资源约束（包括 QoS 性能约束）的显式标记交换路径（LSP）。

③ 对 QoS 路由计算来说，由于各种原因，有时候路由器用于计算的信息可能有些过时，为一个 QoS 敏感的数据流选择特定路径有可能会失败。如果有显式路由，则初始化节点会被告知指定的网络单元不能传送该数据流，从而避开了网络拥塞点。

④ MPLS 便于实现故障恢复，提供了灵活的故障恢复方案，可以方便建立 LSP，保护路径以避免故障带来的 QoS 性能下降问题。

5. 从 IP 分组到转发等价类的映射

从 IP 分组到服务等级的映射可能需要知道发送 IP 分组的用户，才可能根据源地址、目的地址、输入接口或其他特征实现分组过滤，但某些信息只能在网络入口节点才能获得。MPLS 只需要在其域的入口进行一次从 IP 分组到转发等价类的映射，并可在入口处按照所需的 QoS 级别加以标记，在网络核心实现标记交换转发。

6. 支持多网络功能划分

MPLS 引入了标记粒度的概念，使其能分层地将处理功能划分给不同的网络单元，让靠近用户的网络边缘节点承担更多的工作，核心网络则尽可能地简单（只处理纯标记转发）。MPLS 分层数据流聚合能力将使构建全交换骨干网和业务量交换点成为可能，并将使数据以完全交换的方式通过网络。在到达 MPLS 网络出口时，再将聚合传送的数据流拆分，送往各自的最终目的地。

7. 实现了用户不同服务级别要求的单一转发规范

MPLS 允许在同一个网络中用单一的转发模式支持多种类型的业务。由于有了单一的转发规范，就容易在同一个网络单元上实现不同的服务要求，而不需要过多地考虑控制平面协议。同时支持多种业务可能需要在各业务间对使用的标记空间进行划分，这通常用标记分发管理协议来实现。

8. 提高了网络扩展性

在 IP over ATM 网络环境下，要实现全网交换式虚电路直通 SVC（Cut-through SVC）连接存在“巨大网络云”上的路由问题。在 MPLS 网络的路由协议方面，由于所有的 LSR 都运行标准的路由协议，通信的对等路由器和 LSR 的数量需要减少到在路由层次上逻辑相邻的对等体的数量，能够简化 MPLS 网络的管理，而且 MPLS 在 ATM 上不需要使用地址解析，去掉路由器之间全网格状的 n^2 个逻辑链路连接，提高了网络的扩展性。

4.3 MPLS 网络体系结构

在 MPLS 网络中，贯穿整个网络的转化机制是标记交换，即数据单元（分组或信元）携带一个长度固定的短小标记，该标记告诉分组路径上的交换节点如何处理和转化数据。

4.3.1　MPLS 的网络结构

MPLS 网络与传统 IP 网络的不同主要在于 MPLS 域中使用了标记交换路由器（LSR），域内部 LSR 之间使用 MPLS 协议进行通信，而在 MPLS 域的边缘由标记边缘路由器（LER）进行与传统 IP 技术的适配。

图 4-7 所示为 MPLS 的网络模型结构。MPLS 网络实际上分为两层：边缘层和核心层。边缘层位于 MPLS 网络的边缘，连接着各类用户网络以及其他 MPLS 网络。当 IP 分组进入 LER，时，LER 对到达的 IP 分组进行分析，完成 IP 分组的分类、过滤、安全和转发；同时，将 IP 分组转换为采用标记标识的流连接，MPLS 提供服务质量、流量控制、虚拟专网、组播控制等功能。针对不同的流连接，MPLS 边缘节点采用标记分发协议（LDP）进行标记分配/绑定。LDP 必须具有标记指定、分配和撤销功能，它将在 MPLS 网内分布和传递。MPLS 的核心层同样需要 LDP，LSR 根据到达 IP 分组的标记沿着标记交换路径（LSP）转发 IP 分组，不需要再进行路由选择。LSR 提供高速的标记交换、面向连接的服务质量、流量工程、组播控制等功能。MPLS 是在标记（Label）交换的基础上发展起来的，其实质是将路由器移到网络的边缘，将快速、简单的交换机置于网络中心；对一个连接请求实现一次路由选择，多次交换。其主要目的是将标记交换转发数据报的基本技术与网络层路由选择有机地集成。

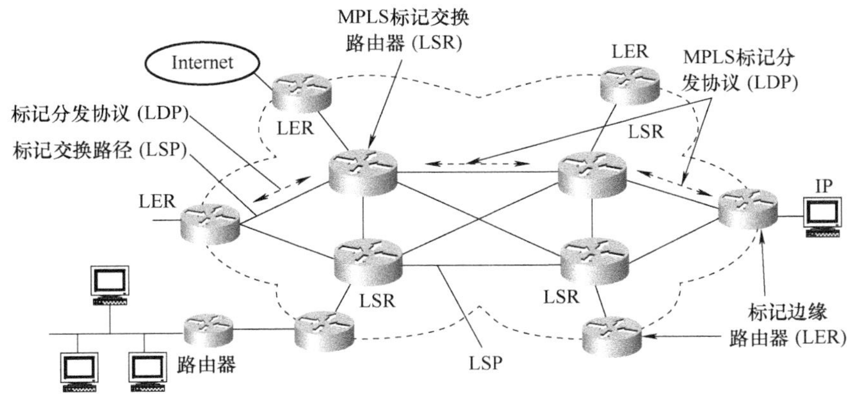

图 4-7　MPLS 网络模型结构

4.3.2　MPLS 的核心部件

MPLS 的核心部件是标记交换路由器（LSR），它由转发组件（也叫数据层面）和控制组件（也叫控制层面）组成。图 4-8 所示为一个执行 IP 路由的 MPLS 节点的基本体系结构。

1. LSR 的功能组件

标记交换路由器（LSR）是 MPLS 网络中的基本单元，包括控制组件和转发组件两部分。这种分离结构，一方面，有利于现有 ATM 交换设备向 MPLS LSR 的演进（只要在现有的 ATM 交换机上安装 MPLS 的控制软件）；另一方面，对于 MPLS 技术本身的演进与升级也是十分有利的。

（1）控制组件

控制组件采用模块化设计，是一群模块的集合，每个模块可支持某个特定的选路协议，新的路由功能可以通过增加新的控制模块来实现。控制组件具有以下功能特点：一是负责在一组互连的标记交换机之间创建和维护标记转发信息（被称为绑定），并分发标记绑定信息，包括标记的分配、路由的选择、标记信息库的建立、标记交换路径的建立与拆除等工作；二是控制组件与转发组件的分离，使 MPLS 可按需要灵活地支持各种第三层协议和第二层技术；三是要生成标记与网络层路由之间的捆合，并将标记捆合信息在标记交换结构之间传送。

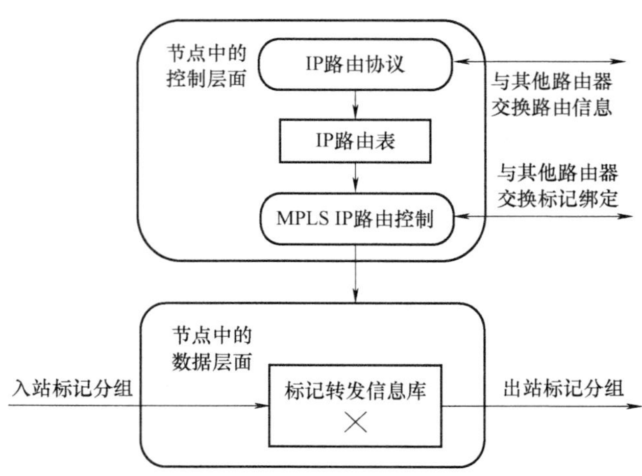

图 4-8　执行 IP 路由的 MPLS 节点的基本体系结构

控制组件的工作机理如下：一是每个 MPLS 节点都必须运行一种或多种 IP 路由协议（或依赖静态路由技术），以便与网络中的其他 MPLS 节点交换 IP 路由信息（从这种意义上说，每个 MPLS 节点都是控制层面上的一个 IP 路由器），与传统的路由器类似，IP 路由协议建立相应 IP 路由表；二是在 MPLS 节点中，IP 路由表用于决定标记绑定交换（相邻 MPLS 节点交换 IP 路由表中的各个子网的标记），对于基于目标地址的单播 IP 路由技术而言，标记绑定交换是使用标记分发协议实现的；三是依托相应 IP 路由表，MPLS IP 路由控制进程使用与邻接 MPLS 节点交换得到的标记来建立标记转发信息库，其位于转发组件中。

（2）转发组件

转发组件包含标记转发信息库和交换结构。

① 标记转发信息库。标记转发信息库（LFIB）是转发层面数据库，用于转发通过 MPLS 网络被标记的分组。

当一个携带标记的分组被标记交换机接收到时，该交换机用这个标记作为 LFIB 的指针。若该交换机在 LFIB 中找到一个输入标记等于分组携带标记的条目，则用条目中的输出标记替换分组中的标记，并将分组转发到输出标记中指示的输出接口。这样做至少有两个好处：第一是用一个定长的、相对短的标记作为转发决策算法中的分配对象，取代原来在网络层中使用的传统的最长分组匹配，可以获得较高的转发性能，使转发过程足够简单，以至于允许直接用硬件实现；第二是转发决策独立于标记转发的粒度。例如，同样的转发算法既可以支持单播（点到点的）路由功能，也可以支持多播（点到多点的）路由功能，不同的路由功能只取决于在标记信息库中每个条目的输出标记的组织。因此，增加新的路由或控制功能，无须改动转发机制。

② 交换结构。转发组件通常采用 ATM 交换结构（图 4-8 中的“×”）。转发组件可由标记转换实现信息在虚连接上的转发；使用标记交换机维护的标记转发信息库，根据分组携带的标记执行数据分组的转发任务。LFIB 中含有出入接口、出入标记的对照，相当于在控制驱动下将路由映射到标记，可通过标记分发协议建立。

2. LSR 的种类

根据在网络基础设施中提供的功能进行区分，主要包括 LSR、边缘-LSR、ATM-LSR 和边缘 ATM-LSR。各种 LSR 之间的区别完全是结构性的，即单个机器可以扮演多个角色。表 4-1 是各种 LSR 执行的操作。值得注意的是，网络中的任何设备都可以实现多项功能，如可以同时作为边缘-LSR 和边缘 ATM-LSR。

表 4-1　各种 LSR 执行的操作

LSR 类型	执行的操作
LSR	转发标记分组
边缘-LSR	可以接收 IP 分组，执行第三层查找，并在分组转发给 LSR 域之前向其加入标记栈；可以接收标记分组，删除标记，执行第三层查找，并将分组转发给下一个中继段
ATM-LSR	在控制层面运行 MPLS 协议来建立 ATM 虚电路，将标记分组作为 ATM 信元进行转发
边缘 ATM-LSR	可以接收标记或非标记分组，将分组分为 ATM 信元，并将信元转发给下一个中继段的 ATM-LSR；可以接收来自邻接 ATM-LSR 的 ATM 信元，将信元重新组装为原来的分组，然后将它们作为标记或非标记分组进行转发

（1）LSR

实现标记分发并能够根据标记转发分组的交换机或路由器都属于 LSR。标记分发的基本功能是使得 LSR 能够将其标记绑定分发给 MPLS 网络中的其他 LSR。

（2）边缘-LSR

在 MPLS 网络边缘执行标记放置（有时也叫压入操作）或标记处理（有时也叫弹出操作）的路由器是边缘-LSR。标记放置是在 MPLS 域的入口点（相对于数据流从源到目标而言）预先给分组设置标记或标记栈；标记处理则相反，即当出口点将分组转发到 MPLS 域之外的邻居之前，将分组的最后一个标记删除。图 4-9 所示为边缘-LSR 的体系结构，拥有非 MPLS 邻居的 LSR 都被认为是边缘-LSR。如果该 LSR 用于通过 MPLS 与 ATM-LSR 相连的接口，则它同样被认为是一个边缘 ATM-LSR。边缘-LSR 使用传统的 IP 路由表来标记 IP 分组，或在被标记的分组发送给非 MPLS 节点之前删除分组中的标记。

边缘-LSR 在图 4-8 的基础上扩展了 MPLS 节点体系结构，在数据层面上加入了额外的组件（IP 转发表）。IP 转发表是使用 IP 路由表构建的，并扩展了标记信息。入站 IP 分组可以作为纯粹的 IP 分组被转发给非 MPLS 节点，或者被标记并作为标记分组发送给其他 MPLS 节点。入站标记分组可以作为标记分组发送给其他 MPLS 节点。对于发送给非 MPLS 节点的标记分组，标记将被删除，并执行第三层查找（IP 转发）。

（3）ATM-LSR

可以用作 LSR 的 ATM 交换机就是 ATM-LSR。思科公司生产的 LS1010 和 BPX 交换机系列便是 ATM-LSR。ATM-LSR 在控制层面执行 IP 路由和标记分配，并在数据层面使用传统的 ATM 信元交换机制转发数据分组。换句话说，ATM 交换机的 ATM 交换矩阵被用作 MPLS 节点的标记转发表。因此，可以通过升级控制组件中的软件将传统的 ATM 交换机重新部署为 ATM-LSR。

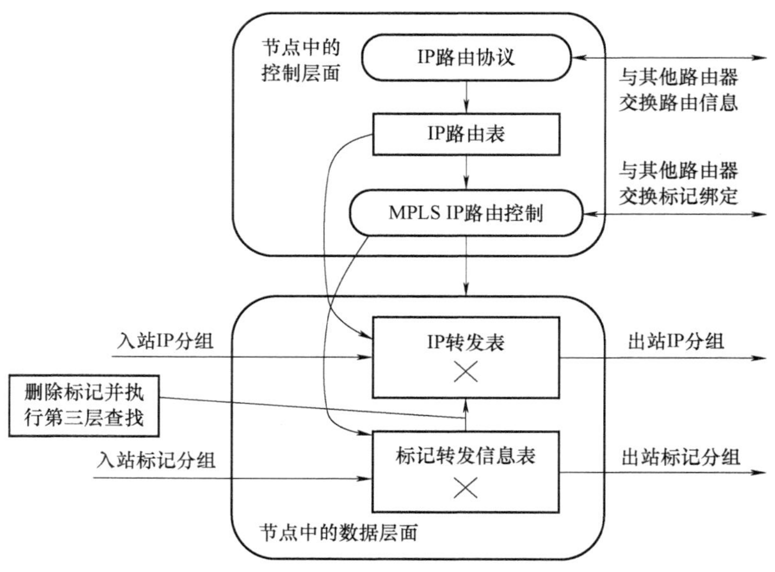

图 4-9　边缘-LSR 的体系结构

（4）边缘 ATM-LSR

带有边缘功能的 ATM-LSR 就是边缘 ATM-LSR。

MPLS 体系结构可以将传统的路由器和 ATM 交换机平滑地集成起来。然而，MPLS 真正的作用在于使之成为其他可能的应用：从流量工程到虚拟专用网等的应用。所有的 MPLS 应用都使用类似于 IP 路由控制层面的功能来建立标记转发信息库。图 4-10 所示为各种 MPLS 应用与标记交换矩阵之间的交互。

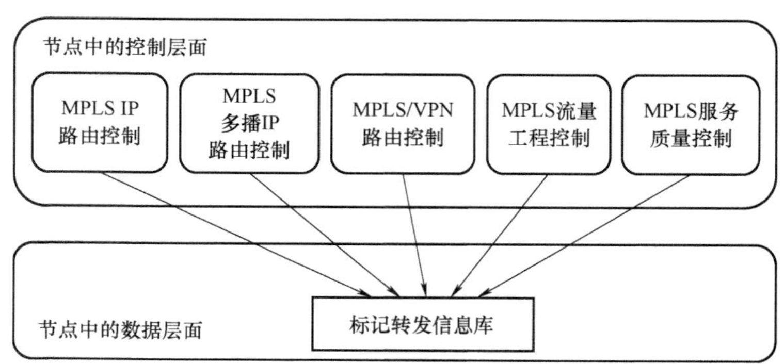

图 4-10　各种 MPLS 应用及其交互

每种 MPLS 应用的组件集都与 IP 路由应用相同，包括以下可选组件：一个为应用定义转发等价类（FEC）表的数据库（IP 路由应用中为 IP 路由表）；在 LSR 之间交换 FEC 表内容的控制协议（IP 路由应用中为 IP 路由协议或静态路由）；实现 FEC 标记绑定的控制进程以及在 LSR 之间交换标记绑定的协议（IP 路由应用中为 LDP）；一个 FEC 标记映射表的内部数据库（IP 路由应用中为 LIB）。

3. 标记交换路由器的运行机理

（1）标记交换路由器

标记交换路由器（LSR）主要运行 MPLS 控制协议和第三层路由协议。从图 4-11 可以看到，LSR 中包含了一个路由协议处理单元，该单元可以使用任何一种现有的路由协议（如 BGP、OSPF 等），其工作就是生成路由表。LSR 之间通过一条信令专用的 LSP 来传输各种信令消息，这些消息将使用 TCP/IP 的连接与消息格式，LSR 收到这些消息后送至 LDP 单元进行处理，LDP 单元结合路由协议单元生成的路由表来生成标记信息库（LIB）。而下层的交换单元将依据 LIB 生成标记转发信息库（LFIB）。LFIB 是 MPLS 转发的关键，LFIB 使用标记来进行索引。LFIB 可以是每个交换机一个，也可以是每个界面一个，其中每一行的内容包括：入标记、转发等价类、出标记、出界面、出封装方式。

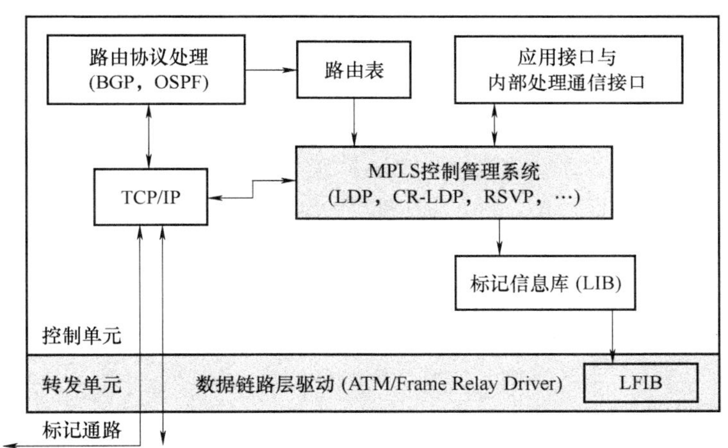

图 4-11　标记交换路由器示意图

标记交换路由器（LSR）要完成路由器的路由控制功能和标记管理维护功能，不断更新和维护路由信息库。在 LDP 控制下，LSR 可对标记进行标记划分、标记分发、标记维护等操作。MPLS 网络中的每个节点都必须建立标记信息库，该信息库包含标记绑定信息。这样就可以利用标记信息库中的信息，根据输入分组所携带的标记，进行标记的转换，如标记入栈、标记出栈、标记替换等。然后，利用第二层的交换机制实现信息在虚连接上的转发，同时支持第三层的 IP 分组逐跳式转发。

（2）标记边缘交换路由器

对于标记边缘交换路由器（LER），还要在标记交换路由器的基础之上增加用于实现 FEC 划分、标记绑定以及用于 QoS 保证、CoS 分类、流量工程等方面的控制部件。LER 主要完成连接 MPLS 域和非 MPLS 域以及不同 MPLS 域的功能，并实现对业务进行分类、分发标记、剥去标记（作为出口 LER 时）等。它甚至可确定业务类型，实现策略管理、接入流量工程控制等工作。

4.3.3 MPLS 的标记封装

1. 标记格式说明

根据 RFC3031，标记用来标识数据分组走向。MPLS 中标记头通常是 32bit 固定长度，包括 Label 域 20bit（只具有本地意义的标志）、附加比特域 4bit 和存活时间域（Time to Live，TTL）8bit，如图 4-12 所示。

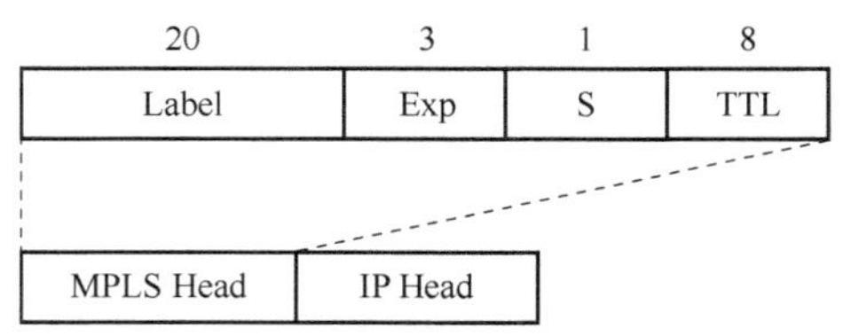

图 4-12　MPLS 标记封装格式

由于 MPLS 标记头被插入到第二层（数据链路层）和第三层（网络层）之间，而且可以带有多个标记，就形成一个“标记堆栈”。每个标记堆栈条目由以下几个域组成。

① Label：20bit，搭载实际的标记值，有 2^{20} 个可能标记数。当 LSR 收到一个标记包时，查看标记堆栈顶部的标记值。

② Exp：3bit，保存 QoS 的服务类型（CoS）级别，拥有 8 种级别。

③ S：1bit，栈底指示标志位。因为标记堆栈里通常有多个标记，栈底标记的 S 位置 1，其他标记的 S 位置 0，这样就可以通过 S 位识别栈底。

④ TTL：8bit，存活时间域。每经过一个路由器（每一跳）都会将 TTL 减 1，主要用来防止环路的发生、跟踪路由、限制分组发送的范围。

2. 标记封装

（1）标记封装的含义

为了将标记与分组一起转发，要求在转发之前对标记进行适当的编码和封装。所谓封装，是对标记或标记堆栈及其用于标记交换的附加信息进行编码，使之可以附加在分组上进行传送。被附上标记的分组称之为标记分组。标记分组转发可以利用多种信息，不但包括标记或标记堆栈本身所包含的路由信息，还可能用到其他附加信息，如存活时间域中的信息。这些信息有时利用 MPLS 的专用信头进行编码，有时利用第二层帧头对其进行编码。由于传输媒质及所采用链路层技术的不同，MPLS 信头编码方式也会有所不同。例如，利用第二层 ATM 信元头对标记进行编码和利用第二层帧中继头进行标记编码所采用的方式就不同。但不管采用什么编码方式，都将其统一称为 MPLS 标记封装。

MPLS 在各种媒质上的标记封装已经作了规定：顶层标记可以使用已存的格式，底层标记使用新的垫片标记格式。但对标记采用何种编码和封装方式取决于转发标记分组的硬件设备，并根据所采用设备的不同，MPLS 可支持多种不同的编码和封装方式。封装进去的标记及其他附加信息都按 MPLS 规定的形式置于分组的指定部分。

（2）标记封装的实现

图 4-13 所示为一般 MPLS 的标记封装过程。当采用 MPLS 专用硬件和软件转发标记分组时，MPLS 在数据链路层与网络层之间定义了一层“垫片（Shim）”来实现标记编码与封装。

垫片封装于网络层分组中，但独立于网络层协议，因而可以封装于任何网络层分组中。这种封装方式称为“一般 MPLS 封装”。

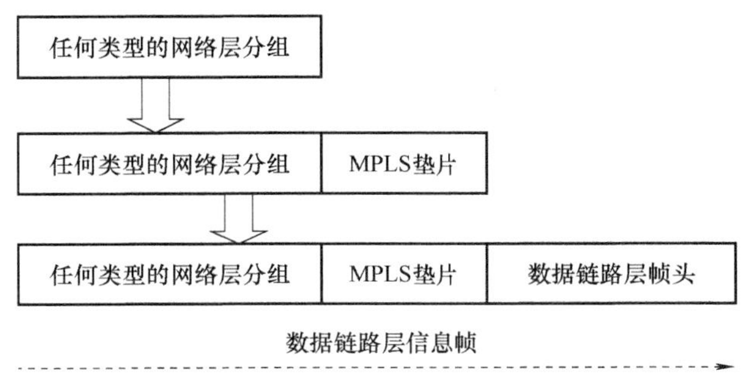

图 4-13　一般 MPLS 的标记封装过程

由于 MPLS 标记头被插入到第二层报头和第三层有效载载之间，所以发送分组的路由器必须使用某种方法告诉接收分组的路由器：被传输的分组不是一个纯粹的 IP 数据报，而是一个标记分组（一个 MPLS 数据报）。因而，在第二层之上定义了如下新的协议类型。

① 在 LAN 环境中，携带单播和多播分组的标记分组使用以太类型值为 8847 和 8848（十六进制）。这些以太类型值可以在以太媒质（包括快速以太网和吉位级以太网）上直接使用，还可作为其他 LAN 媒质（包括令牌环和 FDDI）上的子网络访问协议（SNAP）报头的一部分。

② 在使用 PPP 封装的点到点链路上，引入一种新的网络控制协议（Network Control Protocol，NCP），称为 MPLS 控制协议（MPLSCP）。通过 PPP 字段的值设置为 8281（十六进制）来标识 MPLS 分组。

③ 对于通过帧中继数据链路连接标识符（DLCI）在两个路由器之间传输的 MPLS 分组，使用帧中继 SNAP 网络层协议 ID（Network Layer Protocol IDentifier，NLPID）进行标识，后面跟一个以太类型值为 8847（十六进制）的 SNAP 报头。

④ 通过 ATM 虚电路，在两个路由器之间传输的 MPLS 分组封装了一个 SNAP 报头，该报头使用的以太类型值与 LAN 环境中使用的相同。

图 4-14 所示为对 MPLS 封装技术的总结。这里需要注意的是，MPLS 封装头并不总是显式地存在，比如在 ATM 和帧中继中就无明显的 MPLS 封装头。

（3）MPLS 标记封装的主要内容

MPLS 标记封装主要包括标记、存活时间域、服务类型（Class of Service，CoS）、标记堆栈指示、下一个 MPLS 封装类型指示、校验和等内容。对于任何封装来说，人们都希望它越短越好。比如说用 4B 封装头，那么用硬件来实现基于封装头的转发就非常方便。但是，封装头过短就无法携带上面所列的各项信息。

当标记分组中含有多个标记时，MPLS 封装必须能加以指明。这通过标记堆栈指示域来实现。同时，MPLS 封装头还要能指明堆栈中的下一个 MPLS 封装属于什么协议类型，这可以与堆栈指示结合起来表示，也可以用标记值隐含说明。

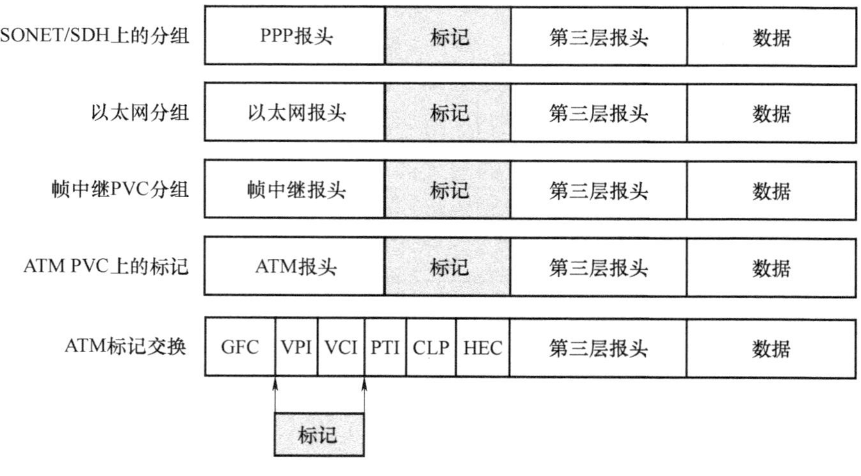

图 4-14 对 MPLS 封装技术的总结

4.4 MPLS 的工作原理

MPLS 的出现是源于早期的 IP 交换，其目的是将目前的各种 IP 路由和 ATM 交换技术兼容并蓄，以提供一种更具弹性、扩充性以及效率更高的宽带交换路由器。与标记交换（Tag Switching）、ATM 交换等技术类似，MPLS 引入标记（Label）的概念，在 MPLS 网中分组数据的传输靠标记来引导。

4.4.1 MPLS 网络的分组传递原理

图 4-15 所示为 MPLS 网络工作原理示意图。从图中可见，一个 MPLS 网络的核心结构包括：标记边缘交换路由器（LER）和标记交换路由器（LSR）。通过标记分发协议（LDP），LER 和 LSR、LSR 和 LSR 之间完成标记信息的分发。网络路由信息来自一些共同的路由协议，如开放式最短路径优先（Open Shortest Path First，OSPF）、边界网关协议（Boundary Gateway Protocol，BGP），根据路由信息决定如何完成标记交换路径（LSP）的建立。

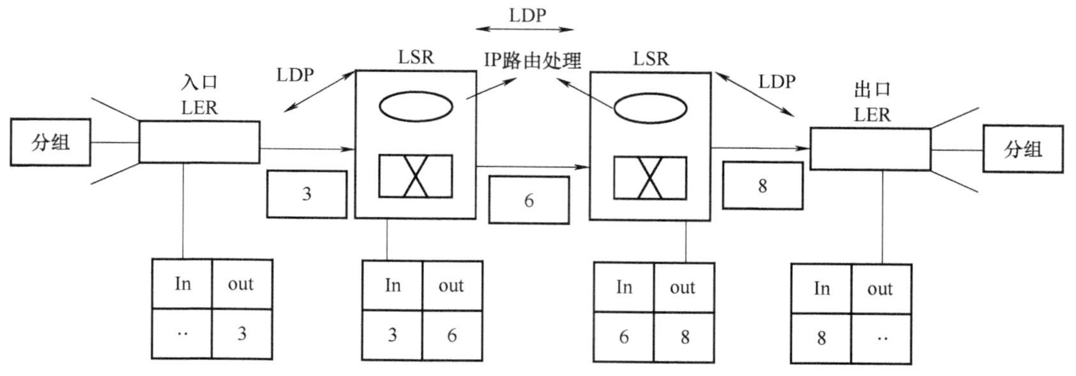

图 4-15 MPLS 网络工作原理示意图

1. 分组转发的基本过程

MPLS 网络的分组传递主要按照标记分配、标记分发、标记交换、标记删除 4 个过程来实现，具体工作原理如下：当一个未被标记的分组（IP 包、帧中继或 ATM 信元）到达 MPLS 标记边缘交换路由器（LER）时，入口 LER 根据输入分组头查找路由表以确定通向目的地的标记交换路径（LSP），把查找到的对应 LSP 的标记插入到分组头中，完成端到端 IP 地址与 MPLS 标记的映射（即标记分配）。每个 MPLS 节点的标记都放在一个所谓的标记信息库（LIB）中，这时需要用到开放式最短路径优先（OSPF）、边界网关协议（BGP）等传统路由协议，而且采用 MPLS 的标记分发协议（LDP）将其转发到下一跳的标记交换路由器（LSR）（即标记分发）。核心 LSR 接收到标记 IP 数据包后，将标记抽出并作为索引查找 LSR 中的标记转发信息库（LFIB）。如果标记转发信息库中有相应的项，则将输出标记添加到包头，并将替换了标记的 IP 数据包发送到下一跳的输入接口；这个以新标记取代旧标记的过程在 MPLS 中称为标记互换，各个中间路由器以相同的方法转发 IP 数据包，直到数据包到达离开 MPLS 域的标记边缘交换路由器（LER）（即标记交换）。当 IP 数据包从核心 LSR 到边缘 LER 时，边缘 LER 发现该 IP 数据包的出口是一个非标记接口，MPLS 的出口标记路由器将完成标记与 IP 地址的映射，将 IP 数据包中的标记去掉后继续进行基于第三层的 IP 转发（即标记删除）。从中可以看到，MPLS 技术的真正优势在于它提供了控制和转发的完全分离。

一个 MPLS 网可由多个支持 MPLS 的 MPLS 域组成，但 MPLS 域的划分与路由域的划分是互不相关的。在一个路由域内可以同时包含 MPLS 节点和非 MPLS 节点，标记信息只在 MPLS 的相邻节点间传递。在 MPLS 的两个节点间若有非 MPLS 的节点（比如 ATM 或帧中继交换机），则用永久虚电路（PVC）或永久虚通路（PVP）将两个 MPLS 节点接通。

2. MPLS 标记交换举例

所有的分组都是通过入口 LSR 进入 MPLS 网络，由于分组都带有标记，因而每个 LSR 都将分组的入站标记交换成出站标记（即标记交换），这与 ATM 使用的机制非常类似（将 VPI/VCI 转换为不同的 VPI/VCI 对）。这一过程将一直持续，直到到达最后的出口 LSR，并通过出口 LSR 离开 MPLS 网络。

图 4-16 所示为 IP 分组的标记交换流程。在实现标记交换前，需建立地址前缀与标记的映射表，并指出输出端口。例如，目的地址前缀为 128. 89. 26. 4，对应的输出标记为 4，输出接口号为 1。标记映射和交换端口表存储在标记交换路由器和标记边缘交换路由器的标记转发信息库（LFIB）中，LFIB 用于存放标记传递的相关信息，每个入口标记对应一个信息条目，每个条目包括出口标记、输出端口、出口链路层信息等子条目。

标记交换过程的说明如下：

① 输入端的标记边缘路由器（RTA）从源主机接收（目的地址为 128. 89. 26. 4）未打上标记的 IP 数据包，RTA 查询它的 LFIB，找到目的地址前缀为 128. 89. 0. 0/16（16 表示在 ATM 上使用时标记长度是 16bit）的条目，取得下一跳 RTB 的出口标记 4 和输出端口号 1，并从输出端口 1 发送到核心标记交换网中。

② 标记交换路由器（RTB）收到标记为 4，目的地址前缀为 128. 89. 0. 0/16 的标记分组，用此作为索引查询它的 LFIB，找到它的下一跳 RTC 的出口标记 9 和输出端口号 0，并从输出端口 0 发送到标记边缘交换路由器（RTC）。

③ RTC 是出口的标记边缘交换路由器，在收到了 RTB 转发的分组后，去掉标记，恢复成无标记的 IP 数据包，传递给目的地址为 128. 89. 26. 4 的主机用户。

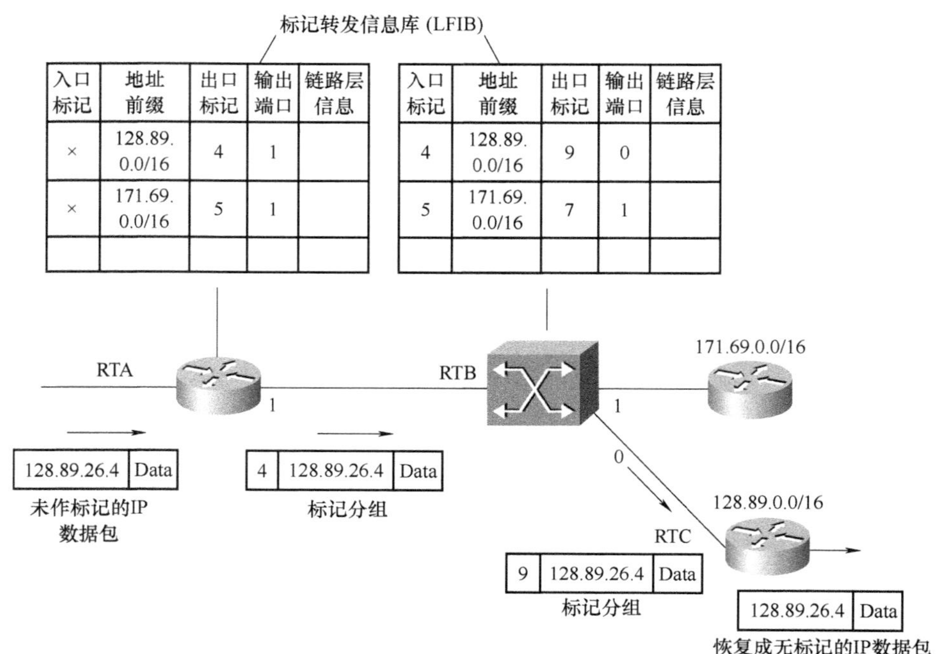

图 4-16　IP 分组的标记交换流程

4. 4. 2　网络边缘的标记分配

标记加入（标记放置）指在分组进入 MPLS 域时给它预先设置标记的操作（即标记分配）。这是一种边缘功能。要实现这种功能，边缘-LSR 需要了解分组将被发送到哪里，应该给它加上哪种标记或标记栈。

在传统的第三层 IP 转发技术中，网络的每个中继段都在 IP 转发表中查找分组第三层报头中的 IP 目标地址，在每一次查找迭代中，都将选择分组的下一个中继段的 IP 地址，并通过一个接口将分组发送到最终目的地。选择 IP 分组的下一个中继段是两项功能的组合：第一项功能是将整个可能的分组集合划分为一组 IP 目标前缀；第二项功能是将每个 IP 目标前缀映射为下一个中继段 IP 地址。也就是说，对于来自一个入口设备并被发送到目标出口设备的数据流而言，网络中的每个目的地都可以通过一条路径到达（如果使用等价路径或不等价路径实现负载均衡时，则可能有多条路径）。在 MPLS 体系结构中，第一项功能的结果叫做转发等价类（FEC），可以将它们看作一组通过相同的路径、以相同的转发处理方式转发的 IP 分组。值得注意的是，转发等价类可能对应于一个目标 IP 子网，也可能对应于边缘-LSR 认为有意义的任何数据流类。

网络边缘的标记放置过程如下：首先在数据分组进入网络时，在边缘设备上将该特定数据分组指派到一个特定的 FEC，该过程只进行一次；然后将 FEC 与一个长度固定的短小标识符进行映射，这个标识符就称为“标记”，标记用来标识一个 FEC；数据分组在转发之前被打上标记，标记随同数据分组一起被发送。因此，当分组被转发给下一个中继段（LSR）时，已经预先为 IP 分组设置了标记，该 LSR 不再分析网络层分组头，只是根据标记来选择下一跳地址和新的标记；数据的转发是通过标记的交换实现的。

在 MPLS 网络中，每个 LSR 都保存了两个表：标记信息库和标记转发信息库，用于保存与 MPLS 转发组件相关的信息。标记信息库（LIB）包含了该 LSR 分配的所有标记，以及这些标记与所有相邻 LSR 收到的标记之间的映射表，并使用标记分发协议来分发这些映射表。标记转发信息库（LFIB）用于分组实际转发过程，该表只保存了 MPLS 转发组件当前使用的标记。指明“当前使用”是因为对于同一目的地，多个邻居可能发送同一个 IP 前缀的标记，但可能不是路由表当前实际使用的下一个 IP 中继段，也不一定要将 LIB 中的所有标记用于转发分组。值得注意的是，标记转发信息库是 MPLS 中与 ATM 交换机的交换矩阵等价的东西，可以将图 4-9 中的边缘-LSR 体系结构重新绘制成图 4-17 所示的形式。

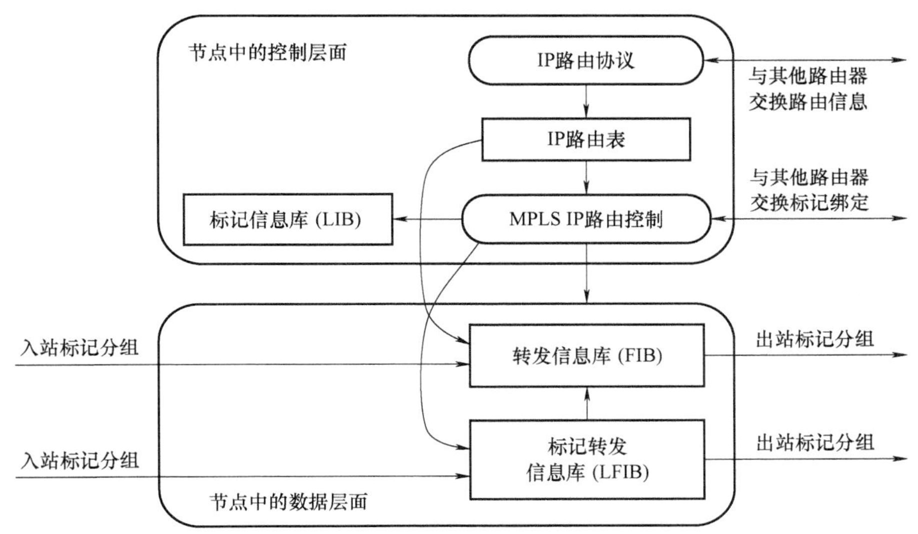

图 4-17　边缘-LSR 体系结构的新形式

4.4.3　标记分发与管理

1. 标记分发对等层的侦测

LDP 对等层侦测是指 LSR 通过周期性地发送一些消息来发现其可能的 LDP 对等体，而且不再需要静态配置 LSR 标记交换。主要有基本和扩展两种侦测机理。

① 基本的侦测是用于找出与本 LSR 在数据链路层上直接相连的 LSR。其侦测原理是 LSR 以 UDP 格式在规定好的 LDP 端口上周期性地发送 LDP 链接组播问候消息，该问候消息携带有相应 LSR 及其接口的 LDP 标识与标记空间标识，还可以带有一些其他的信息。

② 扩展的侦测是用来在数据链路层上锁定非直接相连的 LSR。其侦测原理是 LSR 以 UDP 格式往特定地址约定的 LDP 端口周期性地发送 LDP 目标问候消息，它同样携带有 LSR 要使用标记空间的 LDP 标识及其他一些有用信息。

2. 标记分发控制

LSR 的每一接口都需要配置好标记的分发模式，并在会话初始化期间交换分发模式信息。LDP 中通常规定了主动式下游标记分发和下游标记按需分发两种模式，两种分发方式在同一网络中可以同时使用，但 LSR 必须知道它的对等层所使用的标记分发方法，以避免由于两个交换机分发方式的不同而引起的冲突。不管是采用什么分发方式，建立 LDP 会话的两者间必须协调好。标记分发管理有控制和保持两种模式。

（1）标记分发控制模式

LSR 可以同时支持独立的和有序的两种标记分发控制模式。

独立的标记分发控制模式是指关于什么时候生成标记并将生成的标记通知给上游对等层，每个 LSR 可以独立做出决定。当一个 LSR 工作于下游按需分配独立标记分发控制模式时，它可以立即响应标记映射请求；当工作于独立的主动式下游标记分发模式时，LSR 无论什么时候想要标记交换 FEC，它都可以公布 FEC-标记映射给它的邻居。

有序的标记分发控制模式是指根据特定 FEC 的出口 LSR 或 LSR 已从它的下游 LSR 处收到标记绑定时，LSR 才将标记-FEC 绑定通知给对等层；对于还没有映射的 FEC，如果相应的 LSR 不是出口 LSR，那么该 LSR 必须等待接收到下游给它分发的标记。

（2）标记保持模式

标记保持模式可分为保守的标记保持模式和自由的标记保持模式，如图 4-18 所示。

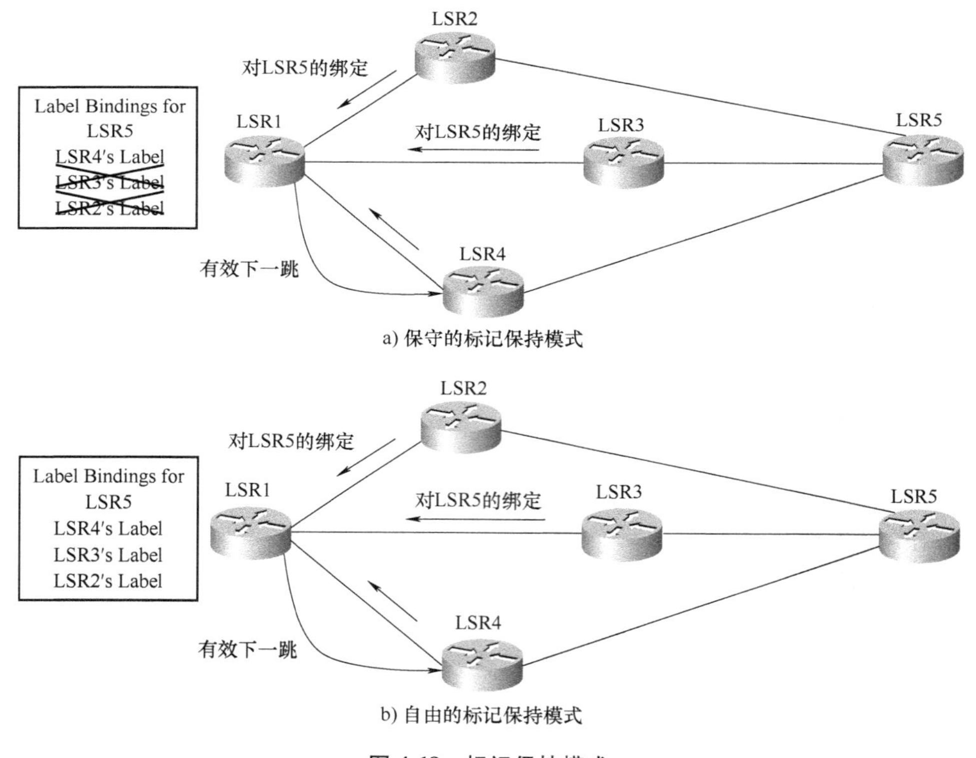

图 4-18　标记保持模式

在主动式下游标记分配模式中，对所有路由的标记映射分发可以从所有对等的 LSR 上收到。当使用保守的标记保持模式时，分发的标记映射只在它们用来转发分组期间才加以保留；当使用自由的标记保持模式时，从对等 LSR 收到的每一个标记都被保存起来，而不管分发标记的 LSR 是不是下一跳 LSR。

4.4.4　LSP 建立与路由选择

分组转发机制要求创建标记交换路径（Label Switching Path，LSP），它是对于特定的转发等价类（FEC），标记分组到达出口 LSR 必须经过的一组路径。LSP 的创建是一种面向连接的方案，在传输数据流之前必须建立路径；该连接是根据拓扑信息，而不是根据传输数据流要求而建立的。也就是说，无论是否有数据流通过该路径传输到特定的 FEC 组，路径都将被建立。这种 LSP 是单向的，即从特定 FEC 返回的数据流使用的 LSP 会不同。

1. LSP 的建立

标记交换路径（LSP）是指具有某特定 FEC 的分组，在某逻辑层上由多个 LSR 组成的交换式分组传输通路。MPLS 负责引导 IP 数据包按一条预先确定的 LSP 通过网络，即业务从启始路由器按 LSP 确定的方向流向终止路由器。LSP 的建立是通过串联一个或多个标记交换跳转点来完成，允许数据包从一个 LSR 转发到另一个 LSR，从而穿过 MPLS 域。

（1）LSP 的建立过程

LSP 与 FEC 相对应。对一个 FEC F，可以有多个入口 LSR。以这些 LSR 为起点的 FEC F 所对应的 LSP 将形成以出口 LSR 为根，以入口 LSR 为叶的“LSP 树”，这棵树称为 FEC F 的专有 LSP 树，如图 4-19 所示。图 4-20～图 4-22 分别给出了路由表、标记转发信息库及标记交换路径的形成过程。

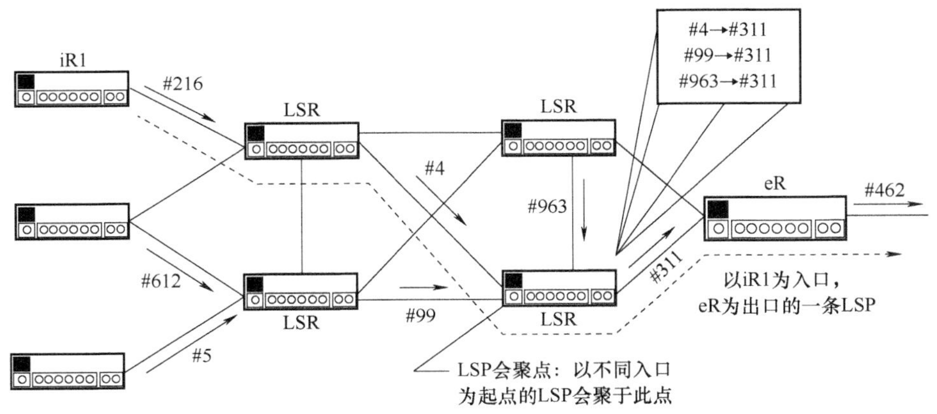

图 4-19　标记交换路径及 LSP 树

（2）LSP 的建立方法

前述可见，LSP 建立过程就是 LDP 将 Label/FEC 绑定信息在 MPLS 域中扩散的过程。

① 每个运行 LDP 的 LSR 通过发送 Hello 消息来发现相邻的 LSR。

② LSR 之间用 TCP 连接建立 LDP 会话过程。在 LDP 会话过程中，LSR 将交换各自的 IP 地址、标记空间、标记类型等信息。

③ 当有标记信息需要发布时，LSR 向相邻的 LSR 发送 Label Mapping 消息，在这个消息中包含了 FEC/Label 的对应关系。每个 FEC 由一系列的 FEC 基本单元限定。

因此，标记交换路径（LSP）的建立是依托标记分发协议（LDP），采用下游标记分发或下游按需标记分发的方法来实现的。

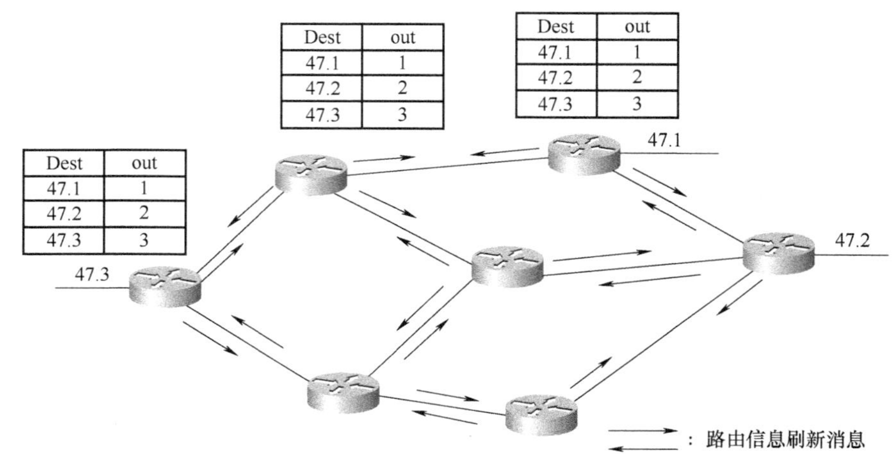

图 **4-20** 路由表的形成示意图

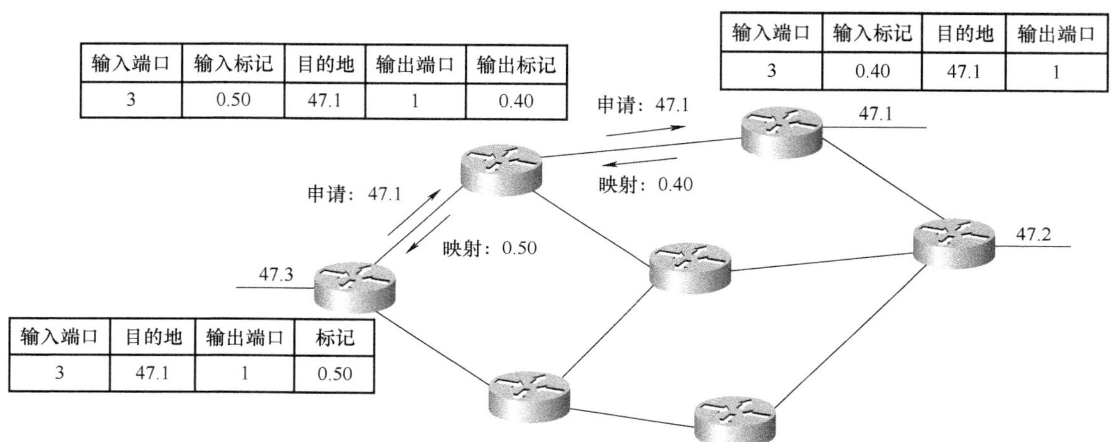

图 **4-21** 标记转发信息库的形成示意图

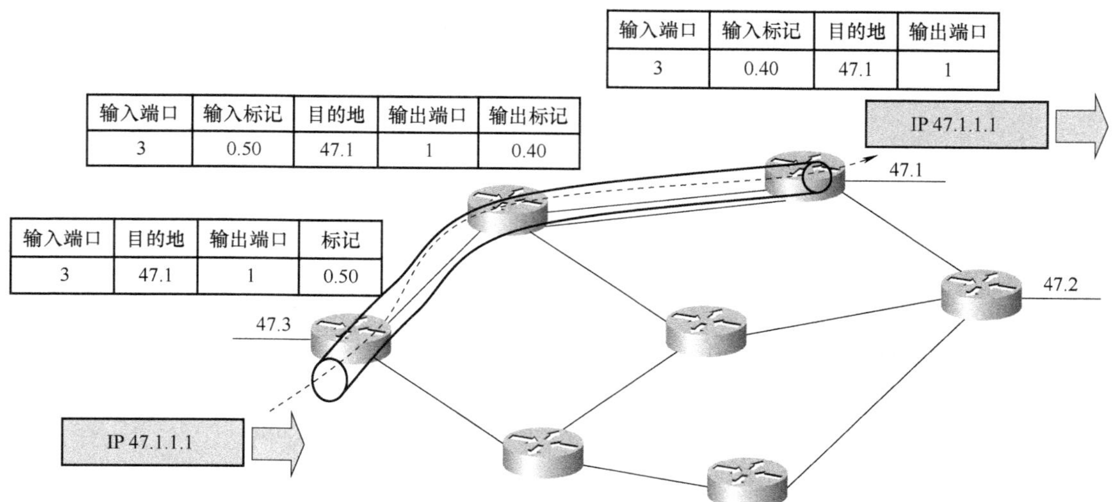

图 **4-22** 标记交换路径的形成示意图

① 下游标记分发是指由数据流动方向的下游 MPLS 节点分配标记，也可称为非请求下标记分发（主动式下游标记分发）。图 4-23 所示为路由更新与下游标记分发。当标记交换路由器（LSR2）通过选路协议之间的信息交换需要更新路由时，就在其标记转发信息库（LFIB）中修改或建立新的表项，LFIB 即路由表。于是通过标记分发协议（LDP）在 LFIB 中产生表项，所分配的标记作为表项的输入标记，并将捆合信息（FEC/标记）传送到邻接的上游节点，由上游节点将该标记作为输出标记存放在 LFIB 中。

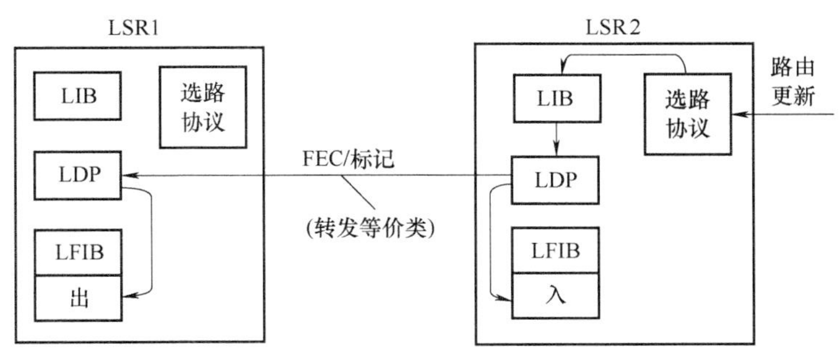

图 4-23　路由更新与下游标记分发

② 下游按需标记分发是指在收到上游节点明显的请求时，才由下游节点分发标记。

图 4-24 所示为包含 2 个标记边缘交换路由器（LER-A，LER-B）和 2 个标记交换路由器（LSR-X，LSR-Y）的下游标记按需分发过程。当一个分组由一个 LSR 发往另一个 LSR 时，对应于该分组，发送方的 LSR 就称为上游 LSR，接收方的 LSR 称为下游 LSR。

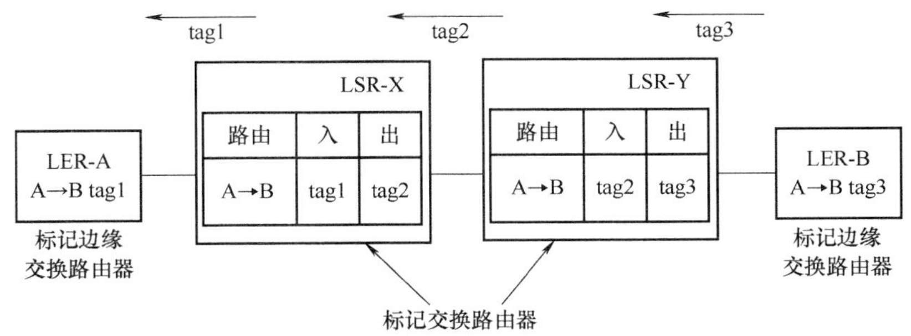

图 4-24　下游标记按需分配过程

2. LSP 路由选择

在 MPLS 域中，路由选择是指为特定的 FEC 选择一条 LSP，以便用于传输 FEC 对应的分组。互联网工程任务组（IETF）为 MPLS 指定了两种路由选择方式：逐跳式路由 LSP 和显式路由 LSP。

（1）逐跳式路由 LSP

逐跳式路由 LSP 方式允许各节点独立地为每个 FEC 选择下一跳，也就是该条 LSP 的路由是通过逐跳式选路方式所确定的。该路由选择方式与目前互联网上使用的 IP 路由方法相似。设某分组 P 逐跳的 LSP 由标记交换路由器（R1，…，Rn）组成，那么各（R1，…，Rn）具有两个特点：一是各 Ri（$1<i<n$）都有共同的地址前缀 X，且 X 是各 Ri 的路由表中最匹配分组 P 转发的目的地址；二是对所有的 Ri（$1<i<n$），它们已经给前缀 X 分配了标记

并分发给了 $Ri-1$。当分组转发到某一路由器时，发现了与其目的地址有更匹配的前缀，那么 LSP 将会在此处得到扩展，原来的 LSP 终结于此，该路由器要重新做最佳匹配算法。例如，设某分组 P 要发往 10.2.153.178，它要经过 R1，R2，R3。如果 R2 公布地址前缀 10.2/16 给 R1，R3 又公布地址前缀 10.2.153/23，10.2.154/23 和 10.2/16 给 R2，那么 R2 要重新聚合所得到的路由后再公布给 R1。于是分组 P 从 R1 到 R2 之间采用标记交换方式转发，分组 P 到达 R2 后，R2 要重新做最佳路由匹配算法来转发 P。

（2）显式路由 LSP

在显式路由 LSP 中，每个 LSR 不是自己独立决定下一跳的选择，而是由某个 LSR（通常是 LSP 的入口或出口节点）规定好 LSP 中的部分或全部的 LSR。当入口或出口指定整条 LSP 所需经过的每个节点时，就称此选路方式是严格显式路由；如果只指定了部分节点，那就称之为松散显式路由。图 4-25 所示为逐跳 LSP 路由和显式 LSP 路由。

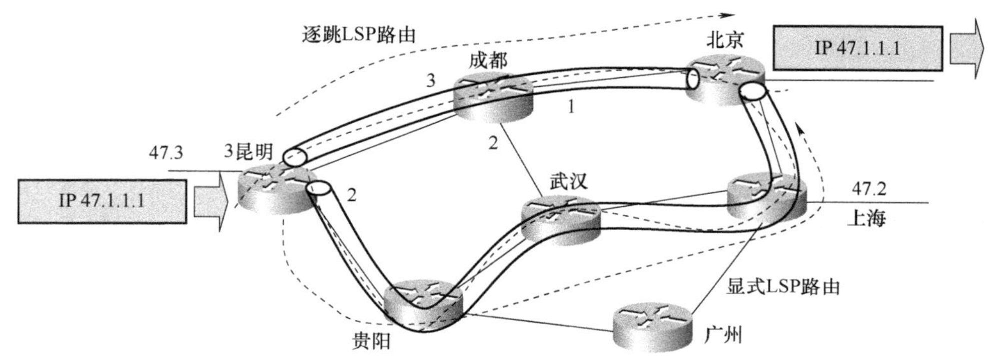

图 4-25　逐跳 LSP 路由和显式 LSP 路由

在 MPLS 网络中，显式路由的建立是在信令控制下完成的，当整条通路建立好后为其分配一个标识该条 LSP 的标记，分组进入 MPLS 网络中要沿显式路径传送时，只简单地把标记插入到分组头中。分组传输效率几乎不受什么影响。

MPLS 还支持多路径路由，即对于某个径流，LSR 可以赋给它多个标记，每个标记代表一条路由。每个标记都可以引导径流的一部分沿着标记指定的路由传输。图 4-26 所示为 MPLS 多路径路由示意图。

图 4-26 还暗示着“LSP 树”的应用。设分组 P1 属于流 A1，分组 P2 属于流 A2，分组 P3 属于流 A3，这三个分组的目的地都是 LSR6，所经过的路径分别为：P1（LSR1，LSR2，LSR6），P2（LSR3，LSR4，LSR6），P3（LSR5，LSR6），那么 P1，P2，P3 所传输的路径就形成了一个“多点对单点的 LSP 树”，其树根为 LSR6，它可表示为：({(LSR1，LSR2)，(LSR3，LSR4)，LSR5}，LSR6)。

（3）LSP 隧道

有时路由器 Ru 需要采用显式路由的方式将一些特殊的数据包 P 传给路由器 Rd，但 Ru 和 Rd 可能不是一跳接一跳路径上的相连贯的路由器，Rd 可能也不是 P 的最终接收者。这时候就可以在 Rd 和 Ru 之间创建一条隧道，然后将数据包 P 封装在网络层分组中，通过隧道发往 Rd。所谓隧道，就是指在 IP 网络中通过特定的封装方式将用户原有的 IP 分组重新封装，并使用新的封装形式在 IP 网络中传输，就像用信封识别数据包业务流一样，信封中

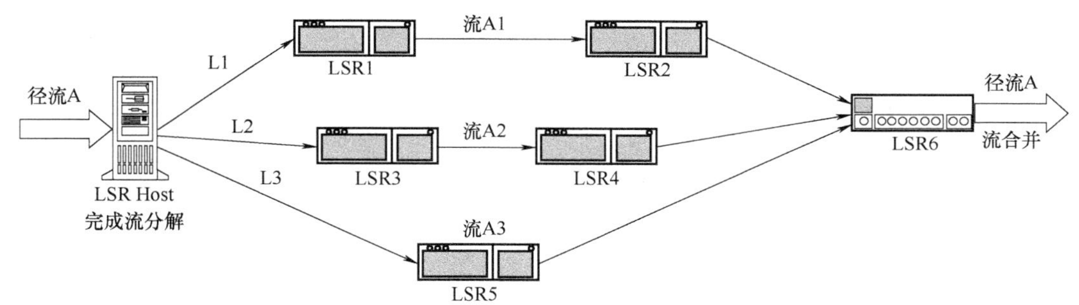

图 4-26　MPLS 多路径路由示意图

的内容对网络而言是不可见的。以隧道方式发送的分组称之为隧道分组。如果隧道分组是沿着一跳接一跳的隧道从 R*u* 传到 R*d* 的，这条隧道就称为“逐跳式隧道”。如果不是一跳接一跳的方式发送隧道分组，这条隧道就称为“显式隧道”。隧道的发送起点是 R*u*，接收终点是 R*d*。隧道技术通常在不同类型网络互联时使用。

将隧道技术应用到 MPLS 网络中是可能的，因为可以使用标记交换而不是网络层的封装让分组穿过隧道转发。组成隧道的各个节点（R1，…，R*n*）可以当做 LSP 的一部分，这里隧道的发送起点是 R1，接收终点是 R*n*，这段隧道就称为 LSP 隧道。图 4-27 所示为一个简单的 LSP 隧道。

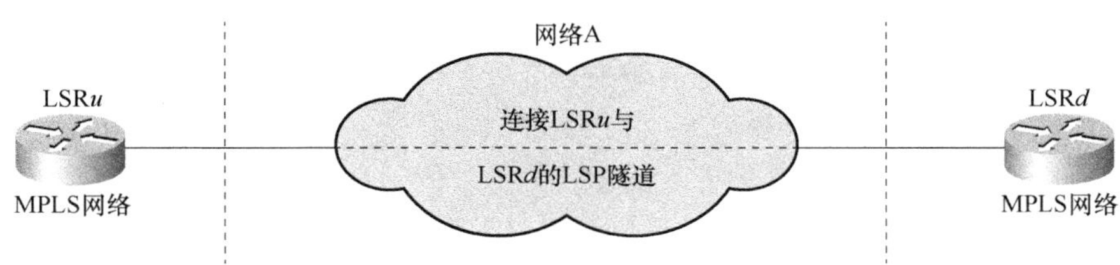

图 4-27　MPLS 网中的 LSP 隧道

LSP 隧道也分为逐跳式 LSP 路由隧道和显式 LSP 路由隧道。除此之外，MPLS 支持层次化的 LSP 隧道。下面就以显式 LSP 路由隧道为例来进一步说明。

有些情况下，网络管理员希望将某些类型业务的分组沿着预先指定好的有序路径转发，而不是逐跳式的，这可以通过相关路由策略或流量工程来实现。显式路由可以通过操作员配置，也可以利用一些方法来动态调节，比如利用 CR-LDP、RSVP 信令协议等来形成基于约束的路由。在 MPLS 中可以很容易地通过显式 LSP 路由隧道来实现显式路由，具体做法如下：

① 选择哪些分组要通过显式 LSP 路由隧道发送。

② 设置好显式 LSP 路由隧道。

③ 要确保在隧道中发送的分组不会产生循环。

通过 LSP 隧道转发的分组组成一个 FEC，隧道中的每个 LSR 必须给这个 FEC 分配一个标记（也就是分配标记给隧道），要将哪些分组指派给 LSP 隧道转发则由发送起点 R1 决定。当隧道发送起点 R1 想将标记分组通过隧道转发时，它首先用隧道对等层 R*n* 分配给它的标记去置换分组栈顶标记，然后压入隧道的下一跳分发给它的标记，之后将分组从隧道转发出去。

层次化的 LSP 隧道，实际上是指 LSP 的隧道嵌套。例如，某条 LSP 路由隧道的组成为（R1，R2，R3，R4），如图 4-28 所示。假设 R1 收到尚未打上标记的分组 P，该分组 P

要去往R4，R1就给分组P压入相应标记堆栈以使得分组P沿该条LSP隧道传送。假设这条LSP是逐跳式LSP，R2和R3并没有在物理上直接连接，而是逻辑上的邻节点，实际的LSP组成为（R1，R2，R21，R22，R23，R3，R4）。那么在R2和R3间又形成了第二层LSP路由隧道。在整条的LSP路由隧道中，当分组P从R1发往R2时，其标记堆栈深度为“1”；分组P到达R2后，R2判断出分组要进入第二层隧道，于是首先将输入标记用R3分配给它的标记代替，然后压入一个新标记，这个新标记则是R21分配给它的。这样，分组P在第二层隧道中将利用这个新标记进行标记交换转发。新的顶层标记将在第二层隧道的倒数第二跳处（即R23处）被弹出，R3收到分组P时，它所能看到的标记是它分发给R2的，R3将再次弹出这个标记，接着将分组转发给R4。因此，R4收到的将是一个无标记的分组P。这种隧道嵌套技术使得MPLS可以支持任意庞大的网络。

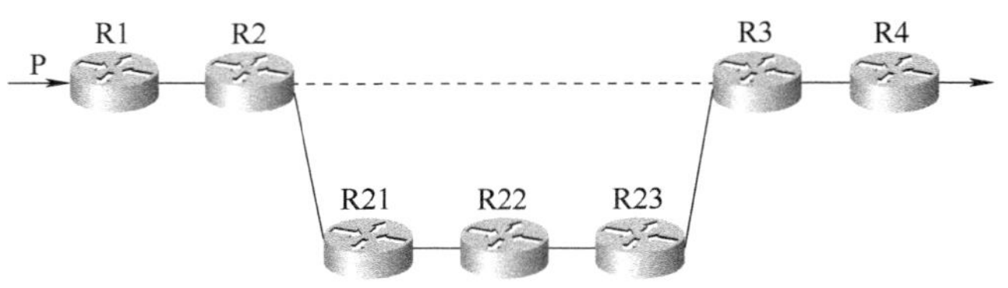

图4-28 层次化的LSP隧道

复习思考题

4-1 IP与ATM融合主要有哪些模型？

4-2 IP交换机是如何构成的？它是如何完成IP分组数据交换的？

4-3 简述标记交换的基本原理。

4-4 MPLS技术的优势体现在哪几个方面？

4-5 如何理解MPLS简化了分组转发机制？

4-6 在MPLS网络中，显式路由技术的含义是什么？

4-7 在MPLS网络中，LER和LSR的作用分别是什么？

4-8 在MPLS网络中，标记信息库和标记转发信息库的作用分别是什么？

4-9 MPLS的核心思想是什么？

4-10 在MPLS体系结构中，网络边缘如何放置标记？

4-11 MPLS的实质是什么？试解释MPLS的工作原理。

4-12 什么是标记？

4-13 什么是MPLS封装？MPLS封装主要包含哪些内容？

4-14 标记交换路由器由哪两部分组成？各部分作用是什么？

4-15 什么是LDP侦测？

4-16 LDP基本侦测的作用是什么，如何进行？

4-17 LDP扩展侦测的作用是什么，如何进行？

4-18 在主动式下游标记分配模式中，保守和自由两种标记保持模式有什么本质区别？

4-19 LDP收到下游分发的标记后如何进行管理？

4-20 MPLS网络采用哪些方法来建立标记交换路径？它们有什么区别？

4-21 如何理解LSP隧道？

4-22 试解释LSP的快速重选路由。

第 5 章　IP 多媒体子系统

IP 多媒体子系统（IP Multimedia Subsystem，IMS）是下一代网络（Next Generation Network，NGN）融合方案的网络架构，最初由第三代合作伙伴计划（3GPP）为移动网络定义的，发展为当前支持所有 IP 接入网（包括任何一种移动的、固定的、有线的或无线的）的多媒体业务核心网，提供语音、视频、文本、聊天等多媒体业务。本章就是在引入传统 PSTN 到 IMS 演进的基础上，主要介绍 IMS 的发展、IMS 网络的体系架构、IMS 网络的呼叫流程等内容。

5.1　传统 PSTN 到 IMS 的演进

传统公用电话交换网（PSTN）中交换机的业务、控制、承载是紧耦合的关系。向未来全 IP 化网络演进的两个阶段：软交换是第一阶段（控制与承载的分离）；IMS 是在软交换基础上的进一步发展和演进（业务与控制的分离）。交换机的演进过程如图 5-1 所示。

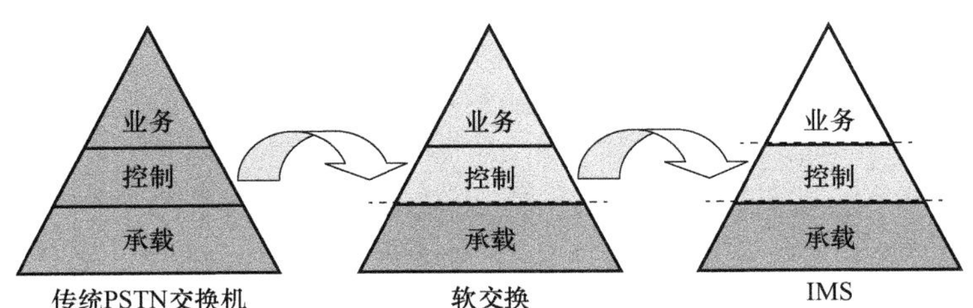

图 5-1　交换机的演进过程

5.1.1　PSTN 到软交换的演进

传统的基于时分复用（TDM）的 PSTN，虽然可以提供 64kbit/s 的业务，但其业务和控制都是由交换机来完成的，提供新业务的能力有限，面对日益激烈的市场竞争显得力不从心。与此同时，计算机技术的发展和计算机互连需求的增加，使得基于 IP 的分组交换数据网日益发展壮大，这种分组交换网适合各种类型信息的传输，而且网络资源利用率高。如何对待已经进行了巨额投资的传统 PSTN，是否需要进行大的改造以适应日益增加的数据业务量；如何实现 PSTN 低成本地向基于分组的网络结构演进，或者如何实现 PSTN 与新建数据网的体系融合等。其关键就是呼叫服务器，或称为软交换（Softswitch）。

1. 软交换的基本概念和功能

（1）软交换的基本概念

软交换（Softswitch）的概念起源于美国。1997 年，贝尔实验室将软交换定义为“软交换是一种支持开放标准的软件，能够基于开放的计算平台完成分布式的通信控制功能，并且具有传统 TDM 电路交换机的业务功能”。国际软交换协会（International Softswitch Consortium，ISC）的定义为“软交换是基于分组网提供呼叫控制功能的软件实体。”而狭义定义专指软交换设备，也称媒体网关控制器（MGC），定位于控制层面。

软交换是一种功能实体，能提供具有实时性要求的业务的呼叫控制和连接控制功能，是下一代网络呼叫与控制的核心。简单地看，软交换是实现传统程控交换机的“呼叫控制”功能的实体，但传统的“呼叫控制”功能是和业务承载结合在一起的，不同的业务承载所需要的呼叫控制功能不同；而软交换是与业务承载无关的，这要求软交换提供的呼叫控制功能是各种业务的基本呼叫控制。

那么什么是软交换呢？软交换的基本含义就是把呼叫控制功能从媒体网关（传输层）中分离出来，通过服务器或网元上的软件实现基本呼叫控制功能，包含呼叫选路、管理控制、连接控制（建立会话、拆除会话）、信令互通（如从 SS7 到 IP）。其结果就是把呼叫传输与呼叫控制分离开，为控制、交换和软件可编程功能建立分离的平面，使业务提供者可以自由地将传输业务与控制协议结合起来，实现业务转移。软交换区别于传统电话网和 ATM 网络的硬交换，是由于 IP 网络是基于包交换的非连接网络，并支持端到端的透明访问，不再需要任何电路交换单元建立端到端的连接，也不需要分段的信令系统和独立的信令网控制呼叫、接续和智能业务。软交换的所有协议是基于 IP 的，它们具有一切基于 IP 的协议的开放性和灵活性。更重要的是，软交换采用开放式应用程序接口（Application Program Interface，API），简化了信令的结构和控制的复杂性，具有对网络业务、接入技术和智能业务的开放性，允许在交换机制中灵活引入新业务，原来老式的 4 类、5 类交换机仍可通过 SS7 链路保留，从而实现传统 PSTN 到 IP 网络的平滑过渡。

（2）软交换的基本功能

软交换可以提供 Internet 业务卸载的功能，就是把拨号业务在进入 5 类交换机之前直接交换到网络业务提供商（ISP）或 Internet 上，而话音业务不受影响，继续向下传送。软交换可以代替 4 类交换机，只要信令网关能够提供合适的 SS7 接口（主要应用是长途 VoIP 业务）；也可以代替 5 类交换机，它既可以接收 ATM 或 IP 上传送的业务，又可以把业务转移到 PSTN 上，还能继续把业务作为数据业务传到骨干网上。

软交换的主要功能有：

① 支持多种信令协议，实现 PSTN 和 IP/ATM 网间的信令互通和不同网关的互操作。

② 支持话音业务、各种增值业务和补充业务。

③ 提供可编程的、逻辑化控制的开放的 API 协议，实现与外部应用平台的互通；通过不同的逻辑与媒体层的网关交互，对网关设备或 IP/ATM 网的核心设备进行控制，完成融合网络中的呼叫控制，会话的建立、修改和拆除过程以及媒体流的连接控制。

④ 提供网守功能，即接入认证与授权、地址解析和带宽管理功能。

⑤ 操作维护功能，主要包括业务统计和告警等。

⑥ 计费功能，具有采集详细话单的功能。

2. 软交换的网络结构

以软交换为核心的网络具有以下三大特征。

① 采用开放的网络构架体系，将传统交换机的功能模块分离成为独立的网络部件，各个部件可以按相应的功能划分各自独立发展；部件间的协议接口基于相应的标准；部件化使得原有的电信网络逐步走向开放，用户可以根据业务的需要自由组合各部分的功能产品来组建网络；部件间协议接口的标准化可以实现各种异构网的互通。

② 基于业务驱动的网络。其功能特点是：业务与呼叫控制分离，呼叫与承载分离；分离的目标是使业务真正独立于网络，灵活有效地实现业务的提供；用户可以自行配置和定义自己的业务特征，不必关心承载业务的网络形式以及终端类型，使得业务和应用的提供有较大的灵活性。

③ 基于统一协议的和基于分组的网络。无论是电信网、计算机网和有线电视网不可能以其中某一网络为基础平台来发展信息基础设施，但随着 IP 的发展，人们真正认识到电信网络、计算机网络及有线电视网络将最终汇集到统一的 IP 网络，即人们通常所说的“三网”融合大趋势。

（1）基本功能架构

图 5-2 所示为基于软交换的网络系统结构，主要包括业务应用层、控制信令层、传输层和媒体接入层，其中软交换位于控制信令层。

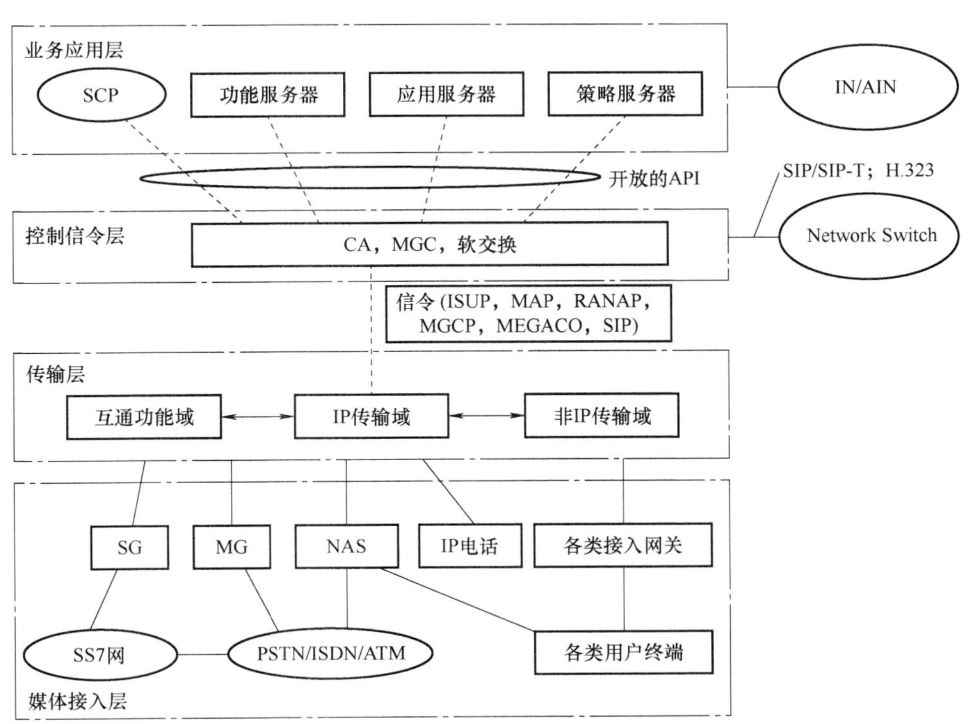

图 5-2　基于软交换的网络系统结构示意图

（2）各功能层描述

业务应用层也称应用层，主要由各类业务应用平台构成，可以包括应用服务器、策略服务器、功能服务器、业务控制点（SCP）等设备，也可以包含类似于媒体服务器的特殊部件。业务应用层的主要功能是在纯呼叫建立之上为用户提供附加增值业务，同时提供业务和网络的管理功能，为 VoIP 网提供各种应用和业务的执行逻辑，存放业务逻辑和业务数据，包括软交换网络各类业务所需要的业务逻辑、数据资源及媒体资源等。该层采用开放、综合的业务应用平台，可以通过应用服务器提供 API，灵活地为用户提供各种增值业务和相应业务的生成、维护环境。

控制信令层主要由软交换设备（媒体网关控制器）构成，主要负责对通过边缘接入层媒体网关（MG）的业务接入、MG 之间通信的控制。控制信令层是网络系统控制的核心，为传输层提供控制功能，其设备或功能是根据从媒体接入层接收的信令信息来完成对边缘接入层中的所有媒体网关的各种业务呼叫控制，并负责各媒体网关之间通信的控制，通过控制传输层部件完成呼叫控制、选路、认证、资源管理等功能，及完成呼叫建立和释放。

传输层是软交换网的承载网络，提供了从外部网络或终端到 VoIP 网的信令和媒体接口，为业务媒体流和控制信息流提供统一的、具有 QoS 保证的高速分组传送平台。其作用和功能就是将边缘接入层中的各种媒体网关、控制层中的软交换设备、业务应用层中的各种服务器平台等各个软交换网的网元连接起来。在软交换网中，各种控制信息和业务数据信息封装在 IP 数据包中，通过传输层的 IP 网进行传递。传输层可以进一步分为三个域：IP 传输域、非 IP 传输域和互通功能域。IP 传输域为分组通过 VoIP 网络提供传输通道、选路/交换结构，包括路由器、交换机等设备和提供服务质量与传输保证的设备。非 IP 传输域提供接入网关或预留网关，以便支持非 IP 终端/电话/ISDN 网络、DSL 网络的综合接入设备（Integrated Access Device，IAD）、HFC 网络的 CableModem 或多媒体终端、GSM/3G 移动无线接入网的接入功能。互通功能域对从外部网络接收或向外部网络发送的信令提供转换功能，它主要包括信令网关、媒体网关（或互通网关）。

媒体接入层主要包括各类媒体网关设备、综合接入设备（IAD）及各种终端设备。媒体接入层的作用是利用各种接入设备实现不同用户的接入，并实现不同信息格式之间的转换，功能类似于传统程控交换机的用户模块或中继模块。

3. 软交换接口及其协议

图 5-3 所示为软交换的对外接口（实际的接口可能与此有所不同），各接口功能都由定义的相关协议来支持。

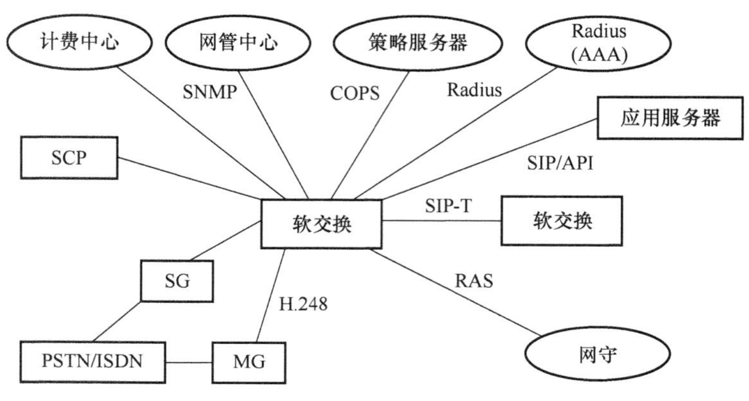

图 5-3　软交换的对外接口

软交换要能够实现信令转换，至少能够支持 SS7、ISUP、SIP、H. 323 和 MGCP 等协议，如图 5-4 所示。

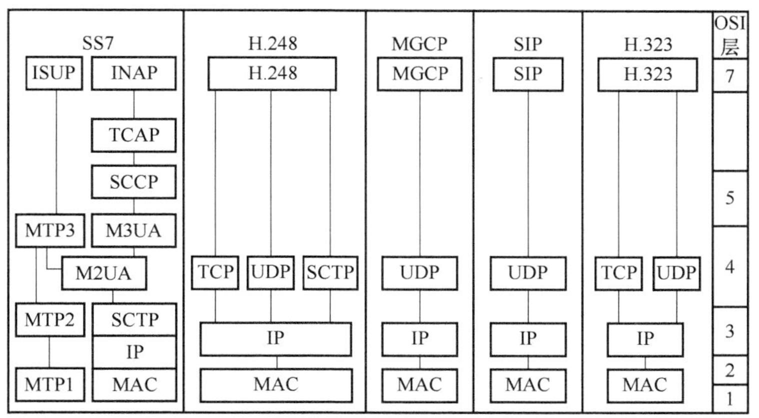

图 5-4　软交换的协议系统

软交换的实现过程主要就是通过网关发出信令，控制话音/数据业务通路。网关提供 IP/ATM 网络与传统 PSTN 网络之间的连接，软交换确保呼叫或连接的信令信息（自动号码识别、记费信息等）在网关之间的沟通和交流。

5. 1. 2　软交换到 IMS 的演进

在下一代网络（NGN）的框架下，IMS 应同时支持固定接入和移动接入，其核心特点是采用会话发起协议（SIP）和与接入的无关性。IMS 和软交换的最大区别在于以下几个方面。

① 软交换将控制和承载相分离，便于分布式组网，并可独立演进，这是网络简化和降低成本的关键，但软交换网络中的业务和控制没有实现完全分离；而 IMS 是在软交换控制与承载分离的基础上，进一步实现了呼叫控制层和业务控制层的分离。

② IMS 起源于移动通信网络的应用，因此充分考虑了对移动性的支持，并增加了外置数据库——归属用户服务器（HSS），用于用户鉴权和保护用户业务触发规则。

③ IMS 全部采用标准化的 SIP 作为呼叫控制和业务控制的信令，粘合了移动和固定，业务之间可实现组合和相互调用；而在软交换中，SIP 只是用于呼叫控制的多种协议中的一种，更多地使用媒体网关控制协议（MGCP）和 H. 248 协议。

总体来说，软交换网络体系基于主从控制的特点，使其与具体的接入手段关系密切，而 IMS 体系由于终端与核心侧采用基于 IP 承载的 SIP，IP 技术与承载媒体无关的特性使得 IMS 体系可以支持各类接入方式，从而使得 IMS 的应用范围从初始的移动网逐步扩大到固定领域。此外，由于 IMS 体系架构可以支持移动性管理并且具有一定的服务质量（QoS）保障机制，因此 IMS 技术相比于软交换的优势还体现在宽带用户的漫游管理和 QoS 保障方面。

5. 1. 3　IMS 的发展过程

1. IMS 发展的根本驱动力

由通信网的发展历史，可以看出人们对网络和终端的要求越来越高，只有通信网的网络架构的不断演进和业务的不断更新，才能够满足人们对数据以及多媒体业务的需求。基于IP分组交换的通信网，能够提高承载网的带宽和传输速率，是实现多媒体业务的基础，也是下一代网络（NGN）的核心。IP多媒体子系统（IMS）就是在这种背景下产生的。

众所周知，任何一项新技术在现实中的应用都有其内在的驱动力，IMS发展的根本驱动力就在于所有电信业务的底层网络载体发展需要（网络驱动）和运营商直接利润来源的业务需求（业务驱动）。

（1）网络驱动

引入IMS有利于固定网与移动网融合（FMC）、信息通信技术（ICT）融合，乃至信息、通信和传感技术的融合。从长远看，以IMS为核心的融合网络架构的建设，将促进电信运营商从管道运营商向全业务综合信息服务提供商的全面转型，最终全面替代现有TDM网络和软交换网络。

网络演进关系到运营商能否实现公司的可持续发展。网络各个层面的发展演进都面临着诸多问题，向IMS的全面演进是目前能看到的唯一出路。即使现阶段不进行网络演进相关的举措，也需要在网络规划中充分考虑向IMS演进过程中的问题。网络演进总体上包括移动核心网的演进和固定语音网的演进。

① 移动核心网的演进。从通用移动通信系统（UMTS）的标准演进来看，基于现有架构的移动软交换与GPRS分组网络不再有新的发展，3GPP标准在核心网方面的工作已经全面转向演进的分组核心网（EPC）的研究。当无线接入网络从WCDMA/HSPA发展到长期演进计划（LTE）阶段，核心网也演进到EPC。也就是说，所有的移动业务都将承载在EPC网络上，传统的电路交换域语音将不再存在，所有业务提供都由IMS来完成。因此从远期发展来看，IMS+EPC是移动核心网演进的目标架构。

电路交换域网络最终将面临着全部退网，如何保护现有投资，如何能使现有业务向IMS业务平滑迁移，是必须思考和研究的现实问题。关于这个问题，有以下三种演进方式或思路。

第一种是现有的移动软交换（端局或关口局）直接升级为媒体网关控制功能（MGCF）和IP多媒体-媒体网关（IM-MGW），实现电路交换域与IMS网络互通，这是演进初期的升级方式。无论是固定用户接入还是移动用户接入，都存在着IMS业务与现有业务互通的需求。MGCF作为IMS网络与现有交换网络互通的唯一节点，在硬件平台和软件架构上都和在网的交换机有很强的相似性，其主要实现的功能是SIP与BICC、ISUP和SIP-I协议的互通。通过实际测试验证，MGCF完全可以与网络中的移动交换中心或网关移动交换中心（MSC/GMSC）一起设置。

第二种是将电路交换域作为IMS业务承载接入IMS网络，即电路交换域作为媒体承载，业务控制由IMS实现（即3GPP R8中定义的（ICS）。通过IMS集中式业务（IMS Centralized Services，ICS），用户所有的服务不论是从分组交换域还是从电路交换域接入的都可以由IMS提供，这是演进中期的升级方式，电路交换域业务逐步向分组交换域迁移的阶段。这种方式的问题在于需要全网MSC升级支持ICS，网络改造量大，设备功能复杂，需要通过严格的测试试验来验证其可行性。

第三种是移动软交换作为IMS中提供基本补充业务的MMtel AS进行升级。这种方式只是重用了软交换中的业务逻辑部分功能，适用于电路交换域逐步萎缩过程中移动软交换面临退网时的应用。对于分组交换域核心网，伴随着分组交换域逐步向 EPC 演进，以及电路交换域业务的逐渐萎缩，IMS 从最初的叠加方式引入提供非话音类移动多媒体业务，逐渐发展成为 IMS+EPC 方式，为移动网络统一提供包括基本语音/视频及多媒体增值业务在内的各种电信业务。图 5-5 所示为移动分组交换域核心网演进方式。

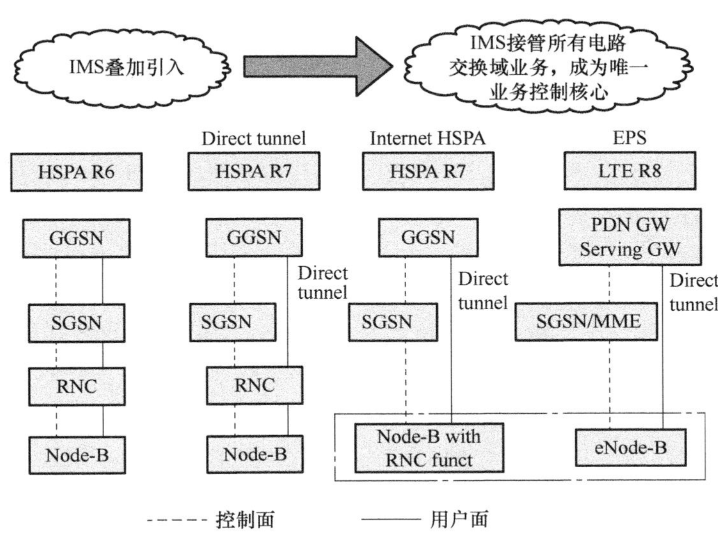

图 5-5　移动分组交换域核心网演进方式

② 固定语音网的演进。固定语音网的演进不像移动核心网那样清晰。固定语音网语音业务所呈现出的萎缩下滑的趋势使得固定语音网的演进存在很多争议。有观点认为，语音业务在萎缩，维持 PSTN 现状即可，没有必要再投资 IMS 来进行替换升级，也有观点认为固定语音网软交换才完成大规模部署，IMS 又不能带来多少新业务，不急于引入 IMS。

各大运营商基本上对于固定语音网今后向 IMS 发展的策略是认可的，问题在于如何引入与何时引入。总体来说，固定语音网的网络结构和业务开展情况因不同运营商、不同区域和不同设备存在很大的差异，具体演进方式需要因地制宜，综合考虑多种因素，如节能降耗、投资保护、固定移动融合等。

虽然软交换二级汇接的架构能够满足长期窄带语音业务的提供，但随着光进铜退的加快，无源光纤网络（PON）的加速发展，用户接入速率不断提升，对于这部分有宽带多媒体业务需求的用户，利用现有软交换已经不能很好地实现多媒体业务，只有利用 IMS 才能最好地实现个人、家庭、企业的多媒体信息通信服务。

从电信运营商网络现状来看，移动核心网电路交换域生命力还很强，将长期存在，固定语音网短期内仍以窄带业务为主，核心网向 IMS 演进的长期目标毋庸置疑，但这是一个战略性的、长期性的演进过程，不能急于求成。从网络演进的角度来看，现阶段核心网应关注：现网设备应具备平滑升级能力；运营支撑系统应尽快满足未来 IMS 部署需求；IMS 网络部署方案应有利于现网演进；IMS 业务定位及与现网业务的关系等。

（2）业务驱动

引入 IMS 便于创新商业模式，探索和开发基于应用环境、消耗资源、相应价格三要素的灵活多样的新商业模式，从而简化网络和扩展业务，减少网络的初始投资和运营成本，为各种新业务和融合业务提供发展机遇。电信运营商对于 IMS 的业务驱动力表现在全业务融合的需要、互联网的竞争压力、业务拓展与开放等三个方面。

① 全业务融合。业务运营商对于全业务融合的思路一般表现为：一是基础资源整合，整合固定网和移动网共用的基础网络资源实现资源共享，提升网络资源运营效率；二是业务资费捆绑和简单整合，一定程度上改善用户体验，增加用户黏度；三是业务网络的融合，随着 IMS 进一步成熟，利用 IMS 实现真正的业务融合，统一账单、统一体验、统一服务。

业务运营商从初期的基础网络资源整合到业务整合和捆绑销售，由于各种网络和业务架构的本质差异性，更深层面的融合遇到障碍，如利用综合智能网实现的融合类业务只能对传统语音业务进行整合，涉及现网改造升级、多媒体能力有限、扩展性差等。只有利用 IMS 才能真正发挥全业务运营优势，提供面向个人、家庭、集团客户的多媒体信息通信服务，使用户体验得到本质提升，是运营商实现差异化运营的有效手段。

② 互联网竞争。面对互联网虚拟运营对传统电信业务的急剧渗透，电信运营商目前尚没有与之抗衡的业务提供。在传统电信领域相互竞争的电信运营商，面对互联网虚拟运营有着共同的利益和目标，如短消息与互联网 IM（即时消息）的竞争一样，只有共同联手，将信息增值服务上升为互联互通的基础通信服务，才有可能充分发挥电信运营商的自身优势。

目前，全球移动通信全球系统（GSM）产业共同关注的融合通信（RCS），正是这样一种将 IMS 业务提升为基础通信服务的理念，得到了业内几乎所有电信运营商、设备制造商、终端厂商及业务开发商的认可和推动。可以预见 RCS 将成为电信运营商抵御互联网竞争的最有力的武器。

③ 业务拓展与开放。移动互联网的飞速发展，使得电信运营商通过与服务提供商/内容提供商（SP/CP）的合作，获得了一定的收益。然而这种收益在价值链中所占的比例甚微，原因就在于电信运营商向第三方的 SP/CP 直接开放了网络接入能力，而对于用户业务没有任何掌控。如果将所有增值业务和 SP/CP 的业务进行归类和细分，不难发现，所有业务都是通过各种不同的业务能力的组合来实现的。IMS 的业务分层架构采用了开放移动联盟（OMA）对于业务引擎的定义，使得电信运营商可以集中部署业务引擎，一方面避免现有烟囱式的增值业务架构，另一方面通过对核心业务能力的掌控，向第三方开放 API 来改变现有 SP/CP 分成模式，从而获取更大的收益。

IMS 全分布式网络架构的一个显著优势就是灵活快速的业务部署。但是与 IMS 网络和业务的成熟度相比，IMS 业务能力开放还显得相对滞后，一方面由于 IMS 实际部署范围有限，另一方面 Parlay X 接口的复杂性也将众多第三方开发者拒之门外。电信运营商需要在 IMS 的业务开放性方面取得积极的进展，以使得更多优秀的第三方开发者参与业务创新。

2. IMS 的标准化进程

（1）IMS 标准化的历史

目前，IP 多媒体子系统（IMS）作为下一代 FMC 解决方案的标准得到了广泛的认可，国际权威标准组织普遍将 IMS 作为 NGN 融合以及业务和技术创新的核心标准。IMS 技术具有开放的体系结构，同时支持移动和固定方式的接入，为了保证 IMS 能够尽快实现大规模的商用化部署，促进整个产业链的发展，IMS 技术的标准化至关重要。IMS 自 3GPP 在 2002 年提出 R5 版本以来，得到了各方的关注，3GPP2、IETF、ITU-T、TISPAN、OMA、ATIS 等重要国际标准组织都积极参与到 IMS 的标准化工作中。

（2）IMS 标准化的进展

从 IMS 全球标准化体系工作来看，国际上 IMS 相关标准化组织（3GPP、3GPP2、TISPAN 和 ITU-T）分别从不同的出发点对 IMS 进行了系统的研究，IMS 的相关技术标准都采用了分阶段分版本的发布方式。3GPP 是 IMS 标准的发起者和主要贡献者，3GPP R5 完成对 IP 多媒体子系统（IMS）的定义，如路由选取以及多媒体会话的主要部分。R5 的完成为转向全 IP 网络的运营商提供一个开始建设的依据。由于 IMS 是 R5 的一个主要特性，3GPP 技术标准组对其进行了多次讨论与研究。IMS 定位于完成现有电路交换域未能为运营商提供的多媒体业务，而不是代替现已成熟的电路交换域业务，从而更好地兼容 99 版本来完成系统平滑演进的过程。3GPP 的标准化进程实际是 99 版本、R4 和 R5 并行的过程，完善 99 版本和 R4 需要占用大量的时间。为避免重复制定某项标准并考虑与固定网标准的统一，3GPP 决定有关 IMS 的部分标准直接采用 IETF 和 ITU-T 的标准。3GPP2 主要是基于 3GPP 的 IMScore 定义了多媒体域（MMD），主要考虑 CDMA 网络的接入，已经公布了 Rev0 和 RevA 版本，于 2009 年完成了 RevB 相关标准的制定工作。TISPAN 从固网接入为出发点，定义了支持固网的 IMS 体系架构，已发布了 R1 版本，2006 年 1 月开始展开 R2 版本的工作，2008 年发布 R2 版本的相关内容。ITU-T 的 IMS 架构和 ETSI 的 TISPAN 基本相同，从支持固定接入方式的角度对 IMS 提出各种需求，主要开展 IMS 和 IPTV 融合架构的标准化研究工作。

另外，还有一些标准化组织 IETF、WiMAX、CableLab、MSF、ATIS 等从不同的角度对 IMS 提供支持和贡献。IETF 主要负责 SIP、Diameter 等协议的规范和扩展；WiMax、CableLab、MSF、ATIS 主要考虑 IMS 对各种不同接入方式的支持。

① 3GPP 的标准化进程。3GPP 在 R5 版本中首次提出 IMS，并在 R6 和 R7 版本中进一步完善。IMS R5 版本于 2002 年 9 月冻结，侧重于对 IMS 基本网络架构、相关功能实体、相关功能实体之间的交互流程等进行研究；R5 提出了全 IP 的网络架构，采用 SIP 进行控制，实现移动性管理、多媒体会话信令和媒体流传输。

3GPP R6 版本于 2005 年 3 月冻结，R6 版本更加侧重于 IMS 和外部网络之间的互通，其接口和功能定义可操作性更强，基于流的计费架构，拓展支持无线局域网（WLAN）接入方式，增补了更多的功能和应用标准，包括无线一键通（POC）、Presence 业务、多方会议、多媒体广播组播业务（MBMS）等，并明确业务由 IMS 用户的归属地提供和控制，使 IMS 真正成为一个可运营的网络技术。

3GPP R7 版本于 2007 年 6 月冻结，R7 版本中有很多是在吸收了 TISPAN 研究成果的基础上形成的，增加的功能包括 IMS 支持 xDSL 接入，新增与接入方式无关的策略和计费控制（PCC），并主要考虑支持通过分组交换域提供紧急服务、提供基于 WLAN 的 IMS 话音、电路交换域与 IMS 域多媒体业务互通、IMS 域和电路交换域进行语音呼叫切换（VCC）等。

3GPP R8 版本工作开始于 2007 年，3GPP R8 完成了对 TISPAN 和 3GPP 现有 IMScore 研究成果的合并，重点的研究课题包括 Common IMS、PBX 接入 IMS、IMS 集中式业务（ICS）、Cable 接入、MMSC、ISB-IMS Service Broker 等。

② TISPAN 的标准化进程。TISPAN 在 NGN 标准研究基础之上与 3GPP 紧密合作，针对固定接入对基于 IMS 的构架提出扩展和修改需求（CR）。2005 年初，TISPAN 开始启动 NGN 项目，主要从固定接入的特定要求对 IMS 相关标准化工作进行研究，于 2006 年 3 月发布了

R1 版本相关标准规范；R2 阶段前期研究进展缓慢，后期延缓了部分工作；2009 年 9 月和 2011 年 6 月，发布了 R3 阶段相关研究成果。截止到 2012 年，TISPAN 专题研究组被关闭。TISPAN 经过三个阶段的标准化研究，共编制了 300 多项 TISPAN 标准，属于 ETSI 标准，包括 TS、TR 和 ES 等。

TISPAN R1 版本确定 IMS 基于 3GPP R7 网络架构，并重点针对固定接入的特殊需求，对相关功能实体的功能又进行了增强。TISPAN R1 版本主要研究内容有：针对固定接入（xDSL 接入），提出了网络接入子系统（NASS）和资源控制子系统（RACS）；对 3GPP 已经定义的相关接口协议，针对固定的特殊需求进行了相关的修订；研究了用于替换 PSTN 的基于 IMS 的 PSTN/ISDN 仿真子系统（PES）的实现方案；研究了传统电信网络的补充业务在 IMS 架构中的实现。

在 2006 年初，TISPAN 开始启动 NGN R2 项目，原计划于 2007 年底结束，最终于 2008 年初完成。R2 项目是在 3GPP R7 基础上制定标准，为 NGN 增加了许多关键要素，如基于 IMS 和非 IMS 的 IPTV、家庭网络和设备以及与企业网络中的 NGN 互联等。TISPAN R2 版本研究内容还包括 FMC、RACS R2、PES 构架的完善（如组注册）相关课题。

TISPAN R3 阶段于 2009 年 9 月开始展开相关工作，主要完成传输层、业务层模型、计费和数据采集功能、NGN 互联和用户终端、安全 aspects 等研究和标准制定工作；2011 年 6 月，发布 CDN 功能构架及参考点等相关研究成果。

③ 3GPP2 的标准化进程。2004 年，3GPP2 开始进行 IMS 标准化的研究工作，对 IMS 的研究主要以 3GPP R5 作为基础，重点解决底层分组和无线技术的差异。它与 3GPP 的 IMS 相对应的是 MMD 规范，3GPP2 MMD 已经完成并公布了 Rev0、RevA、RevB 三个版本，分别对应于 3GPP 的 R5、R6 和 R7 版本，大部分 MMD 规范均引自 3GPP 的 IMS 标准规范，由于主要基于 CDMA 接入特性，研究内容与 3GPP 有所不同。

RevB 包括语音呼叫连续性（VCC）、短消息会话发起（SMSIP）等功能。由于传统 CDMA 电话域呼叫以及 SMS 和 GSM 相应的流程不同，所以以上两个功能也与 3GPP R7 的规范有一定的差别。由于 CDMA 使用 PDSN 作为分组交换域和 IMS 域的接入点，与 GPRS 的分组交换域有很大的不同，所以与 QoS 和基于业务的承载控制（SBBc）计费相关功能与 3GPP 的策略与计费控制（PCC）的差别也较大。

④ ITU-T FGNGN 的标准化进程。ITU-T FGNGN 对 IMS 的研究主要涉及 IMS 的业务和网络框架两个方面。其中，对 NGN 业务需求的研究主要以 3GPP R6 中定义的业务为基础，但更加强调灵活的业务生成能力。对于网络框架的研究则强调网络的接入无关性，尽可能多地支持包括有线和无线在内的各种接入技术。

以上各标准化组织的 IMS 标准化进展历程如图 5-6 所示。

（3）IMS 标准化的融合

在 IMS 标准化进程中，相关标准化组织各有分工，沿着各自不同的路线对 IMS 标准进行研究和推动。各个标准化组织制定的 IMS 标准不能实现统一，阻碍了 IMS 的发展和演进。其中，3GPP 和 3GPP2 主要从移动的角度对 IMS 进行研究，而 TISPAN 以满足固定接入特性为主要的研究方向，不同 IMS 标准制定的协调性影响了整个 IMS 标准化的进程，从而很大程度上影响着 IMS 设备的成熟以及整个产业链的发展，将 IMS 标准化制定工作进行统一和联合的需求愈加迫切。2006 年 9 月，3GPP、3GPP2、TISPAN 等组织共同讨论了各个标准化组织对 IMS 的需求和现状，取得了需要一个统一的 IMS（Common IMS）的共识。2007 年，3GPP OPAdHoc 会议确定将 TISPAN R2 的内容分阶段迁移到 3GPP R8 中，并确定了 Common IMS 范围和研究项目。

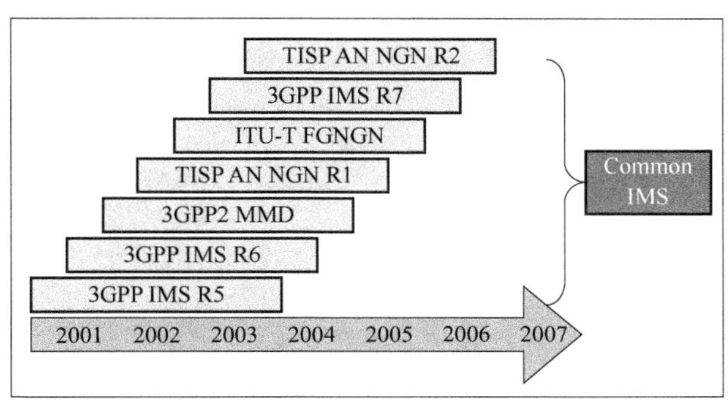

图 5-6　IMS 标准化进展历程

Common IMS 将 3GPP2 和 TISPAN 的 IMS 研究成果集中到 3GPP 的标准中，基于统一的 IMS Core（由 3GPP 定义，包括了主要的功能和实体），同时包容固定接入、移动接入、Cable 接入、无线宽带接入等所有相关的接入方式。Common IMS 主要工作将分为 3 个阶段。阶段 1 定义 Common IMS 的功能和业务需求；阶段 2 是相关的安全和其他一些要求；阶段 3 是协议和信令具体的实现等。这样，Common IMS 统一和协调了各标准化组织的工作，分工明确。

IMS Core 的标准研究都集中到了 3GPP，其他的标准化组织（如 3GPP2、TISPAN）负责将具体的与接入网相关的对 IMS Core 的需求提交给 3GPP，不再进行 IMS Core 的具体实现方案的研究。TISPAN 继续聚焦于 IMS based IPTV、Homenetwork、RACS/NASS 等的研究，3GPP2 的后续版本继续进行 VCC、SMS over IP、MMD 等的研究。ITU-T 重点进行 IMS 和 IPTV 融合架构的相关研究，制订了两种 IPTV 架构：不支持 IMS 的和基于 IMS 的。基于 IMS 方案的功能体系架构使用 Y. 2012 定义的 NGN 框架体系架构，在业务控制层面使用 IMS 模块提供 IPTV 业务，IMS 核心功能实体代替了 IPTV 业务控制功能，提供基于 SIP 会话控制机制与基于 IPTV 应用业务用户订阅信息的鉴权和授权，并通过与资源接纳控制子系统（RACS）交互进行资源预留。

5.2　IMS 网络的体系架构

IMS 虽然是 3GPP 为了移动用户接入多媒体服务而开发的系统，但由于它全面融合了 IP 域的技术，并在开发阶段就和其他组织进行密切合作，使得 IMS 实际已经不局限于只为移动用户进行服务。

5.2.1　IMS 网络的体系结构

IMS 体系结构和 CSCF 的设计利用了软交换技术，实现了业务与控制相分离、呼叫控制与媒体传输相分离。图 5-7 所示为 IMS 体系结构示意图。

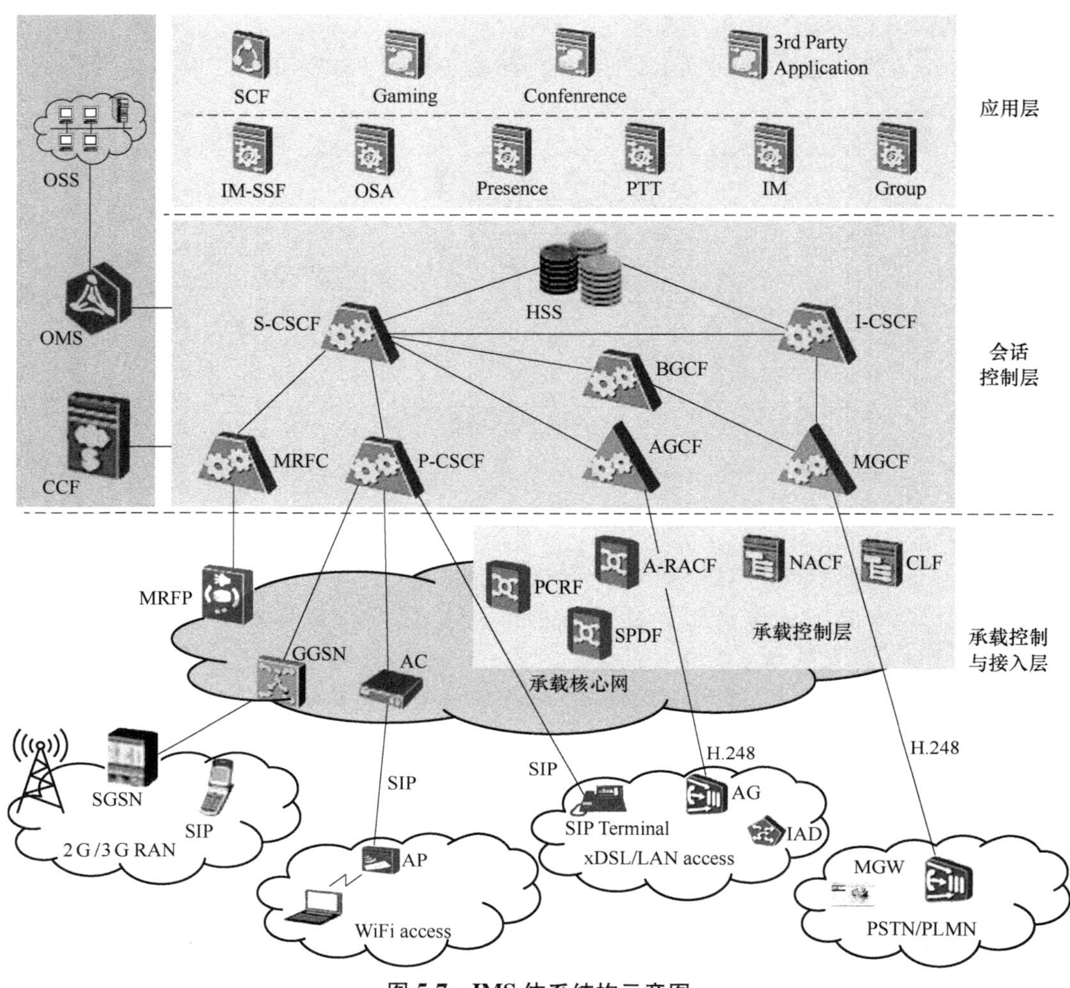

图 5-7　IMS 体系结构示意图

1. 会话控制层功能

会话控制层位于体系架构的中间层，主要完成呼叫控制、网络互通、用户管理、业务触发、媒体资源等功能。所有 IP 多媒体业务的会话建立、释放等信令控制都在这一层完成，而且这一层仅对 IMS 信令负责。最终的 IMS 业务流是不经过这一层的，而是完全通过承载控制与接入层路由实现端到端通信。

会话控制层功能及主要网元见表 5-1。

表 5-1　会话控制层功能及主要网元

功能	网元	功能	网元
呼叫控制	P-CSCF	网络互通	MGCF
	I-CSCF		
	S-CSCF		BGCF
用户管理	HSS	媒体资源	MRFC
	SLF		

（1）会话控制层的呼叫控制功能

主要功能网元有 P-CSCF、I-CSCF、S-CSCF。

P-CSCF 是用户使用 IMS 网络的首个端点。用户的服务请求由 P-CSCF 接收并转发到网络上，将来自当地网络的注册消息、视频或图片交互信息转发到自身用户所属的 S-CSCF（根据认证时登记的信息）或 I-CSCF（根据 INVITE 归属地的域名）上。I-CSCF 位于归属网络中，是归属网络中信令进入 IMS 网络的第一个网元，当用户向网络发起注册请求时，I-CSCF 具备为终端客户挑选 S-CSCF 的功能。S-CSCF 能管理 IMS 终端来自归属或漫游网络途经 P-CSCF 发送的认证需求，并记录终端的 IP 地址以及被用户终端（UE）作为 IMS 进入端点的 P-CSCF 地址，向所属 HSS 更新客户信息；对终端的真伪认证和呼叫管理，为代表主叫的终端获取被叫 I-CSCF，并处理与会话相关的信令。

（2）会话控制层的网络互通功能

主要功能网元有 MGCF、BGCF、SGW。

由 BGCF 根据 S-CSCF 的信令选择合适的 PSTN 域出口，选择符合要求 MGCF，它支持呼叫详细记录（CDR）功能可以将话单输送到 CCF 网元。信令网关（SGW）被用来连接不同的信令网络，如基于 SCTP/IP 的信令网络和 SS7 信令网络。利用 MGCF 使 IMS 网络用户和传统语音交换用户之间进行通话和交互，并和 SGW 一起完成 SIP 和 PSTN 之间的协议转换，将信令转发给 I-CSCF。利用 IM-MGW 完成 IMS 域与电路交换域互联互通必要的编解码转换，实现 IMS 域与传统语音交换的媒体流互通，并控制完成互通两侧承载的建立和拆除。

（3）会话控制层的用户管理功能

主要功能网元有 HSS 和 SLF。

HSS 用于存储其归属 IMS 用户和公有业务标识（PSI）的有关数据，包括签约 IMS 用户的私有标识（IMPI）与公有标识（IMPU）及两种标识之间的关联关系等，并应用业务签约信息，配合 S-CSCF 完成对用户业务触发的授权。SLF 负责将用户的信息分配到不同的 HSS（若有多个 HSS），I-CSCF 可以和 SLF 交互，确定某个用户数据所属的 HSS。

（4）会话控制层的媒体资源功能

主要功能网元有 MRFC

多媒体资源功能控制器（MRFC）承接来自 AS 或者 S-CSCF 的指令并控制多媒体资源功能处理器（MRFP）上的媒体信息（包括新型媒体服务）。

2. 承载控制与接入层功能

承载控制与接入层位于体系架构的最底层，用于提供 IMS SIP 会话的接入和传输，承载网必须是基于分组交换的。IMS 的承载控制和接入层提供用户接入（GPRS、UMTS、CDMA、WiFi、xDSL、LAN），连接传统网络（PSTN、PLMN、H. 323、SIP VoIP）。控制承载资源是 IMS 业务能力的延伸。承载控制与接入层功能及主要网元见表 5-2。

表 5-2 承载控制与接入层功能及主要网元

功能	网元	功能	网元
资源控制	PCRF	计费	CCF
	SPDF，A-RACF	网元管理	OMS
接入控制	NACF	会话边界控制	BAC
	CLF	域名或地址解析	DNS/ENUM
会话传输	IM-MGW	媒体资源	MRFP

（1）承载控制与接入层的资源控制功能

PCRF 负责整个网络中的质量控制，利用 SPDF 或 A-RACF 实现固网的质量控制功能。

（2）承载控制与接入层的接入控制功能

NACF 负责控制用户的接入方式，用于用户和接入设备之间的交互。当系统中存在多个 HSS 时，通过 CLF 为 I-CSCF 或 S-CSCF 推选符合的 HSS。

（3）承载控制与接入层的其他功能

IM-MGW：完成 IMS 域与电路交换域之间媒体流的编解码转换和承载通路的连接与释放。

MRFP：MRFP 在 MRFC 控制下进行媒体和特殊资源控制，包括信号的采集与解码、多媒体信息展示、媒体内容解析和处理、录音通知的播放、会议语音的生成等。

DNS 服务器：负责域名信息到 IP 地址的转换。

ENUM 服务器：负责用户标识（即 telephone number）到 URL 地址的转换。

DHCP 服务器：在标准 DHCP 的基础上，通过 IP 地址自动分配过程中向 IMS 终端发放 P-CSCF 域名的过程。

BAC：负责 IMS 网络的会话边界控制（SBC），作为 IMS 信令代理和媒体代理，主要负责接入网和 IMS 核心网间的网络隔离，实现公网和私网转换、NAT 通过、治理控制、网络安全、质量控制等。

CCF：计费功能。

OMS 服务器：网元管理功能。

3. 应用层网元功能

应用层是体系架构的最上面一层，由各种配置强大的应用服务器、资源服务器和各种用户增值功能服务器组成，负责为客户提供多种悦铃、视频通话的第三方升级业务；提供电信级产品的业务能力，满足用户各类型的产品需求。主要网元是一系列通过 CAMEL、OSA/Parlay 和 SIP 技术提供多媒体业务的应用平台。运营商可以自行开发一些基于 SIP 的应用，通过标准 SIP 接口与 IMS 系统连接。如果运营商需要连接第三方 SP 的应用，则 IMS 可以和标准的 API，如 OSA API 连接，通过 OSA/ParlayGW 对第三方非信任的 SP 业务进行鉴权和管理等。

5.2.2 IMS 网络的功能实体

IMS 网络的功能实体可以分为六大类：呼叫会话控制功能实体（P-CSCF、I-CSCF、S-CSCF）、数据库实体（HSS、SLF）、服务相关实体（MRFC、MRFP、AS）、互联实体

（BGCF、MGCF、IM-MGW、SGW）、支持性实体（PDF、SEG、GPRS）和计费相关实体，示意图如图 5-8 所示。

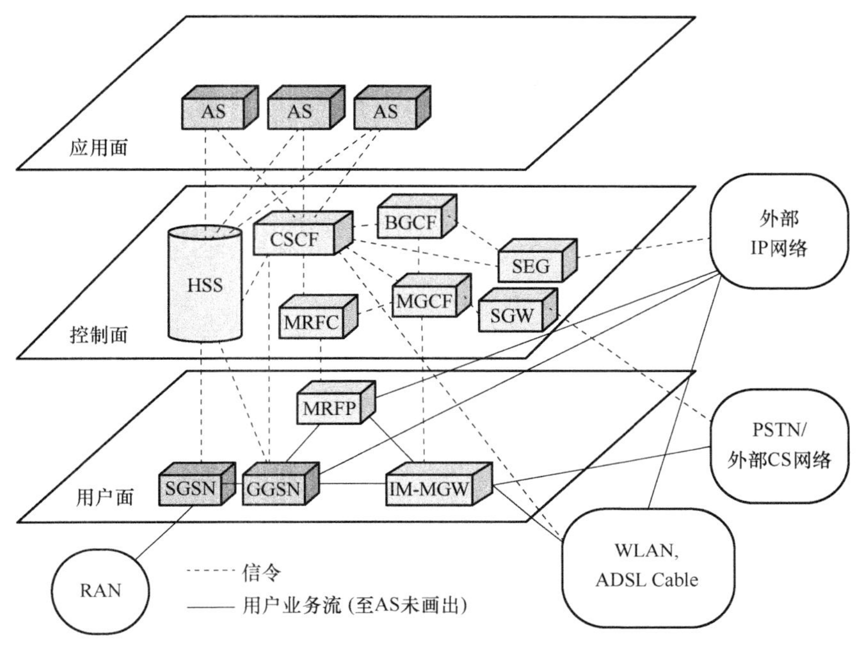

图 5-8 IMS 网络的功能实体示意图

需要理解一个非常重要的事实，IMS 标准没有详细描述网络实体的内部功能。例如，HSS 内部有三个功能部分：IMS 功能、电路交换（CS）域所需的必要功能和分组交换（PS）域所需的必要功能。3GPP 标准没有描述 IMS 功能中 PS 功能部分如何交互。相反的，它描述实体间的接口和接口支持的功能，如 CSCF 如何从 HSS 获取用户数据。

1. 呼叫会话控制功能实体

呼叫会话控制功能实体主要包括 P-CSCF、I-CSCF、S-CSCF。

（1）代理 CSCF（P-CSCF）

代理呼叫会话控制功能实体（P-CSCF）是用户接入 IMS 过程中的第一个连接点。所有来自用户终端（UE）和发往 UE 的 SIP 信令消息流都会通过 P-CSCF。正如 RFC3261 中定义，P-CSCF 会检查请求消息，并把请求转发给选定的目的地，同时处理和转发应答消息。P-CSCF 也可以像 RFC3261 中定义的用户代理（UA）一样工作，这时 UA 的角色用在当发生异常时发起释放会话（如依照基于服务的本地策略检测到用户承载通道丢失了），也用在处理注册的过程中建立独立的 SIP 事务（Transaction）。一个运营商的网络中可以有一个或者多个 P-CSCF。P-CSCF 提供的功能参见 3GPP TS23. 228、TS24. 229 中描述。

（2）询问点 CSCF（I-CSCF）

I-CSCF 是一个网络的入口点，所有通向这个网络中用户的连接都会经过这个网络的 I-CSCF。一个运营网络中可能有多个 I-CSCF。I-CSCF 提供的功能有：联系 HSS，并获取为一个用户提供服务 CSCF（S-CSCF）的名字；根据从 HSS 获取到的需要支持的能力，分配一个满足要求的 S-CSCF（只有当前用户没有分配 S-CSCF 的情况下，才分配一个 S-CSCF）；转发 SIP

请求或者应答消息给 S-CSCF；给 CCF 发送计费相关信息；提供隐藏功能。I-CSCF 可以包含一个叫做网络拓扑隐藏互联网关（THIG）的功能实体。THIG 可以被用来对运营网络之外的部分隐藏网络的配置、能力和拓扑。

（3）服务 CSCF（S-CSCF）

S-CSCF 位于所属地网络，是 IMS 的“大脑”。它为用户终端（UE）提供注册服务和会话控制。当 UE 加入一个会话时，S-CSCF 维护会话的状态，并同服务平台和计费功能实体打交道，以支持运营商所需的服务。一个运营网络中可能存在多个 S-CSCF，各个 S-CSCF 可能支持不同的能力和功能。S-CSCF 主要完成以下功能：像 RFC3261 中定义的注册中心一样处理注册请求；使用 IMS 认证和密钥协定（AKA）计划来对用户进行认证；当用户注册或者处理发往一个未注册用户的请求时，从 HSS 下载用户信息和这个用户的服务相关信息；将通往移动侧的通信路由给 P-CSCF，将移动侧发起的通信路由给 I-CSCF、出局网关控制功能实体（BGCF）或者应用服务器；进行会话控制；与服务平台交互；使用 Draft-ietf-enum-rfc2916bis 描述的格式，通过域名解析服务器（DNS）将 E. 164 形式的电话号码翻译成 SIP URI；监管注册定时器；当运营商支持 IMS 紧急呼叫时，能够选择紧急处理中心；执行媒体控制策略；维护会话定时器；为支持离线计费功能而向 CCF 发送计费相关信息。

2. 数据库实体

（1）所属地订阅者服务器（HSS）

HSS 是 IMS 中所有订阅者信息以及服务相关信息的主要存储设备。HSS 中存储的主要数据包括用户标识符、注册信息、接入参数和服务触发信息（3GPP TS23. 002）。HSS 同样能提供某个特定用户对 S-CSCF 能力的要求。这个信息被 I-CSCF 用来为用户选择最合适的 S-CSCF。除了支持 IMS 相关的功能，HSS 包含 PS 域和 CS 域所需的功能实体，即所属地位置注册服务器和认证中心（HLR/AUC）的功能子集。

（2）订阅信息定位功能实体（SLF）

当一个网络中部署了多个可单独寻址的 HSS 时，SLF 作为一种解决机制，使得 I-CSCF、S-CSCF 和 AS 能够找到给定用户标识符对应的用户订阅信息。

3. 服务相关实体

（1）媒体资源功能控制器（MRFC）

MRFC 用来支持承载通道相关的服务，如会议、用户通告或者承载通道的转码。MRFC 解释从 S-CSCF 收来的 SIP 信令，并使用媒体网关控制协议（Megaco）指令来控制媒体资源功能处理器（MRFP）。MRFC 能够给 CCF 和 OCS 发送计费信息。

（2）媒体资源功能处理器（MRFP）

MRFP 提供 MRFC 要求和指示的用户层资源。MRFP 提供如下功能：接收到的媒体数据的混合操作（如多方会议中的混音处理和画面处理）；产生媒体（如发出用户提示音）；媒体处理（如语音转码和媒体分析）。参见 3GPP TS23. 228、TS23. 002。

（3）应用服务器（AS）

在层次化的设计中，AS 不是一个纯粹的 IMS 实体。相反，它是属于 IMS 之上的功能部分。这里，AS 作为 IMS 的功能实体进行介绍，是因为 AS 实体为 IMS 网络中提供多媒体增值服务。AS 位于所属地网络或者位于第三方。这里的第三方指一个网络或者单独的一个 AS。AS 的主要功能是：处理和影响从 S-CSCF 接收到的 SIP 会话；发起 SIP 请求；给 CCF

和 OCS 发送计费信息。AS 提供的服务不只是基于 SIP 的服务，这是因为运营商为订阅者提供了访问基于 CAMEL 服务环境（CSE）和 OSA 的服务的能力（3GPP TS23. 228）。因此，AS 是一个用来一般指代 SIP AS、OSA 服务器（OSC）和 CAMEL IP 多媒体服务交换功能实体（IM-SSF）的术语。

4. 互联实体

（1）出局网关控制器（BGCF）

BGCF 负责选择在什么地方出局并进入 CS 域，选择的结果可能是在 BGCF 所在的网络中或者其他网络中出局。如果出局发生在 BGCF 所在的网络中，则 BGCF 选择一个 MGCF 来后续处理这个会话。如果出局发生在其他网络，则 BGCF 将会话传递到被选中网络的一个 BGCF（3GPP TS23. 228）。实际选择的规则没有定义。另外，BGCF 能够收集统计信息和向 CCF 报告计费信息。

（2）媒体网关控制器（MGCF）

MGCF 是用来实现 IMS 用户和 CS 用户间通信的功能实体。从 CS 过来的所有呼叫信令被发往 MGCF。MGCF 进行 ISUP、BICC 和 SIP 间的协议转换，并把会话转发到 IMS 中。类似的，所用 IMS 侧发起的通往 CS 用户的会话都经过 MGCF。MGCF 还控制关联的用户层实体（即 IMS-MGW）的媒体通道。另外，MGCF 还能向 CCF 报告计费信息。

（3）IP 多媒体-媒体网关（IM-MGW）

IM-MGW 提供 CS 网络（PSTN、GSM）和 IMS 间的用户层的链路。它终结从 CS 网络过来的承载通道和从骨干网络过来的媒体流（IP 网络的 RTP 流、ATM 骨干网的 AAL2/ATM 连接），在两种网络之间进行转化，提供转码操作。如果需要，还提供用户层的信号处理。另外，IM-MGW 能够为 CS 用户提供信号音和提示音。IM-MGW 是由 MGCF 来控制的。

（4）信令网关（SGW）

SGW 被用来连接不同的信令网络，如基于 SCTP/IP 的信令网络和 SS7 信令网络。SGW 可以将在 SS7 上传输的信令和在 IP 上传输的（如在 SIGTRAN SCTP/IP 和 SS7MTP 间）信令进行转换。SGW 不解释消息的应用层部分（如 BICC、ISUP）。

5. 支持性实体

（1）策略决定功能实体（PDF）

PDF 从 P-CSCF 获取会话信息和媒体相关信息进行策略方面的决定。

（2）安全网关（SEG）

为了保护安全域间控制层消息流的安全，消息流需要在进入或者离开安全域的时候通过一个 SEG。安全域指由单个行政管理（administrative authority）所管理的网络，这和运营商网络边界相一致。SEG 被放置在安全域的边界上，它被用来增强这个安全域通往其他安全域中 SEG 的安全策略。网络中可能会有多个 SEG，以避免单一点的出错或者为了提高性能。一个 SEG 可以被设定与所有可达的其他安全域或者其中一个子集交互。

IMS 系统安全的主要措施是 IP 安全协议（IPSec），通过 IPSec 提供了接入安全保护，完成网络域内部的实体和网络域之间的安全保护。IMS 实质上是叠加在原有核心网 PS 域上的网络，对 PS 域没有太大的依赖性。由于在 PS 域中，业务的提供需要移动设备和移动网络之间建立一个安全联盟（SA）后才能完成，所以对于 IMS 系统，也需要多媒体用户与 IMS 网络之间先建立一个独立的 SA 之后才能接入多媒体业务。IMS 的安全体系如图 5-9 所示，图中显示了5个不同的安全联盟用以满足IMS系统中不同的需求，分别用S1、S2、S3、S4、S5来加以标识。S1提供终端用户和IMS网络之间的相互认证。S2在UE和P-CSCF之间提供一个安全链接（Link）和一个安全联盟（SA），用以保护P-CSCF对UE的Gm接口，同时提供数据源认证。S3在网络域内为I-CSCF、S-CSCF与HSS之间的Cx接口提供安全。S4为不同网络之间的SIP节点提供安全，并且这个安全联盟只适用于代理呼叫会话控制功能（P-CSCF）位于拜访网络（VN）时。S5为同一网络内部的SIP节点提供安全，并且这个安全联盟同样适用于P-CSCF位于归属网络（HN）时。

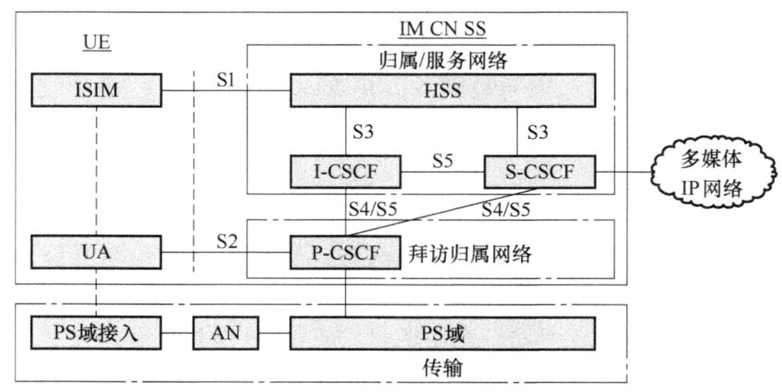

图5-9 IMS安全体系

（3）GPRS实体

GPRS实体分为服务GPRS支持节点（SGSN）和网关GPRS支持节点（GGSN）。

SGSN把无线接入网（RAN）连接到包交换核心网。它同时负责PS域中控制功能和通信流处理功能。控制功能包括两个主要方面：移动管理和会话管理。移动管理处理UE的位置和状态，并认证订阅者和UE。会话管理处理连接许可控制和现有数据连接的变更。控制功能还监管3G服务和资源。通信流处理也是属于已会话管理的一个部分。SGSN像一个网关一样工作，为用户数据提供隧道传输，即在UE和GGSN之间传递用户通信量。作为这个功能的一部分，SGSN还确保连接有合适的QoS保障。另外，SGSN还产生计费信息。

GGSN负责与外部包交换网络的互联互通。GGSN的主要功能就是把UE连接到外部包交换网络，在这些网络里面会有基于IP的应用和服务。例如，外部数据网可以是IMS或者是Internet，GGSN把包含SIP消息的IP包从UE路由到P-CSCF。另外，GGSN还帮助把包含媒体的IP包路由到目的地网络，如路由到被叫端的GGSN。GGSN提供的互联服务通常在订阅者想接入网络的接入点上实现。大部分情况下，IMS都有自己的接入点。当用户激活一个通往接入点（IMS）的承载通道（PDP context）时，GGSN会为UE分配一个动态IP地址，分配的IP将被UE用来作为IMS注册以及发起呼叫时所用的联系地址。另外，GGSN会维护和监管用于IMS媒体流的PDP context的使用，并产生计费信息。

6. 计费相关实体

为推动IMS网络及业务的部署及建设，计费是重要关键环节之一。IMS计费最初由3GPP R5版本提出，后续的R6版本对R5的计费做了一些改进，包括增加对IPv4的支持、支持更灵活的业务模式等。3GPP制定的IMS计费相关国际标准主要包括TS 32.240、TS

32. 260、TS 32. 275、TS 32. 298、TS 32. 299 等。其中，3GPP TS 32. 240 提出了离线计费和在线计费两种计费模式。离线计费通过收集计费话单进行计费；在线计费通过事件触发进行计费，运营商可以实时控制业务流程。从结构层次上来看，该计费体系还采用了分层计费的结构，分别定义了：应用/业务层计费、IMS 层计费和承载层计费。为了支持更灵活的 IP 业务模式，3GPP R6 版本中引入基于流的计费（FBC）技术，来支持在承载层上对不同业务数据流的分开计费，从而提高系统的计费能力和计费灵活性。两种模式采用不同的计费点，分散在不同的网元实体上，不同网元提供的计费信息有部分信息是重复的，还有部分信息为自身独有内容，这些网元既各自提供计费信息，又互为补充。因此，在网络实际部署中，一是需要解决对部署中出现的一些关键问题和难点问题，如 ASN. 1 话单格式提取、通话类型判断、漫游规则、计费关联、分组流量剔除等；二是需要选取关键的计费点来采集计费信息，以满足 IMS 业务的计费要求。IMS 标准计费架构如图 5-10 所示。

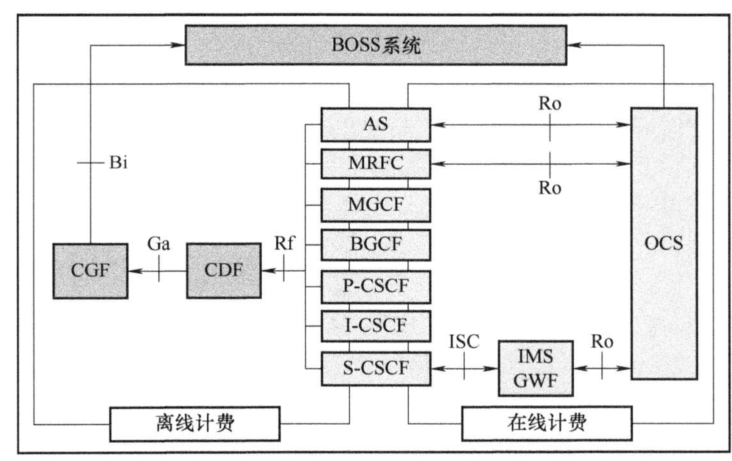

图 5-10　IMS 标准计费架构

IMS 计费面临的问题主要有：

① IMS 计费体系采用分层设计，使得计费采集点和控制点非常多，需要做大量的计费信息关联、合并，提高了计费成本。

② 基于流的计费（FBC）和 IMS 中基于业务的策略决定（PDF）属于两套不同的系统，有各自的功能实体及接口；而从具体过程看，PDF 和 FBC 有很多相似的功能，其接口协议也有很大相似性，所以作为分立的系统而存在，会带来使网络配置、实体功能复杂化，控制的实时性差、效率低等许多问题。

③ 该计费体系实现字节级精确计费难度较高。

④ 到目前为止，基于内容价值的计费业务确实是 IMS 计费中面临的一个重要问题。

⑤ 与现行网络的融合难度较大。

随着 IMS 体系的发展，R6 版本中的 PDF 和 FBC 将合并成为一个新的功能实体策略与计费控制（Policy and Charging Control，PCC），并将这两个功能实体的相关接口融合。基于 IMS 的计费将向网络化倾斜，传统的业务支撑系统（BSS）将向业务操作支撑系统（BOSS）演进，更加突出运营支撑系统的业务管理能力。

5.2.3 IMS 网络的信令协议

在电路交换网使用的公共会话控制协议主要是 TUP、ISUP 以及 BICC 协议。当 IMS 与电路交换域（CS）进行互通时，仍然需要和这些协议打交道，而专门用于 IMS 的会话控制协议都是基于 IP 的，其信令配合协议主要包括：会话发起协议（SIP）、会话描述协议（SDP、RFC2327）、Megaco/H. 248 协议、Diameter、BICC/ISUP 以及 COPS 协议等。

1. 会话发起协议

会话发起协议（Session Initiation Protocol，SIP）是由互联网工程任务组（IETF）提出的在 IP 网上进行多媒体通信的应用层控制协议（IP 电话信令协议），是多媒体通信系统框架协议体系的一部分。SIP 的开发目的是为了解决 IP 网中的信令控制，以及同软交换的通信，以便帮助提供跨越 IP 网的高级电话业务，它以 Internet 协议（HTTP）为基础，遵循 Internet 的设计原则，基于对等工作模式。

（1）SIP 的功能

SIP 是一个基于文本的应用层控制（信令）协议，完成语音和数据相结合的业务，以及多媒体业务之间的呼叫建立与释放。SIP 消息是基于文本的，易于读取和调试，所以，新服务的编程更加简单，对于设计人员而言更加直观。SIP 独立于底层传输协议 TCP/UDP，用于建立、修改和终止 IP 网上的双方或多方多媒体会话，可以与 UDP、TCP 传送协议配合进行工作。

SIP 支持代理、重定向及登记定位用户等功能，并支持单播、组播和可移动性。SIP 标准由一系列的 RFC 组成，其中最重要的是 RFC3261。SIP 主要支持以下 5 个方面的功能：

① 用户定位（user location）：SIP 提供搜索终端用户位置功能，在会话发起阶段提供用户信息，用于创建多媒体会话，为用户移动性提供支持。

② 用户能力（user capabilities）：作用是检测用户参与会话类型与媒体参数。

③ 用户有效性（user availability）：作用是查询用户是否空闲，是否接受会话邀请。

④ 会话建立（session setup）：作用是传递路由信息，确定会话用户的多媒体参数。

⑤ 会话管理（session handling）：对会话活动进行修改、转移与结束等控制活动。

通过与 RTP/RTCP、SDP、RTSP 等协议及 DNS 配合，SIP 支持语音、视频、数据、E-mail、状态、IM、聊天、游戏等。除了普通的会话功能，SIP 还有呼叫转移、会话保持功能。如果 SIP 与 SDP 配合使用，可以动态地调整和修改会话属性，如通话带宽、传输的媒体类型及编解码格式。SIP 的最强大之处就是用户定位功能，SIP 本身含有向注册服务器注册的功能，也可以利用其他定位服务器（如 DNS，LDAP 等）提供的定位服务来增强其定位功能。

从网络分层的结构来看，SIP 处于网络传输层之上，可以作为应用层的一部分，也可以单独作为应用层与传输层之间的一层。SIP 本身是由若干层组成的，它们分别是：事务用户层、事务层、传输层、语法和编码层。

SIP 用于发起会话，它能控制多个参与者参加的多媒体会话的建立和终结，并能动态调整和修改会话属性，如会话带宽要求、传输的媒体类型（语音、视频和数据等）、媒体的编解码格式、对组播和单播的支持等。SIP 在设计上充分考虑了对其他协议的扩展适应性。它支持许多种地址描述和寻址，包括：用户名@主机地址、被叫号码@PSTN 网关地址和普通电话号码的描述等。这样，SIP 主叫按照被叫地址，就可以识别出被叫是否在传统电话网上，然后通过一个与传统电话网相连的网关向被叫发起并建立呼叫。

（2）SIP 的基本网络实体

SIP 是一种基于客户端/服务器（C/S）模式的协议，定义了客户机和网络服务器两个基本网络实体，通过请求消息与响应消息完成对会话活动的控制。在 SIP 系统中，终端系统被称为用户代理（User Agent，UA）。在功能上，UA 要同时具备发起呼叫与接收其他用户呼叫的能力。在拨号发起通话时，UA 就是客户端；当响应会话时，UA 就可看作一个提供用户代理功能的服务器端。

① 客户机。客户也称用户代理客户，是发送 SIP 请求的一方。客户可能存在于用户设备上，如 PC；也可能位于与服务器相同的平台上，如 SIP 代理服务器同时具备客户机和服务器的功能。用户代理（UA）由两部分组成：用户代理客户端（User Agent Client，UAC）和用户代理服务器（User Agent Server，UAS）。

a. UAC 模块的主要功能是初始化一个呼叫，根据 SIP 和 SDP 的协议规范构造请求数据包，将呼叫者的状态和呼叫优先级、对代理和路由的要求等附加的请求信息作为参数通过消息报头提交给代理服务器，发起请求。

b. UAS 模块的功能是等待呼叫的请求数据包，并根据 SIP 和 SDP 的协议规范构造响应数据包。响应可以是接收、转发或者是拒绝呼叫请求，响应的类型以及被呼叫者的信息也是作为参数提交给代理服务器，回答呼叫。在会话建立的过程中，代理服务器需要对用户代理客户发送来的请求做出响应，对下一跳的代理服务器而言，代理服务器本身也可以看成是一个用户代理客户。因此，代理服务器同时具有 UAC 和 UAS 的功能。

② 网络服务器。网络服务器是用于向客户机发出的请求提供服务并回送应答消息的应用程序。SIP 中存在三种不同类型的服务器：代理服务器（Proxy Server）、重定向服务器（Redirect Server）、注册服务器（Register Server）。

a. 代理服务器：接收 UA 的 SIP 请求，经过适当修改，代表 UA 转发或响应请求。代理服务器的典型功能是可以进入数据库或位置服务器，帮助其处理请求。

b. 重定向服务器：用来从 UAC 接收请求，并将该请求中的 SIP URL 映射到零个或者多个下一级服务器的地址，然后将这些地址以响应消息的方式告诉 UAC。UAC 根据收到的新地址，重新向下一服务器发送请求信息。

c. 注册服务器：用户注册时向注册服务器发送 Register 请求，告诉网络自己被给定的地址是有效的。

SIP 中还经常提到定位服务器，它不属于 SIP 实体，但它是 SIP 体系结构的重要组成部分。定位服务器存储并返回用户的可能位置信息。定位服务器可以利用注册服务器和其他数据库的信息，并通过大部分注册服务器的位置信息上传，实现信息更新。

实际系统在实现时，也经常利用 UAC 和 UAS 完成注册服务器功能。因此，在实际网络中有时只需要 UAS，不再使用代理服务器或重定向服务器。

（3）SIP 消息

在 SIP 系统中，组件与组件之间的通信是通过 SIP 消息来实现的。SIP 消息分成 SIP 请求消息和 SIP 响应消息。当两个用户代理交换 SIP 消息时，发送请求的用户代理被认为是 UAC，而返回响应的用户代理被认为是 UAS。SIP 请求消息一共有 6 种，它们是：INVITE、

ACK、BYE、CANCEL、REGISTER 和 OPTIONS。SIP 响应消息由 3 位数字构成，它们分别是：1xx、2xx、3xx、4xx、5xx 和 6xx，其中“xx”表明响应确切种类的两位数字。例如，一个“180”的临时响应消息是表明对端的振铃，“181”临时响应消息则是表明呼叫正在被中转，“183”的临时响应消息是表明带 SDP 信息可以媒体协商。

此外，根据实际需要允许对 SIP 进行相应的扩展，包括 SIP 请求消息的扩展、SIP 消息头的扩展以及 SIP 消息体的扩展。常见的扩展 SIP 请求消息有：SUBSCRIBE、INFO、NOTIFY、PUBLISH、MESSAGE、UPDATE 和 REFER。SIP 消息头的扩展和 SIP 消息体的扩展则是根据实际需要进行的扩展，如在 REFER 消息中增加 refer-to 和 refer-by 消息头。

SIP 是一个信令协议，有自己的特定语法。而会话描述协议（SDP）为会话通知、会话邀请和其他形式的多媒体会话初始化等目的提供了多媒体会话描述。SIP 和 SDP 一起使用来表示完整的会话协商信息。

① 消息组成。每条 SIP 消息由起始行、消息头和消息体三部分组成（见图 5-11），其中携带了消息类型、路由信息、媒体参数等信息。媒体信息的描述是由 SDP 来实现的。

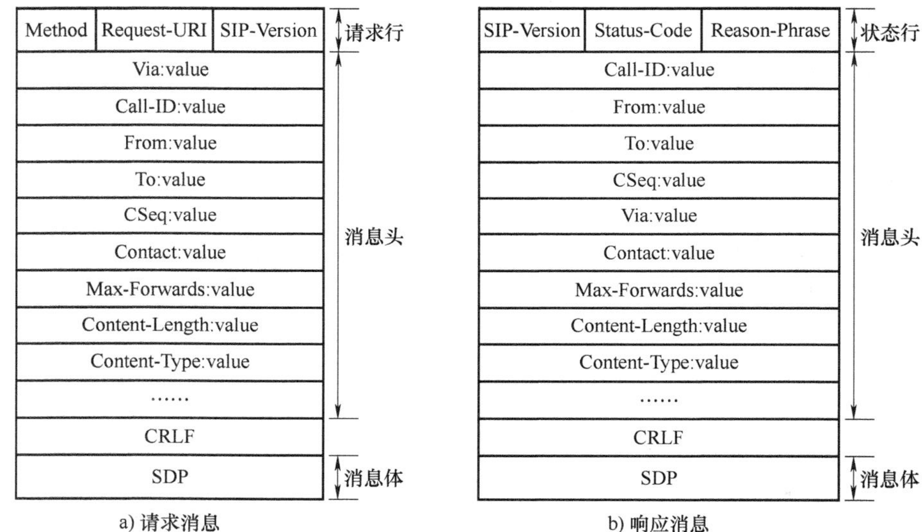

图 5-11　SIP 消息结构

a. 起始行：每个 SIP 消息由起始行开始。起始行传达消息类型与协议版本，可以是请求行（请求消息）或状态行（响应消息）。请求行包括消息方法（Method）、地址信息（Request-URI）、SIP 版本信息（SIP-Version）三部分内容，状态行包括 SIP 版本（SIP-Version）、状态码（Status-Code）、原因短语（Reason-Phrase）三部分内容。

b. 消息头：用来传递消息属性和修改消息意义，以回车并换行（CRLF）结束。

c. 消息体：是可选项，用于描述被初始化的会话。消息体能够显示在请求与响应中。SIP 消息体类型可以根据描述需要选用 SDP（会话描述协议）、MSML（媒体会话标记语言）、VXML（语音扩展标记语言）等。

② 消息说明。SIP 有请求和响应两种类型的消息。请求消息是从客户机发到服务器的消息，响应消息是从服务器发到客户机的消息。图 5-12 所示为给出 SIP 基本呼叫建立过程中

的相关消息。

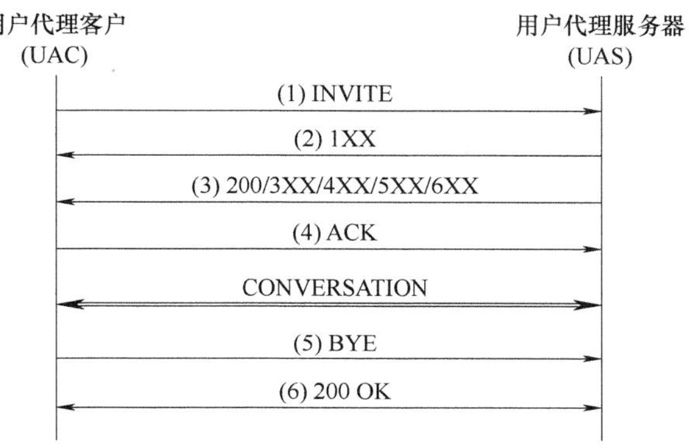

图 5-12　SIP 基本呼叫建立过程中的相关消息

SIP 定义了 6 种基本请求消息和 6 类响应状态码，都是基于文本的方式，使用 UTF-8 字符集（参见 RFC2279），并且所有 SIP 消息都有相同的格式（参见 RFC2822）。

请求消息定义了 6 种不同的方法。

- INVITE：初始化一个会话，包含会话双方要交换的媒体的类型信息。
- ACK：对 INVITE 消息的最终回应，表明及接收到请求。
- BYE：终止一个会话。
- CANCEL：终止一个等待处理或正在处理的请求。
- OPTIONS：询问另一方服务器的性能，确定能接收何种媒体服务。
- REGISTER：申请注册客户的地址。

SIP 消息头定义了许多字段来表示请求或回应的详细信息，主要字段包括如下。

- Via：描述了请求在 SIP 网络中的路由路径。它可以防止请求消息传送产生环路，并确保消息选择同样的路径（必须包含 branch 字段用来标识一个事务）。
- To：描述请求消息的接收者。
- From：描述请求消息的发送者。
- Call-ID：描述唯一标识某一特定会话。
- Contact：描述请求接收方的 URL。
- CSeq：描述同源 SIP 的会话先后顺序，依次加 1。
- Content-Type：描述消息体的类型。
- Content-Length：描述消息体的长度。

响应消息的起始行是状态行，包括一个状态码。在 RFC2543 中，状态码功能定义见表 5-3。还有一些字段不是每个会话必须的，具体可参见 RFC2543 中的详细定义。

表 5-3　状态码功能定义

状态码	功能	描述
1XX	通知	表示已经接收到请求消息，正在对其进行处理
2XX	成功	表示请求已经被成功接收、处理
3XX	重定向	表示需要采取进一步动作，以完成该请求

（续）

状态码	功能	描述
4XX	请求失败	表示请求消息中包含语法错误或者 SIP 服务器不能完成对该请求消息的处理
5XX	服务器错误	表示 SIP 服务器故障不能完成对该消息的处理
6XX	全局性错误	表示请求不能在任何 SIP 服务器上实现

（4）SIP 的应用

SIP 通常被认为是一个端到端的多媒体会话控制协议。概括来说，SIP 可应用于 IP 网中的基本语音和多种通信增值业务；作为通信核心网的信令协议，包括基于软交换的 NGN、3GPP 的 IMS 网络和未来固定移动融合的 FMC 网络；应用于业务平台中，实现业务逻辑控制；应用于智能终端和未来数字家庭网关设备中；应用于统一通信中。

图 5-13 所示为 SIP 在 NGN 中的典型应用。A 局与 B 局 IMS 设备接入 IP 骨干网，利用 SIP 实现信息互通，还可以与其他 SIP 域设备（如 SIPPhone，SIP Softphone 等）互通。

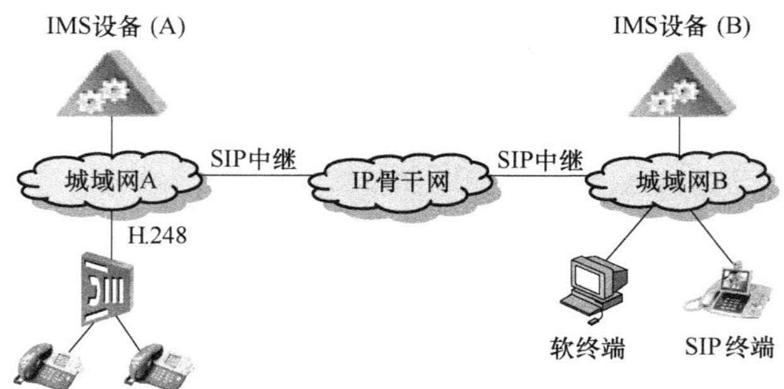

图 5-13　SIP 在 NGN 中的典型应用

在具体应用过程中，SIP 根据会话间实体的不同，存在各种不同的通信流程，主要分为用户注册、用户直接呼叫、代理服务器呼叫。

用户注册流程示意图如图 5-14 所示。

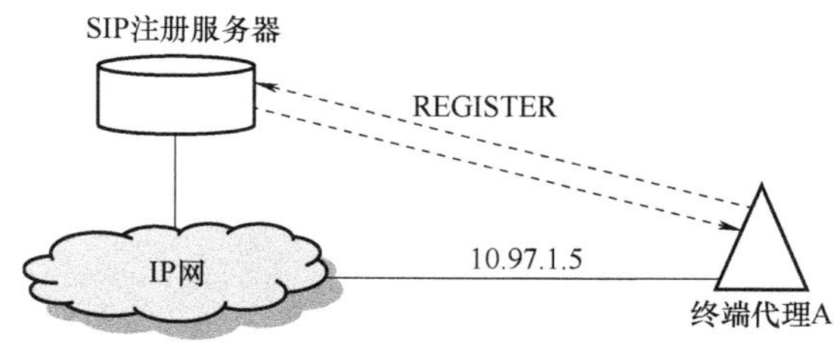

图 5-14　用户注册流程示意图

用户注册具体过程描述如下：

① 终端代理 A 向注册服务器发送 REGISTER 注册请求。

② 注册服务器通过后端认证/计费中心获知用户住处不在数据库中，便向终端代理 A 回送 401Unauthorized 质询信息，其中包含安全认证所需要的令牌。

③ 终端代理 A 根据安全认证令牌将其标识和密码加密后，再次用 REGISTER 消息报告

给注册服务器。

④ 注册服务器将 REGISTER 消息中的用户信息解密，通过认证/计费中心验证其合法后，将该用户信息登记数据库中，并向终端代理 A 返回成功响应消息 200 OK。

用户直接呼叫流程示意图如图 5-15 所示。

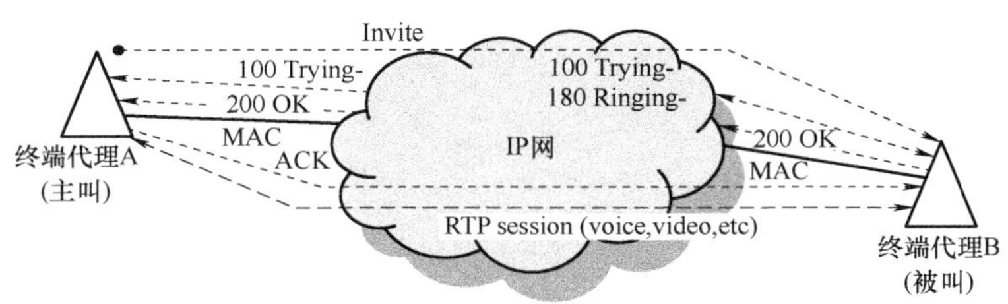

图 5-15　用户直接呼叫流程示意图

用户直接呼叫具体过程描述如下：

① 用户摘机拨号发起呼叫，终端代理 A（主叫）向该区域代理服务器发起 Invite 请求。

② 代理服务器通过认证/计费中心确认用户后，检查请求消息中的 Via 头域是否包含其地址。若包含，说明发生环回，返回指示错误的应答；如果没有问题，代理服务器在请求消息的 Via 头域插入自身的地址，并向 Invite 消息的 To 域所指示的终端代理 B（被叫）转发 Invite 请求。

③ 代理服务器向终端代理 A 送呼叫处理中的应答消息 100 Trying。

④ 终端代理 B（被叫）向代理服务器送呼叫处理中的应答消息 100 Trying。

⑤ 终端代理 B 指示被叫用户振铃，用户振铃后向代理服务器发送 180 Ringing 振铃信息。

⑥ 代理服务器向终端代理 A 转发被叫用户振铃信息。

⑦ 被叫用户摘机，终端代理 B 向代理服务器返回表示连接成功的应答（200 OK）。

⑧ 代理服务器向终端代理 A 转发该成功指示（200 OK）。

⑨ 终端代理 A 收到消息后，向代理服务器发 ACK 消息进行确认。

⑩ 代理服务器将 ACK 确认消息转发给终端代理 B。

此后，主被叫用户之间建立通信连接，开始通话。

代理服务器呼叫流程示意图如图 5-16 所示。

代理服务器呼叫具体过程描述如下：

① SIP 用户代理 A 向 SIP 代理服务器 a 发送呼叫建立请求（Invite）。

② SIP 代理服务器 a 向重定向服务器发送呼叫建立请求，重定向服务器返回重定向消息。

③ SIP 代理服务器 a 向重定向服务器指定的 SIP 代理服务器 c 发送呼叫建立请求。

④ 被请求的 SIP 代理服务器 c 使用非 SIP（如域名查询或者 LDAP 等）到定位服务器查询被叫位置，定位服务器返回被叫位置（被叫 SIP 代理服务器 b）。

⑤ 被请求的 SIP 代理服务器 c 向被叫 SIP 代理服务器 b 发送呼叫建立请求。

⑥ SIP 用户代理 B（被叫）发呼叫建立请求（被叫振铃或显示）。

⑦ 被叫用户代理 B 向被叫 SIP 用户代理服务器 b 发同意（或拒绝）。

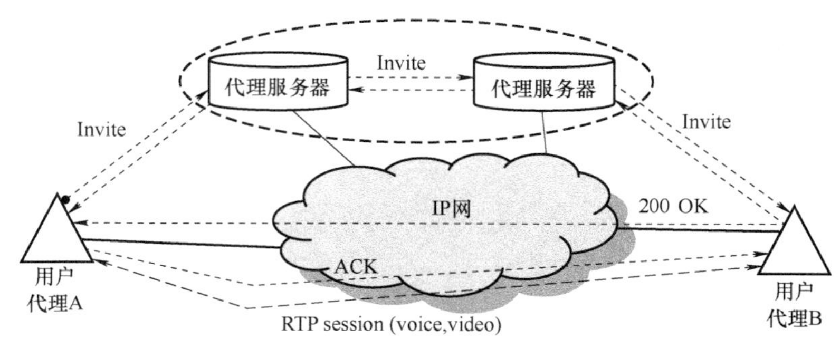

图 5-16　代理服务器呼叫流程示意图

⑧ 被叫用户代理服务器 b 向主叫代理服务器 a 所请求的代理服务器 c 发同意（或拒绝）。

⑨ 所请求的代理服务器 c 向主叫代理服务器 a 发同意（或拒绝）。

⑩ 主叫代理服务器 a 向主叫 SIP 用户代理 A 指示被叫是否同意呼叫请求。

2. 其他相关协议

（1）SDP

会话描述协议（SDP）被用于构成 SIP 请求消息和 200 OK 响应消息的消息体，主要是供主叫和被叫交换呼叫媒体的信息（如媒体流的配置和保持等），包括描述会话媒体参数、双方地址和编解码格式等信息。

SDP 是在 RFC2327 中进行定义的。SDP 是为了会话通告、会话邀请以及其他形式的多媒体会话启动而描述多媒体会话的过程。所谓多媒体会议就是多媒体发送者、接收者以及从发送者到接收者的数据流的集合。视频电话会议呼叫就是一种典型的多媒体会话。SDP 语法简单易懂，已经作为基于文本的 IP 信令协议中呼叫参数协商的编码方法。它对会话描述的格式进行了统一的定义，但是对多播地址的分配方案没有定义，而且不支持媒体编码方案的协商，这些功能由下层传送协议完成。

SDP 是完全基于文本的协议，采用 UTF-8 编码的 ISO10646 字符集。之所以采用文本的形式而不采用诸如 ASN. 1 的二进制编码的方式，是为了提高描述的可携带性，使其可以用各种传送协议进行传送，并且可以用各种文本工具软件对会话描述进行生成和处理。为了减少会话描述所用的开销，以便于差错检测，SDP 采用了紧凑型的编码，并且严格规定了各字段的顺序和格式。

（2）Megaco/H. 248 协议

媒体网关控制协议（Megaco/H. 248）是用于物理上分开的多媒体网关单元控制的协议，能够把呼叫控制从媒体转换中分离出来，主要用于 IMS 网络中的 MRFC 和 MRFP 之间的通信。Megaco 是 IETF 和 ITU-T 研究组共同努力的结果，因此 IETF 定义的 Megaco 与 ITU-T 推荐的 H. 248 是相同的，只是在协议消息的传输语法上有所区别，H. 248 采用 ASN. 1 语法格式，而 Megaco 采用 ABNF 语法格式。

Megaco/H. 248 说明了媒体网关（MG）和媒体网关控制器（MGC）之间的联系。媒体网关用于转换电路交换语音到分组交换语音的 IP 数据包通信流量，而媒体网关控制器是用于规定这种流量的服务逻辑。Megaco/H. 248 用于通知 MG 将来自数据包或单元数据网络之外的数据流连接到数据包或者单元数据流上，如实时传输协议（RTP）。

（3） Diameter 协议

Diameter 协议是由 IETF 开发的用于认证、授权和计费（AAA）的协议，主要是为众多的接入技术提供 AAA 服务。Diameter 协议是基于远程接入用户服务（RADIUS）。Diameter 协议包括两个部分：Diameter 基础协议部分和 Diameter 应用部分。基础协议被用于传送 Diameter数据单元、协商和处理错误，并提供可扩展的能力。Diameter 应用部分定义了特定应用的功能和数据单元。

（4） BICC/ISUP

ISUP 即 ISDN 用户部分（ISDN User Part），是 SS7 信令系统中的一种主要的协议。ISUP 是用于建立、管理和释放中继电路。中继电路用于公用电话交换网（PSTN）传输语音和数据呼叫。BICC（与承载无关的呼叫控制协议）是 ISUP 协议的一种演进版本，与 ISUP 不同的是，BICC 将信令平面和媒体平面相分离。此外，BICC 支持一些分组交换的网络，如 IP 网络或者 ATM 网络等。

（5） COPS 协议

公共开放策略服务（Common Open Policy Service，COPS）协议是一种简单的查询和响应协议，主要用于在策略服务器（策略决策点 PDP）和其客户机（策略执行点 PEP）之间交换策略信息。在 IMS 网络中，COPS 协议主要运行在 GGSN 与 PDF 之间的 Go 接口。COPS 协议具有设计简单且易于扩展的特点，其主要特征如下：

① COPS 协议采用的是客户端/服务器模式，即 PEP 向远程 PDP 发送请求，对相关信息进行更新和删除，而 PDP 需要对 PEP 进行响应和确认。

② COPS 协议使用的是传输控制协议（TCP），通过 TCP 为客户端和服务器提供可靠信息交换。

③ COPS 协议具有可扩展性和自我识别能力，可以在不修改 COPS 协议本身的情况下支持不同特定的客户端信息。COPS 协议是为策略的通用管理、配置以及执行而创建的。

④ COPS 协议为认证、中继保护以及信息完整性提供了信息级别的安全性。COPS 协议也可使用已有安全协议，如 IPSec 和安全传输层协议（TLS），以确保 PEP 和 PDP 之间通信的安全性。

5.3 IMS 网络的呼叫流程

IMS 网络的呼叫流程主要包括 IMS 用户注册流程、IMS 用户间基本会话流程、IMS 用户与其他网络用户的会话互通流程。各流程中都会涉及不同网元之间信令协议的相互配合。

5.3.1 IMS 用户注册流程

IMS 用户注册的基本流程包括初始注册、二次注册鉴权和拜访域注册。IMS 用户在归属域初次入网使用时必须先进行初始注册，然后将携带鉴权反馈值重新发起注册（即二次注册鉴权）；当用户离开归属地移动到其他归属地时需要活动地的拜访域注册。

1. 注册流程相关的概念

（1） 为什么要注册

① IMS 用户使用 IMPU（SIP URI）通信。

② 建立 IMS 用户当前的 IP 与其 IMPU 的对应关系。

③ 掌握 IMS 用户当前的位置信息及业务能力。

④ 注册过程的鉴权与认证保证了网络的安全性。

(2) 归属域和拜访域

归属域：就是用户的签约数据所在的运营商。

拜访域：就是从归属域之外的其他运营商接入，这个其他运营商统称为拜访域。

在 IMS 网络中，用户无论在归属域还是拜访域，其注册流程是相同的。

(3) 鉴权

鉴权（即认证）是识别某实体或用户的身份，并确保其为合法身份的方法。

归属网络通过用户初始注册过程对用户进行鉴权。当用户终端发起初始注册时，S-CSCF根据 REGISTER 消息中携带的头域以及用户在 HSS 上开户时选择的鉴权方式对终端进行鉴权。目前固定终端使用 HTTP Digest 鉴权方式，即使用用户名和密码进行鉴权。

(4) 业务签约数据

业务签约数据（Service Profile）是业务和用户相关数据的一个集合。可选项目包括计费地址设置、闭锁设置、注册权限设置、漫游权限设置、签约媒体 ID、初始过滤准则（Initial Filter Criteria，IFC）等。其中，iFC 将指示 S-CSCF 进行业务的触发（仅用于触发 AS，具体业务由 AS 实现）。开户时在 HSS 中配置并储存，注册成功后下发到 S-CSCF。

2. 用户注册流程

(1) 初始注册流程

IMS 用户的初始注册流程如图 5-17 所示。

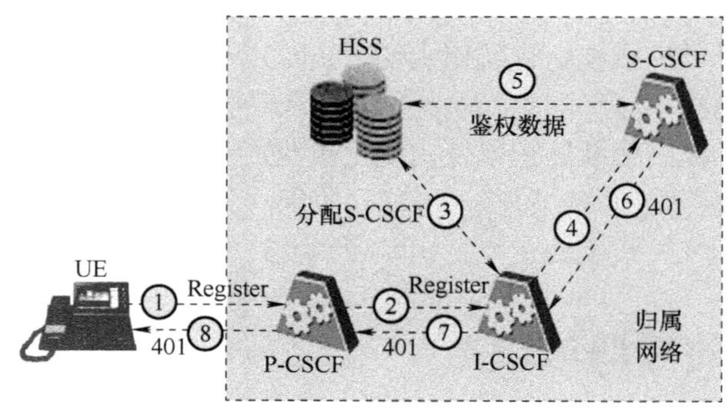

图 5-17　IMS 用户的初始注册流程

① UE 发送 Register 信息到归属网络 P-CSCF，完成公共用户身份的 SIP 注册。

② P-CSCF 根据消息中携带的归属域域名等，将 Regisger 消息转发到 I-CSCF，此时信息流中包含 P-CSCF 的地址、P-CSCF 的网络标识、公共用户身份、私有用户身份以及 UE 的 IP 地址。

③ I-CSCF 处理 Register 消息，将通过 S-CSCF 名字地址解析机制决定 S-CSCF 的地址；I-CSCF与 HSS 通过特定接口信令交互，下载到选择 S-CSCF 所需要的能力集。

④ I-CSCF 根据从 HSS 下载的 S-CSCF 的能力集选定一个符合要求的 S-CSCF。

⑤ S-CSCF 从 HSS 下载鉴权数据。

⑥ 为防止假冒用户，S-CSCF 可选择向 UE 侧返回 401 未授权响应，将 401 鉴权挑战信息发给 I-CSCF，对用户进行身份鉴权。

⑦ I-CSCF 将 401 鉴权查询消息发到 P-CSCF。

⑧ P-CSCF 把 401 信息发送给终端 UE。

（2）二次注册鉴权流程

IMS 用户的二次注册鉴权流程（鉴权注册）如图 5-18 所示。

① UE 将携带 Response 鉴权响应值的二次 Regisger 消息发给 P-CSCF。

② P-CSCF 将二次 Regisger 消息发给 I-CSCF。

③ I-CSCF 与 HSS 交互，通过用户的公共身份获取 S-CSCF 地址。

④ I-CSCF 将携带 Response 字段的 Regisger 消息发送给 S-CSCF。Response 消息参数携带了最终用户所计算出来的响应，供 S-CSCF 对用户进行最终的鉴权使用，如果返回信息与 S-CSCF的自己核算值相同，则鉴权通过，否则鉴权不成功。

⑤ 认证完成用户的 IMPU 通过查询得到 HSS 下载用户的特定信息。

⑥ 注册完成后，S-CSCF 将注册 OK 信息 200 OK 返回 I-CSCF。

⑦ I-CSCF 把 200 OK 转给 P-CSCF。

⑧ P-CSCF 把 200 OK 转给终端，完成注册。

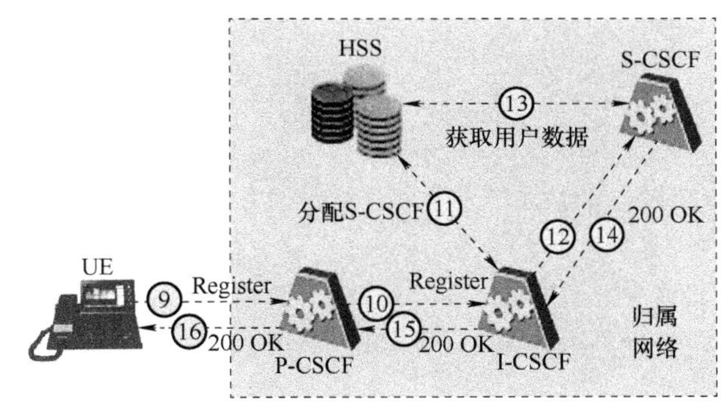

图 5-18　IMS 用户的二次注册鉴权流程

（3）用户的拜访域注册流程

IMS 用户移动进入拜访域时，拜访域注册流程如图 5-19 所示。

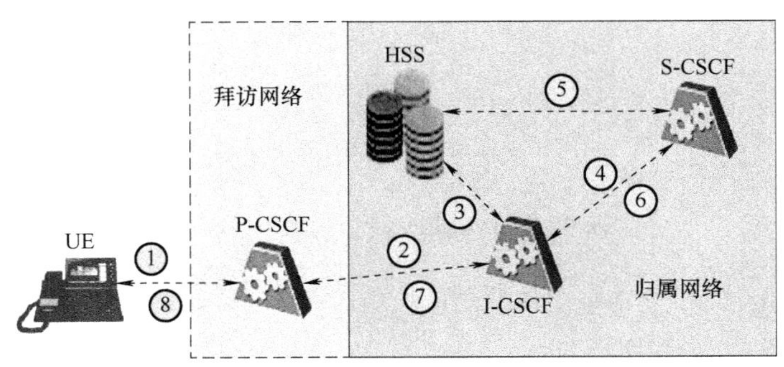

图 5-19　IMS 用户的拜访域注册流程

① UE 发送认证信令到拜访域 P-CSCF。

② 拜访域 P-CSCF 发送认证信令到归属域 I-CSCF。

③ 归属域 I-CSCF 与 HSS 进行交互，得到选择 S-CSCF 必须的能力集。

④ I-CSCF 根据从 HSS 返回的每个 S-CSCF 的能力集选择符合要求的 S-CSCF。

⑤ 认证完成用户的 IMPU 通过查询得到 HSS 下载用户的特定信息。

⑥ 归属域 S-CSCF 将注册 OK 信息 200 OK 返回 I-CSCF。

⑦ I-CSCF 把 200 OK 转给拜访域 P-CSCF。

⑧ 拜访域 P-CSCF 把 200 OK 转给终端，完成拜访域注册。

（4）IMS 用户注册的信令过程

IMS 用户注册的信令过程如图 5-20 所示。

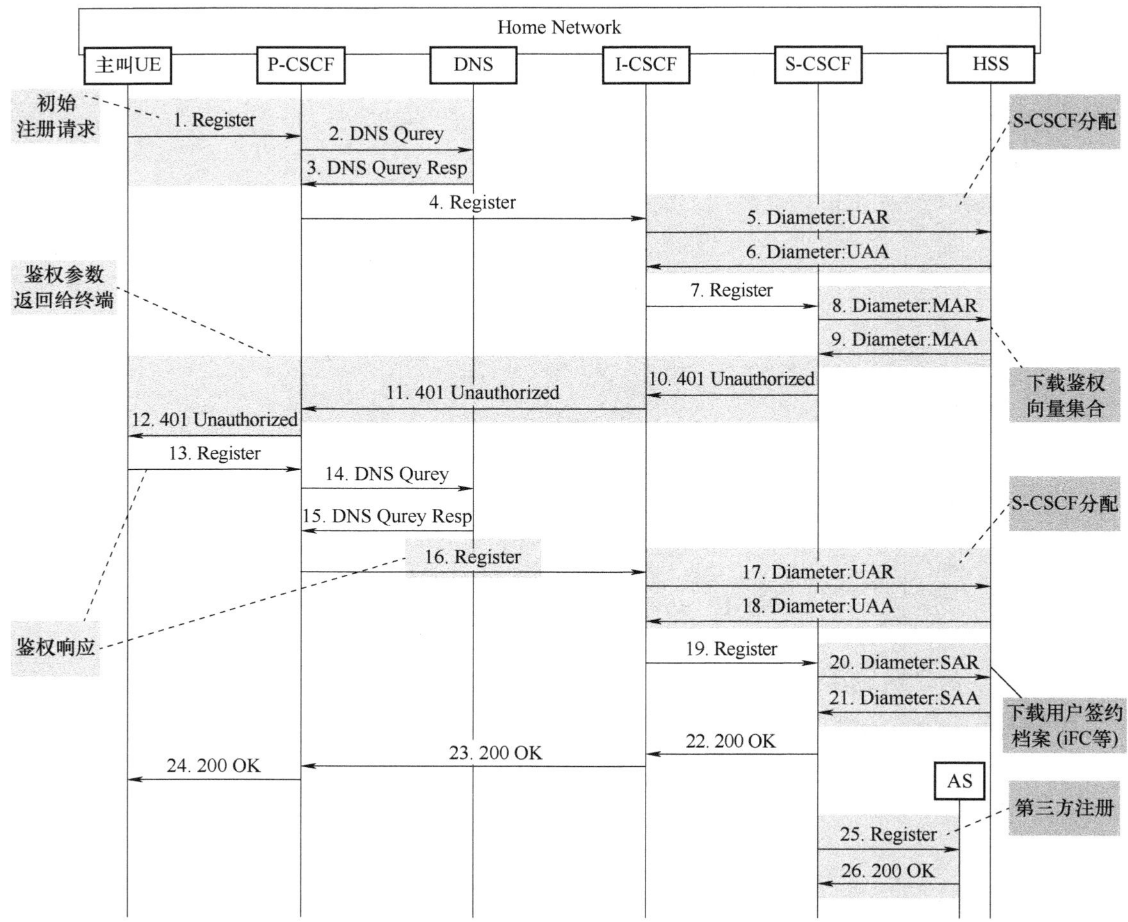

图 5-20　IMS 用户注册的信令过程

① UE 将初始 Register 信息发送给 P-CSCF。

② P-CSCF 向 DNS 发送 DNS Qurey 指令。

③ DNS 根据收到的用户归属网络域名翻译 I-CSCF 对应 IP 地址。

④ P-CSCF 将注册信息给 I-CSCF。

⑤ I-CSCF 通过用户鉴权 UAR 到 HSS。

⑥ I-CSCF 从 HSS 得到 S-CSCF 的能力。

⑦ I-CSCF 根据从 HSS 返回的每个 S-CSCF 能力集指定一个的 S-CSCF，注册信息发出。

⑧ S-CSCF 向 HSS 反馈 MAR 鉴权请求。

⑨ HSS 发送 S-CSCF 到用户的鉴权向量。

⑩ 为防止假冒用户，S-CSCF 对用户进行身份鉴权，将 401 鉴权挑战信息发送给 I-CSCF。

⑪ I-CSCF 把 401 鉴权查询消息推送 P-CSCF。

⑫ P-CSCF 将 401 鉴权查询消息发送给终端。

⑬ UE 将携带鉴权反馈值的二次注册消息给 P-CSCF（Response 是终端根据密钥和服务器提供的 nonce 值按加密算法得出的鉴权响应值）。

⑭ 进行归属网络域名的归属网络查询对应的 I-CSCF。

⑮ DNS 反馈 I-CSCF 的 IP 地址。

⑯ P-CSCF 将二次注册消息送到 I-CSCF。

⑰⑱ I-CSCF 通过用户的 IMPU 得到 S-CSCF 的 IP。

⑲ I-CSCF 将 Response 字段的注册消息发给 S-CSCF（Response 参数有终端验证出来的响应，供 S-CSCF 对终端进行最后的鉴权，假设值与 S-CSCF 本地计算的符合，则鉴权通过，不然鉴权失败）。

⑳㉑ 用户鉴权通过，通过 SAR 和 SAA 下载用户的签约档案。

㉒ 认证完成后 S-CSCF 将 200 OK 反馈给 I-CSCF。

㉓ I-CSCF 转送 200 OK 到 P-CSCF。

㉔ P-CSCF 转送 200 OK 到终端完成注册。

3. 注册过程中终端、各主要功能网元及保存的信息

（1）P-CSCF 网元

① 主要功能：主要负责检查 IMPI、IMPU 和归属域，根据归属域查询 DNS 获取 I-CSCF 的地址并转发促使注册请求。

② 保存的信息：注册前保存 DNS 地址，注册中保存 IMPI、IMPU、I-CSCF 地址、UE IP 地址，注册后保存 IMPI、IMPU、UE IP 地址、S-CSCF 地址。

（2）I-CSCF 网元

① 主要功能：主要负责查询 HSS 进行 S-CSCF 的选择，并指定 S-CSCF 并向 S-CSCF 转发注册请求。

② 保存的信息：注册前保存 DNS 和 HSS 地址，注册中保存 S-CSCF 地址（发送消息后立即删除），注册后不保存信息。

（3）S-CSCF 网元

① 主要功能：主要负责从 HSS 下载鉴权数据，对终端进行鉴权；鉴权成功后从 HSS 下载用户的业务签约数据；根据 iFC 进行第三方鉴权。

② 保存的信息：注册前保存 HSS 地址，注册中保存 HSS 地址、User profile、P-CSCF 地址、P-CSCF Network ID、UE IP 地址、IMPI、IMPU。

（4）HSS 网元

① 主要功能：主要负责与 I-CSCF（下发 S-CSCF 列表与每个 S-CSCF 所支持的性能）交

互确定 S-CSCF；下发鉴权数据和用户业务签约数据，记录用户注册状态。

② 保存的信息：注册前保存用户业务签约数据，注册中保存 S-CSCF 名或地址。

(5) 终端

保存的信息：注册前保存 DNS 地址，注册中保存 P-CSCF Network ID，注册后保存 IMPI、IMPU、域名、P-CSCF 地址、鉴权密码。

5.3.2 IMS 用户单域呼叫的会话流程

1. IMS 域内用户间呼叫会话流程的基本解释

IMS 域内用户间呼叫会话的逻辑框图如图 5-21 所示。

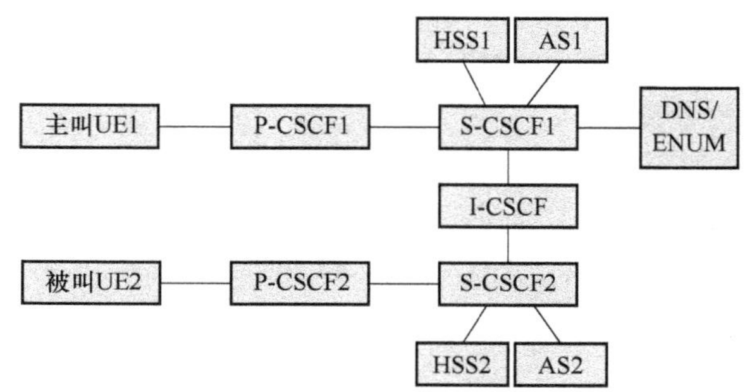

图 5-21 IMS 域内用户间呼叫会话的逻辑框图

(1) 会话流程中相关网元功能

P-CSCF：位于主叫侧，主叫 UE 的 IMS 初步入口点；位于被叫侧，通过被叫 P-CSCF 将消息转发给被叫 UE。

S-CSCF：主叫侧和被叫侧都用到，均完成本侧的呼叫会话控制。

I-CSCF：只有被叫侧用到，被叫网络的初步入口点。

AS：IMS 的服务提供通过应用服务器实现，主叫和被叫都用到。

DNS/ ENUM：主叫 S-CSCF 将被叫公共用户身份发送至 DNS，通过 DNS 解析公共用户身份的宿主部分，获得被叫侧 I-CSCF 的地址。

HSS：被叫侧用到，I-CSCF 通过在 HSS 中查询获得被叫使用的 S-CSCF；主叫侧为可选。

(2) IMS 会话流程包含的子流程

会话流程中涉及的过程包括：会话建立过程、媒体协商过程、资源预留过程、应用服务会话过程、会话释放过程。以会话建立过程为例来介绍 IMS 会话流程中的相关网元配合关系。

会话建立过程包括：MO 过程、SS 过程、MT 过程。

① MO 过程：是从主叫终端到主叫所在的 S-CSCF、AS 的呼叫过程。主叫终端可以是移动终端（归属或者漫游）、PSTN 终端、外部 SIP 终端、应用服务器等。

■ 主叫 UE 到 P-CSCF：通过 P-CSCF 发现，UE 获得 P-CSCF 的地址，从而可以路由到P-CSCF。

■ 主叫 P-CSCF 到主叫 S-CSCF：通过注册流程，UE 和 P-CSCF 均获得 S-CSCF 的地址。

② SS 过程：是从主叫 S-CSCF、AS 到被叫 S-CSCF、AS 的过程。主叫、被叫可以是相同

或者不同的网络运营商提供，会话发起和 PSTN 终结可以在与 S-CSCF 相同或者不同的网络。

■ 主叫 S-CSCF 到被叫 I-CSCF：通过 DNS 解析被叫的公共用户身份的宿主部分（域名），主叫 S-CSCF 收到 DNS 返回的一个 I-CSCF 的地址。

■ 被叫 I-CSCF 到被叫 S-CSCF：I-CSCF 作为被叫归属网络的入口，向本地 HSS 查询并获得在注册过程中为被叫选择的 S-CSCF。

③ MT 过程：是被叫终端所在 I-CSCF、S-CSCF、AS 到被叫 UE 的呼叫过程。被叫终端可以是移动终端（归属或者漫游）、PSTN 终端、外部 SIP 终端、应用服务器等。

■ 被叫 S-CSCF 到被叫 P-CSCF：被叫 S-CSCF 在注册过程中得知被叫 P-CSCF 的地址。注意，被叫 S-CSCF 作为登记员，将被叫 UE 的 SIP URI 转换成联系地址。

■ 被叫 P-CSCF 到被叫 UE：通过被叫 UE 的联系地址，将消息发往被叫 UE。

2. IMS 用户单域呼叫会话流程的消息说明

IMS 用户单域（同一 IMS 网络上）呼叫的会话流程如图 5-22 所示。

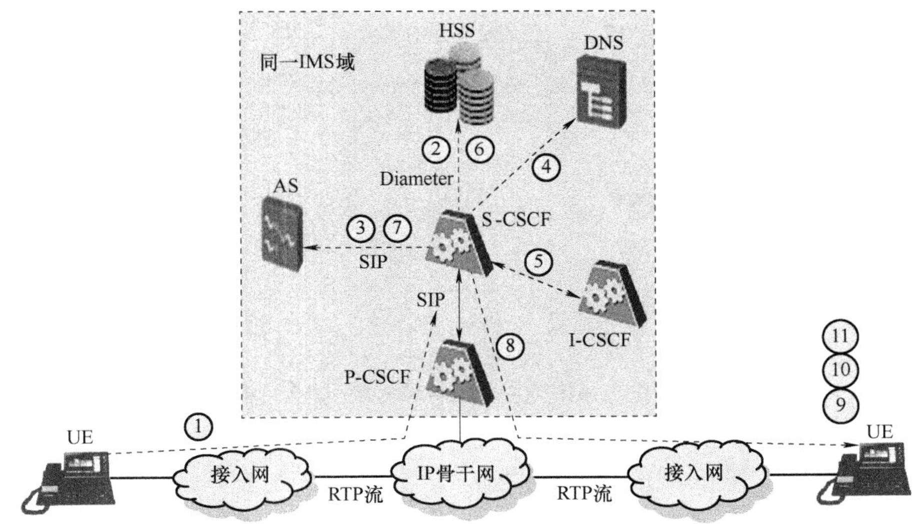

图 5-22　IMS 用户单域呼叫的会话流程

消息说明如下：

① 主叫发起会话邀请，通过 P-CSCF 发现，UE 获得 P-CSCF 的地址，从而可以路由到 P-CSCF，通过注册流程，P-CSCF 获得 S-CSCF 的地址，消息到达 S-CSCF。

② S-CSCF 向 HSS 检索用户信息。

③ S-CSCF 触发主叫业务，检索应用服务器 AS 逻辑。

④ S-CSCF 进行 DNS 查找以确定被叫归属地网络信息。

⑤ 经 I-CSCF 向被叫 S-CSCF 传送邀请会话信息。

⑥ 被叫 S-CSCF 向 HSS 检索被叫用户信息。

⑦ 被叫 S-CSCF 触发被叫业务，检索应用服务器 AS 逻辑。

⑧ 经被叫 P-CSCF 把邀请会话信息传送给被叫。

⑨ 双方进行资源协商，主叫和被叫 UE 在会话的建立过程中需要对媒体的类型和编码方

式达成一致，为此使用 SDP 请求和应答机制对媒体进行协商（即呼叫资源预留控制）。

⑩ 对被叫振铃。

⑪ 被叫用户应答，会话建立。

3. IMS 用户单域呼叫会话的信令过程

单域呼叫会话的信令过程如图 5-23 所示。

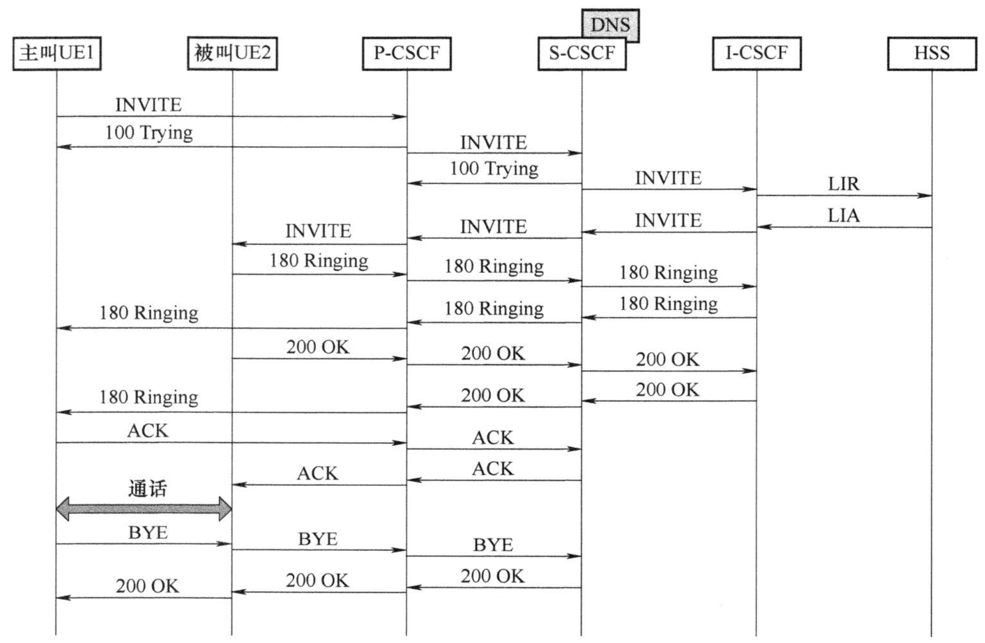

图 5-23　IMS 用户单域呼叫会话的信令过程

5.3.3　IMS 用户多域呼叫的会话流程

IMS 用户多域（不同 IMS 网络上）呼叫的会话流程如图 5-24 所示。

消息说明如下：

① 主叫发起会话邀请，通过 P-CSCF 发现，UE 获得 P-CSCF 的地址，从而可以路由到 P-CSCF，通过注册流程，P-CSCF 获得 S-CSCF 的地址，消息到达 S-CSCF。

② S-CSCF 向主叫域 HSS 检索用户信息（可选）。

③ S-CSCF 触发主叫业务，检索主叫域应用服务器 AS 逻辑。

④ S-CSCF 通过 ENUM/DNS 得到被叫的 I-CSCF，通过 DNS 解析被叫的公共用户身份的宿主部分（域名），主叫 S-CSCF 收到 DNS 返回的一个 I-CSCF 的地址；当查找到被叫不在当前域中，则把 INVITE 消息发送到被叫 IMS 域的 I-CSCF 上。

⑤ I-CSCF 作为被叫归属网络的入口，通过被叫 HSS 查询得到被叫注册的 S-CSCF；I-CSCF向被叫 S-CSCF 传送邀请会话信息。

⑥ 被叫 S-CSCF 向被叫域 HSS 检索被叫用户信息。

⑦ 被叫 S-CSCF 触发被叫业务，检索被叫域应用服务器 AS 逻辑。

⑧ 被叫 S-CSCF 经被叫域 P-CSCF 把 INVITE 消息邀请会话信息传送给被叫（被叫

S-CSCF作为登记员，将被叫 UE 的 SIP URI 转换成联系地址，通过被叫 UE 的联系地址，将消息发往被叫 UE）。

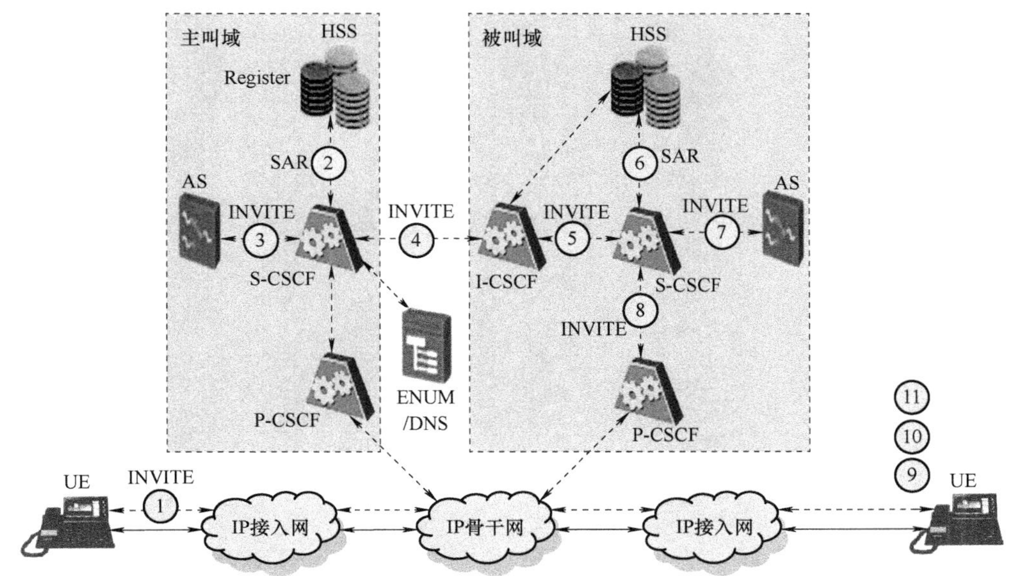

图 5-24　IMS 用户多域呼叫的会话流程

⑨ 双方进行资源协商，主叫和被叫 UE 在会话的建立过程中需要对媒体的类型和编码方式达成一致，为此使用 SDP 请求和应答机制对媒体进行协商（即呼叫资源预留控制）。

⑩ 对被叫振铃。

⑪ 被叫用户应答，会话建立。

5.3.4　IMS 用户漫游呼叫的会话流程

1. IMS 用户漫游呼叫会话流程的消息说明

IMS 用户漫游至被叫域时发起呼叫的会话流程如图 5-25 所示。

消息说明如下：

① 主叫在拜访域经 P-CSCF 发起会话邀请，消息到达拜访域 S-CSCF。

② 根据主叫注册信息向主叫归属地网络 HSS 检索用户信息。

③ 主叫拜访域 S-CSCF 触发主叫业务，检索应用服务器 AS 逻辑。

④ 进行拜访域 DNS 查找，以确定被叫归属地网络信息。

⑤ 主叫拜访域 S-CSCF 经拜访域 I-CSCF 向被叫 S-CSCF 传送邀请会话信息。

⑥ 被叫 S-CSCF 向拜访域 HSS 检索被叫用户信息。

⑦ 被叫 S-CSCF 触发被叫业务，检索拜访域应用服务器 AS 逻辑。

⑧ 被叫 S-CSCF 经被叫侧 P-CSCF 把 INVITE 消息邀请会话信息传送给被叫用户。

⑨ 双方进行资源协商，主叫和被叫 UE 在会话的建立过程中需要对媒体的类型和编码方式达成一致，为此使用 SDP 请求和应答机制对媒体进行协商（即呼叫资源预留控制）。

⑩ 对被叫振铃。

⑪ 被叫用户应答，会话建立。

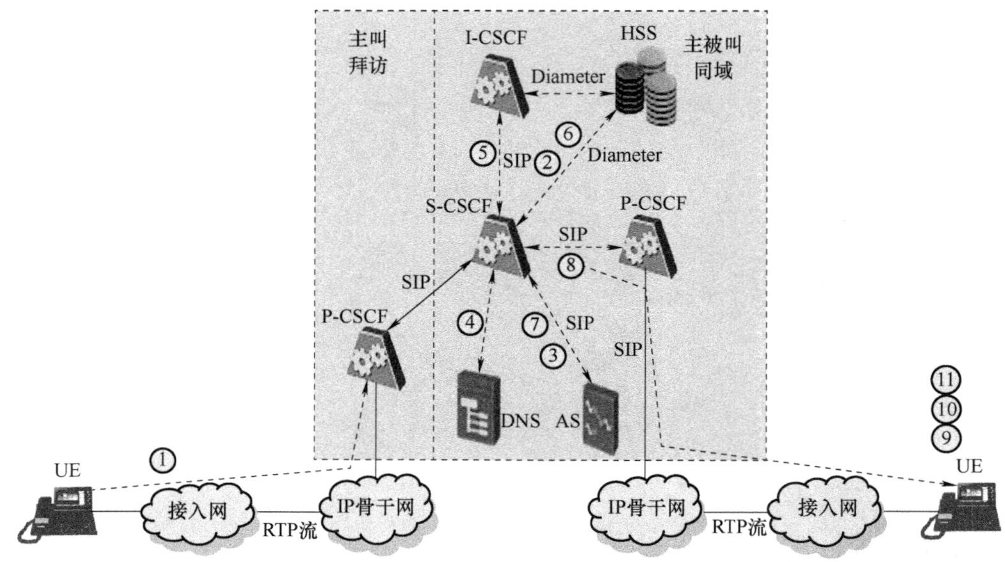

图 5-25 IMS 用户漫游至被叫域时发起呼叫的会话流程

2. IMS 用户漫游呼叫会话的信令过程

IMS 用户漫游至被叫域时发起呼叫会话的信令过程如图 5-26 所示。

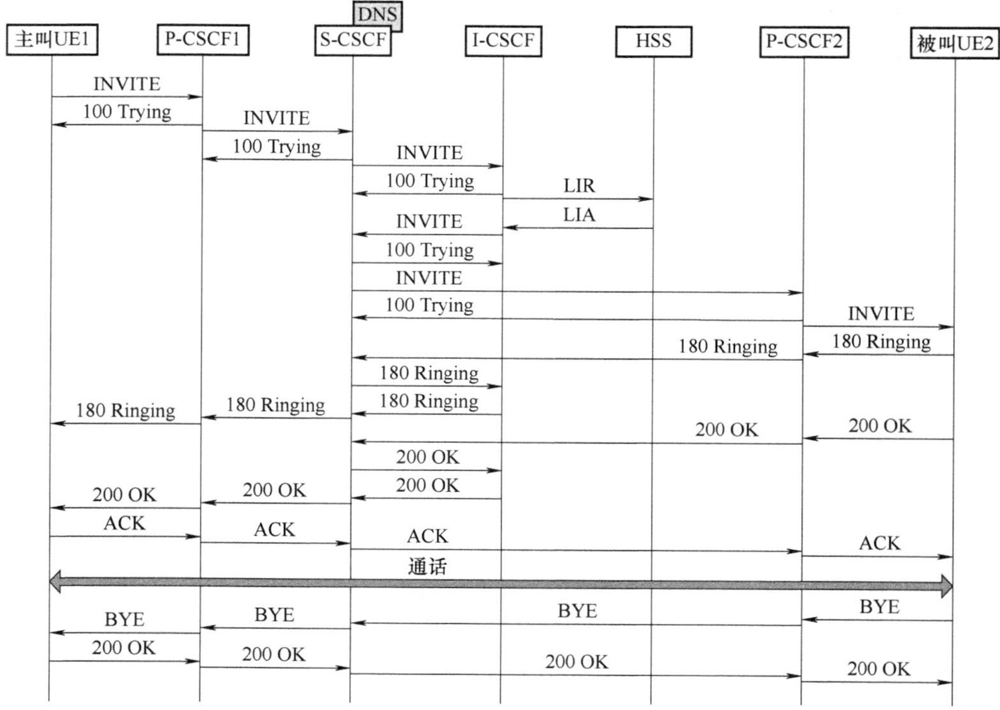

图 5-26 IMS 用户漫游至被叫域时发起呼叫会话的信令过程

5.3.5　IMS 至 PSTN/PLMN 呼叫的会话流程

IMS 至 PSTN/PLMN 用户呼叫的会话流程和逻辑框图分别如图 5-27 和图 5-28 所示。

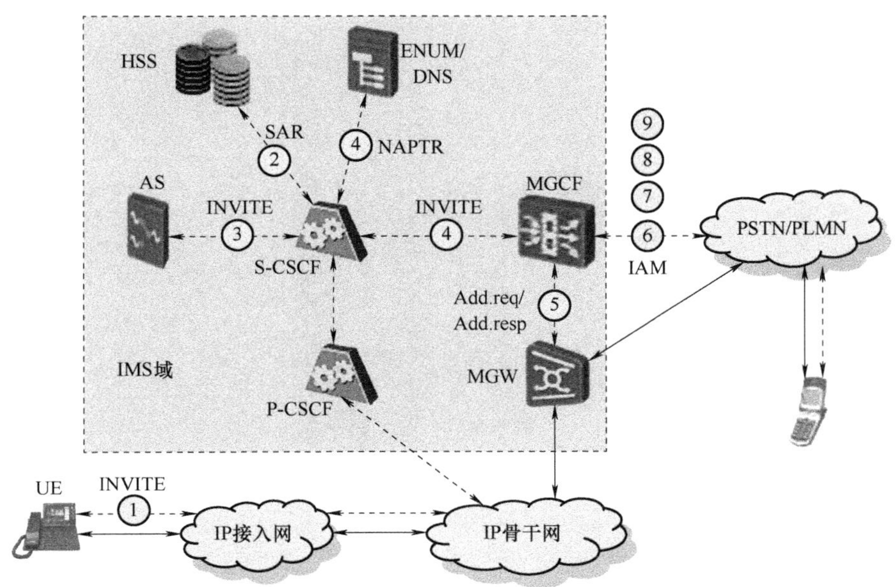

图 5-27　IMS 至 PSTN/PLMN 用户呼叫的会话流程

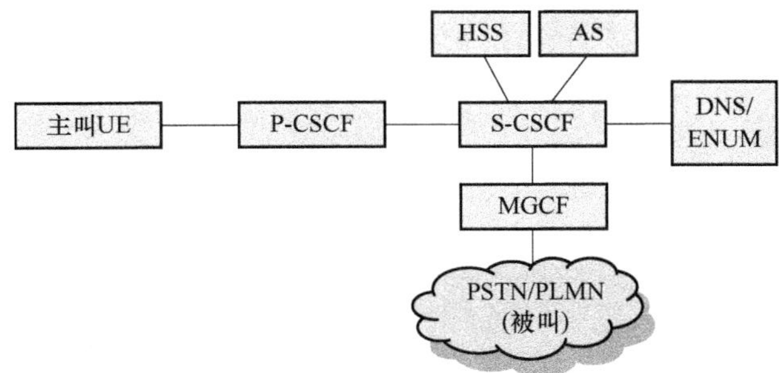

图 5-28　IMS 至 PSTN/PLMN 用户呼叫的逻辑框图

会话流程的消息说明如下：

① IMS 用户发起会话请求，消息经 P-CSCF 到达 S-CSCF。

② S-CSCF 从 HSS 下载用户数据。

③ S-CSCF 触发主叫业务，AS 进行业务逻辑控制。

④ S-CSCF 查询 ENUM 失败，将会话请求转给 MGCF（若 PSTN 用户，可以是 AGCF）。

⑤ MGCF 控制 MGW 为会话在 PSTN/PLMN 域分配中继。

⑥ MGCF 向被叫用户发送 IAM。

⑦ 双方进行资源协商和预留。

⑧ 对被叫用户振铃。

⑨ 被叫用户应答，会话建立。

5.3.6　PSTN/PLMN 至 IMS 呼叫的会话流程

PSTN/PLMN 至 IMS 用户呼叫的会话流程和逻辑框图分别如图 5-29 和图 5-30 所示。

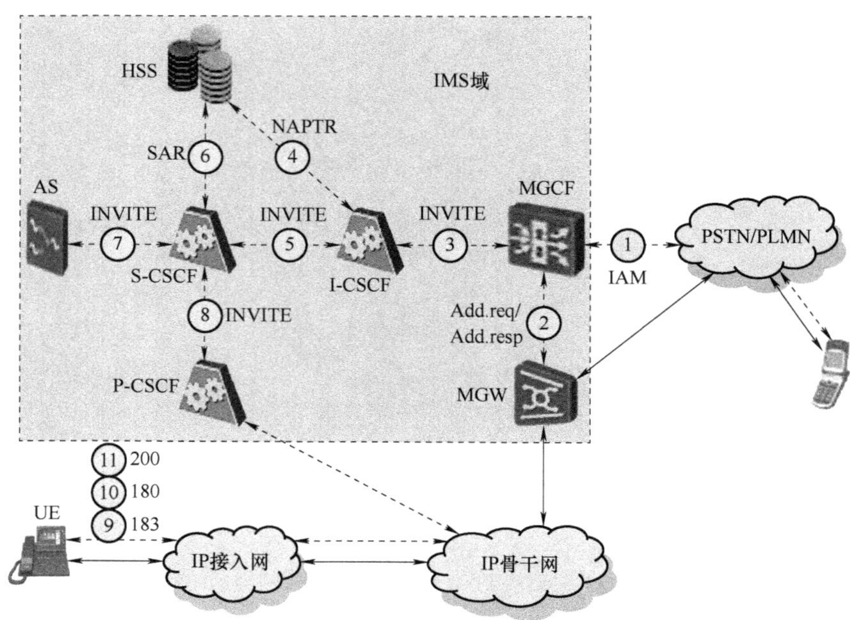

图 5-29　PSTN/PLMN 至 IMS 用户呼叫的会话流程

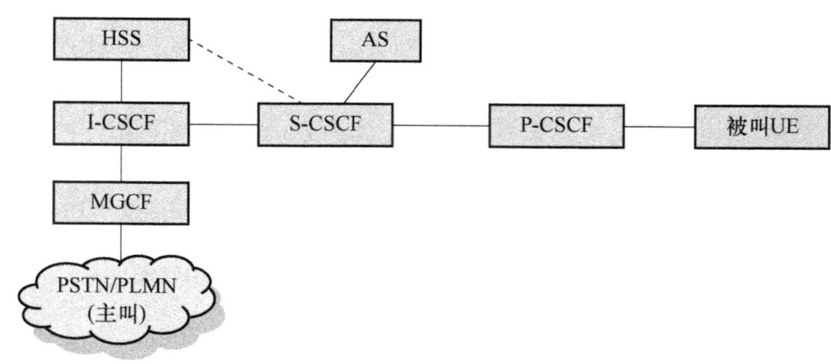

图 5-30　PSTN/PLMN 至 IMS 用户呼叫的逻辑框图

会话流程的消息说明如下：

① PSTN/PLMN 用户向 IMS 域发起会话请求（IAM 消息）。

② MGCF（若 PSTN 主叫用户，可以是 AGCF）为会话分配中继。

③ MGCF 将 IAM 消息转换为 SIP 消息，向被叫用户发送 INVITE 消息。

④ I-CSCF 查询 HSS 得到被叫用户注册的 S-CSCF。

⑤ I-CSCF 把请求转给 S-CSCF。

⑥ S-CSCF 从 HSS 下载用户数据（可选）。
⑦ S-CSCF 触发被叫业务，应用服务器 AS 进行业务逻辑控制。
⑧ 会话请求被路由到 IMS 用户。
⑨ 双方进行资源协商和预留。
⑩ 对被叫用户振铃。
⑪ 被叫用户应答，会话建立。

5.3.7　PSTN 之间经 IMS 网络呼叫的会话流程

PSTN 之间经 IMS 网络呼叫的会话流程如图 5-31 所示。
① 用户发起会话请求，消息经 AGCF 到达主叫 S-CSCF。
② 主叫 AGCF 请求 AG 分配 IP 端点。
③ 主叫 S-CSCF 从主叫 HSS 下载用户数据（可选）。
④ 主叫 S-CSCF 触发主叫业务，应用服务器 AS 进行业务逻辑控制。
⑤ 主叫 S-CSCF 通过 ENUM/DNS 得到被叫的 I-CSCF，并向 I-CSCF 发送请求消息。
⑥ I-CSCF 通过被叫 HSS 查询得到被叫注册的 S-CSCF，并向其传送邀请会话信息。
⑦ 被叫 S-CSCF 从被叫 HSS 得到被叫用户数据（可选）。
⑧ 被叫 S-CSCF 触发被叫业务，被叫应用服务器 AS 进行业务逻辑控制。
⑨ 会话请求被路由到被叫用户。
⑩ 被叫 AGCF 请求 AG 分配 IP 端点。
⑪ 双方进行资源协商。
⑫ 对被叫振铃。
⑬ 被叫用户应答，会话建立。

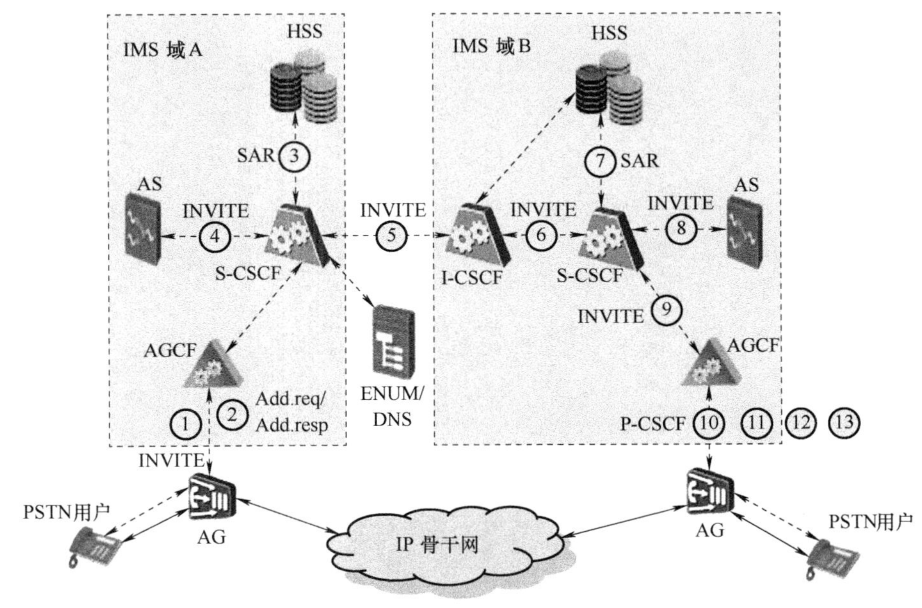

图 5-31　PSTN 之间经 IMS 网络呼叫的会话流程

复习思考题

5-1　什么是软交换？它与传统电话交换的本质区别在何处？

5-2　软交换的主要功能有哪些？基于软交换的网络具有什么特征？

5-3　什么是 IMS 技术？

5-4　在移动通信领域，主要通过什么样的演进方式将现有业务向 IMS 业务平滑迁移？

5-5　简述 IMS 的体系结构及各层功能。

5-6　IMS 功能实体主要可以分为哪些实体？

5-7　简述会话控制层呼叫控制功能主要网元及其作用。

5-8　简述会话控制层网络互通功能主要网元及其作用。

5-9　IMS 与软交换的区别是什么？

5-10　IMS 主要包括哪些相关协议？

5-11　SIP 定义了哪些网络实体？

5-12　在 IMS 应用环境下，SIP 主要支持哪些方面的功能？

5-13　简要说明基于 SIP 的基本呼叫建立过程。

5-14　简要说明 SIP 的用户注册流程。

5-15　简要说明 SIP 的用户直接呼叫流程。

5-16　简要说明 SIP 的代理服务器呼叫流程。

5-17　SIP 中主要存在哪些不同类型的服务器，各有什么作用？

5-18　IMS 用户为什么需要进行注册？

5-19　IMS 用户为什么需要进行鉴权？解释鉴权实现过程。

第 6 章　典型程控交换设备

当前，现行的典型局用交换设备主要有 ZXJ10B、NGL04、C&C08 等。本章就以 ZXJ10B 交换机为例，介绍其系统设备组成、用户呼叫硬件工作机理、业务配置的基本流程。

6.1　系统设备组成

ZXJ10B 采用全分散的控制结构，根据局容量的大小，可由若干个模块组成，方便用户根据自身的业务需求灵活配置。

6.1.1　系统总体组成

图 6-1 所示为 ZXJ10B 系统逻辑结构示意图。SNM、MSM、PSM、RSM、RLM 为 ZXJ10 前台系统的基本模块，OMM 构成 ZXJ10 的后台系统。除 OMM 外，每种模块由一对主备的模块处理机（MP）和若干从处理机（SP）以及一些单板组成。

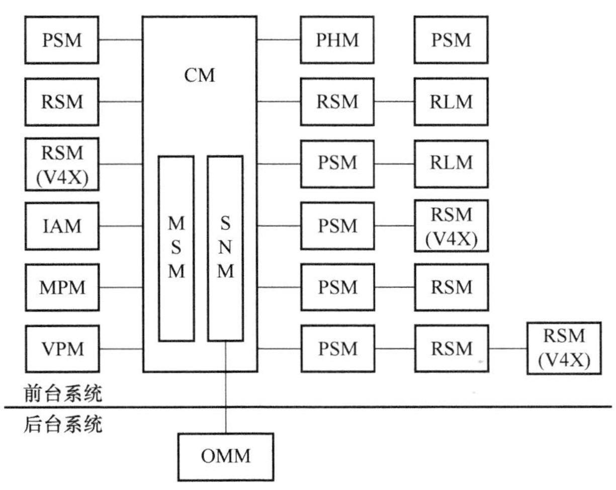

图 6-1　ZXJ10B 系统逻辑结构示意图

1. 外围交换模块（PSM）

PSM 是最常用的模块，采用多处理机分级控制方式。其主要功能如下：单模块成局实现 PSTN、ISDN 用户接入和呼叫处理；多模块成局时作为其中一个模块局接入中心模块；可作为移动交换系统接入中心局；可作为智能网的业务交换点（SSP）、业务控制点（SCP）；可带远端用户模块等。

2. 远端交换模块（RSM）

RSM 和 PSM 的功能完全一样，其区别在于与上级模块的连接方式不同。

3. 消息交换模块（MSM）

MSM 主要完成各模块之间的消息交换。PSM、RSM、PHM 经光纤连接到 SNM，由 SNM 的半固定接续将其中的通信时隙连至 MSM。

4. 交换网络模块（SNM）

SNM 在多模块构成大型交换系统时使用，其主要功能是完成 PSM/RSM 与 PSM/RSM 之间话路交换；完成 PSM/RSM 与 PHM 之间的 B 信道连接。根据模块的大小，SNM 可有 32KB、64KB、128KB、256KB 等容量。

5. 操作维护模块（OMM）

ZXJ10 程控交换机采用集中维护管理方式，维护管理网络采用了基于 TCP/IP 的客户机/服务器结构，Windows 2000/NT4.0 操作系统，如图 6-2 所示。其内容包括管理和维护交换机运行所需的数据、统计话务量、话费、系统测量、系统告警等，整个系统的软件和数据在 OMM 中完成，由 SNM 向每个外围模块传送，并且可进行远程操作维护管理。

6. 远端用户模块（RLM）

远端用户模块不具备交换模块的同步数据传输交换能力，但与相连模块通信中断时，RLM 内部可通过从处理机（SP）实现自交换，保证单元内用户正常通话。RLM 可以通过数字中断（DT）、光中继（ODT）或同步数字传输模块接入上级模块，并提供集中监控、电源和配线架的能力。

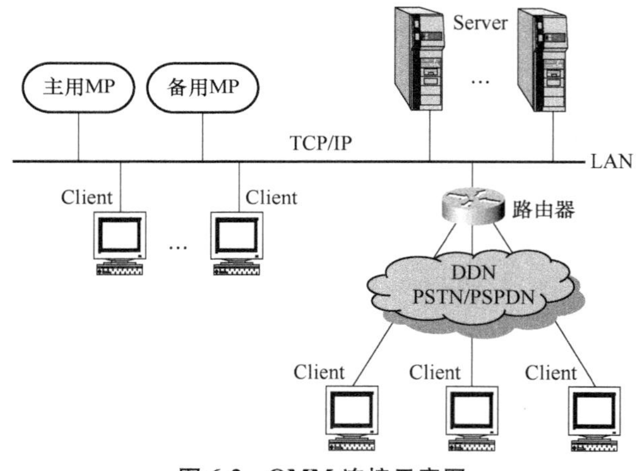

图 6-2　OMM 连接示意图

6.1.2　系统硬件配置

PSM 可以分为用户中继模块、纯用户模块、纯中继模块 3 种类型，根据具体情况，有 8KB 外围交换模块（SM8）、16KB 外围交换模块（SM16）、4KB 紧凑型外围交换模块（SM4C）等几种配置方式。下面主要介绍 SM8 和 SM4C 两种最常用的 PSM。

1. 8KB 外围交换模块（SM8）

（1）模块物理配置

一个 8KB 外围交换模块（SM8）最多为 5 个机架，其中#1 机架为控制架，配有所有的公共资源、两层中继框和两层用户框，可以独立工作；其他 4 个机架为纯用户架（机架号为 2~5），只配用户单元。根据用户线数量，单模块结构分单机架、2~5 机架，每个机架有 6 层机框，自下而上依次为第 1~第 6 框。控制架和用户架的正面配置示意图如图 6-3 和图 6-4 所示。

8KB 外围交换模块（SM8）满配时的 5 个机架背板配置示意图如图 6-5 所示。

1	2	3	4	5	6	7	8	9	10	11	12	13	14	15	16	17	18	19	20	21	22	23	24	25	26	27
电源B		DTI	DTI		DTI	DTI		DTI	DTI		DTI	DTI		DTI	DTI		DTI	DTI		DTI	DTI		DTI	DTI		电源B
1	2	3	4	5	6	7	8	9	10	11	12	13	14	15	16	17	18	19	20	21	22	23	24	25	26	27
电源B		DTI	DTI		DTI	DTI		DTI	DTI		DTI	DTI		DTI	DTI		DTI	DTI		ASIG	ASIG		ASIG	ASIG		电源B
1	2	3	4	5	6	7	8	9	10	11	12	13	14	15	16	17	18	19	20	21	22	23	24	25	26	27
电源B		SMEM	MP					MP				MPMP	MPMP	MPPP	MPPP	MPPP	MPPP	MPPP	MPPP	STB	STB	STB	V5	PEPD	MON	电源B
1	2	3	4	5	6	7	8	9	10	11	12	13	14	15	16	17	18	19	20	21	22	23	24	25	26	27
电源B		CKI	SYCK			SYCK			DSN		DSN	DSNI	DSNI	DSNI	DSNI	DSNI	DSNI	DSNI	DSNI	FBI	FBI					电源B
1	2	3	4	5	6	7	8	9	10	11	12	13	14	15	16	17	18	19	20	21	22	23	24	25	26	27
电源A		SLC	SLC	SLC	SLC	SLC	SLC	SLC	SLC	SLC	SLC	SLC	SLC	SLC	SLC	SLC	SLC	SLC	SLC	SLC	SLC			SPI	SPI	电源A
1	2	3	4	5	6	7	8	9	10	11	12	13	14	15	16	17	18	19	20	21	22	23	24	25	26	27
电源A		SLC	SLC	SLC	SLC	SLC	SLC	SLC	SLC	SLC	SLC	SLC	SLC	SLC	SLC	SLC	SLC	SLC	SLC	SLC	SLC	MTT	TDSL	SP	SP	电源A

图 6-3　SM8 的控制架正面配置示意图

1	2	3	4	5	6	7	8	9	10	11	12	13	14	15	16	17	18	19	20	21	22	23	24	25	26	27
电源A		SLC	SLC	SLC	SLC	SLC	SLC	SLC	SLC	SLC	SLC	SLC	SLC	SLC	SLC	SLC	SLC	SLC	SLC	SLC	SLC			SPI	SPI	电源A
1	2	3	4	5	6	7	8	9	10	11	12	13	14	15	16	17	18	19	20	21	22	23	24	25	26	27
电源A		SLC	SLC	SLC	SLC	SLC	SLC	SLC	SLC	SLC	SLC	SLC	SLC	SLC	SLC	SLC	SLC	SLC	SLC	SLC	SLC	MTT	TDSL	SP	SP	电源A
1	2	3	4	5	6	7	8	9	10	11	12	13	14	15	16	17	18	19	20	21	22	23	24	25	26	27
电源A		SLC	SLC	SLC	SLC	SLC	SLC	SLC	SLC	SLC	SLC	SLC	SLC	SLC	SLC	SLC	SLC	SLC	SLC	SLC	SLC			SPI	SPI	电源A
1	2	3	4	5	6	7	8	9	10	11	12	13	14	15	16	17	18	19	20	21	22	23	24	25	26	27
电源A		SLC	SLC	SLC	SLC	SLC	SLC	SLC	SLC	SLC	SLC	SLC	SLC	SLC	SLC	SLC	SLC	SLC	SLC	SLC	SLC	MTT	TDSL	SP	SP	电源A
1	2	3	4	5	6	7	8	9	10	11	12	13	14	15	16	17	18	19	20	21	22	23	24	25	26	27
电源A		SLC	SLC	SLC	SLC	SLC	SLC	SLC	SLC	SLC	SLC	SLC	SLC	SLC	SLC	SLC	SLC	SLC	SLC	SLC	SLC			SPI	SPI	电源A
1	2	3	4	5	6	7	8	9	10	11	12	13	14	15	16	17	18	19	20	21	22	23	24	25	26	27
电源A		SLC	SLC	SLC	SLC	SLC	SLC	SLC	SLC	SLC	SLC	SLC	SLC	SLC	SLC	SLC	SLC	SLC	SLC	SLC	SLC	MTT	TDSL	SP	SP	电源A

图 6-4　SM8 的用户架正面配置示意图

	#1	#2	#3	#4	#5
第六层	BDT	BSLC1	BSLC1	BSLC1	BSLC1
第五层	BDT	BSLC0	BSLC0	BSLC0	BSLC0
第四层	BCTL	BSLC1	BSLC1	BSLC1	BSLC1
第三层	BNET	BSLC0	BSLC0	BSLC0	BSLC0
第二层	BSLC1	BSLC1	BSLC1	BSLC1	BSLC1
第一层	BSLC0	BSLC0	BSLC0	BSLC0	BSLC0

图 6-5　SM8 满配时的背板配置示意图

（2）功能单元

8KB PSM（SM8）结构示意图如图 6-6 所示，功能单元主要包括用户单元、数字中继单元、模拟信令单元、主控单元、交换单元和时钟同步单元。

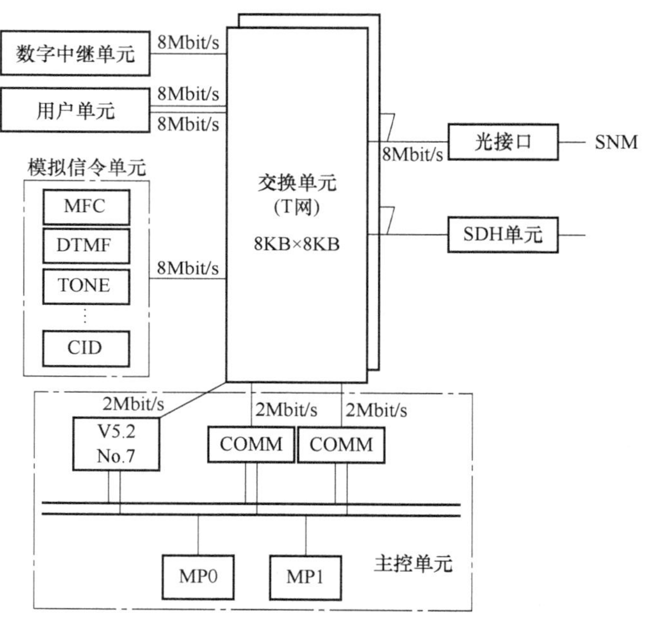

图 6-6　SM8 结构示意图

① 用户单元。用户单元是交换机与用户之间的接口单元，主要由模拟用户板（ASLC）、数字用户板（DSLC）、用户单元处理板（SP）、跨层处理接口电路板（SPI）、多任务测试板（MTT）、数字用户测试板（TDSL）和用户层背板（BSLC）组成。每个用户单元占用两个机框，每个机框最多可以插 20 块用户板，DSLC 和 ASLC 可以混插，BSLC 是为用户单元各单板安装和连接的母板。每块 ASLC 含 24 路模拟用户，每块 DSLC 含 12 路数字用户，一个用户单元容量为 960 个模拟用户（2×20×24 = 960）或 480 个数字用户。用户单元的用户板槽位也可混插二线实线中继（ABT）、载波中继（2400Hz/2600Hz SFT）、E&M 中继等模拟中继。用户单元结构如图 6-3 的第 1、2 层所示，用户单元中的每块单板称为一个子单元。

用户单元与交换单元（T 网）的连接是通过两条 8Mbit/s 的 HW 线实现的。每条 HW 线的最后两个时隙（TS126 和 TS127）用于与 MP 通信；倒数第三个时隙（TS125）是忙音时隙；两条 HW 线的其余 250 个工作时隙是由 SP 内的 LC 网络（即用户集线器）动态分配给用户使用，SP 根据某用户在摘机队列中的次序分配时隙给该用户，一旦 LC 网络的时隙占用满，由 SP 控制通过忙音时隙给后续的起呼者送出忙音。

② 数字中继单元。数字中继单元主要由数字中继板（DTI）和中继层背板（BDT）构成，在物理上与模拟信令单元共用相同机框。BDT 是 DTI 和模拟信令板（ASIG）安装连接的母板，其结构图如图 6-3 第 5、6 框所示（上面两层）。BDT 支持 DTI 或 ASIG 的槽位号为 $3n$ 和 $3n+1$（$n=1\sim8$）。每块 DTI 提供 4 个 2M 接口（即 E1 接口），即一个 DTI 数字中继单元提供 120 路数字中继电路，每个 E1 称为一个子单元。需要提醒的是，目前有的交换机配备 MDTI 板，它相当于 4 块 DTI（即 4 个数字中继单元），可以提供 16 个 E1 口，但占用板位与 DTI 相同。

每个数字中继单元与交换单元（T 网）通过一条 8Mbit/s 的 HW 线相连，HW 线的最后两个时隙（TS126 和 TS127）作为 DTI 与 MP 的通信时隙。

③ 模拟信令单元。模拟信令单元由模拟信令板（ASIG）和中继层背板（BDT）组成，共有 4 个，与数字中继单元共用一个机框，其结构图如图 6-3 的第 5 框所示。DTI 与 ASIG 二者单板插针引脚相同，可任意混插，数字中继单元与模拟信令单元数量的配比将根据系统容量及要求具体确定。每块 ASIG 提供 120 个电路，分成两个子单元，主要功能包括：多频互控（MFC）、双音多频（DTMF）、信号音及语音电路（TONE）、主叫号码显示（CID）、会议电话等，具体取决于 ASIG 的软硬件版本。

④ 主控单元。ZXJ10 的主控单元对所有交换机功能单元、单板进行监控，在各个处理机之间建立消息链路，为软件提供运行平台，满足各种业务需要。

ZXJ10 的主控单元由一对主备模块处理机（MP）、共享内存板（SMEM）、通信板（COMM）、监控板（MON）、环境监控板（PEPD）和控制层背板（BCTL）组成。BCTL 为各单板提供总线连接并为各单板提供支撑。主控单元占用一个机框，如图 6-3 的第 4 框所示。

主控单元的原理示意图如图 6-7 所示。控制层背板上有两条控制总线，主备 MP 分别与其中一条控制总线连接，而 COMM、PEPD 和 MON 同时挂在两条控制总线上。COMM、PEPD 和 MON 上都带有 8KB 的双口 RAM，各单板通过双口 RAM 和控制总线实现与 MP 的通信。

通信板（COMM）位于 13~24 板位，其类型包括 MPMP、MPPP、STB、V5 和 U 卡通信板，其中 MPMP 和 MPPP 是成对工作的，最常用的是 MPPP 和 STB。各种控制消息传递是通过 MPMP 和 MPPP 之间提供的通信端口（消息传递通道）进行的。根据不同用途，通信端口分为模块间通信端口（用于不同模块 MP 之间通信）、模块内通信端口（用于 MP 与模块内功能单元通信）和控制 T 网接续的通信端口（用于 MP 控制 T 网接续）。

MPMP：多模块连接时配置，提供各模块 MP 之间的消息传递通道。一块 MPMP 能处理 32 个通信时隙，并且成对工作，即一对 MPMP 能处理 32 对通信时隙；而一个模块间通信端口由 4 对通信时隙构成。因此，一对 MPMP 可以处理 8 个模块间通信端口。

MPPP：必配，提供模块内 MP 与各外围处理子单元处理机（PP）之间的信息传递通道，其中固定由 15、16 槽位的一对 MPPP 提供交换网单元的交换接续控制通道。一块

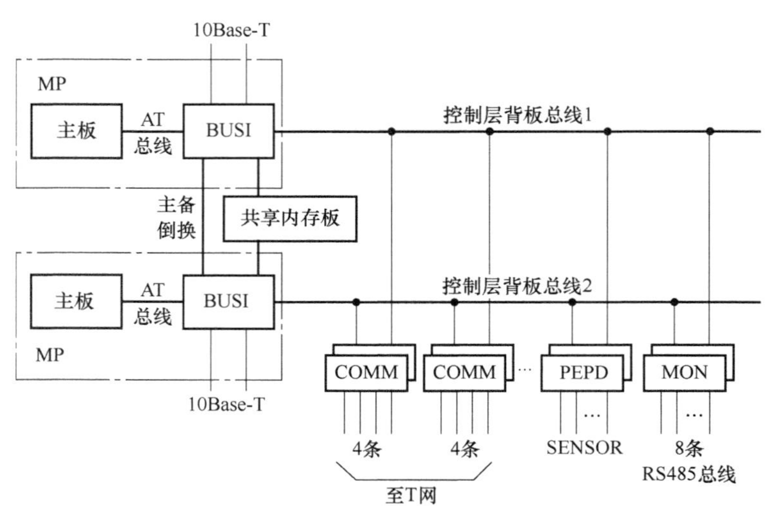

图 6-7　主控单元的原理示意图

MPPP 能处理 32 个通信时隙，并且成对工作，即一对 MPPP 也能处理 32 对通信时隙；而一个模块内通信端口由 1 对通信时隙构成。因此，一对 MPPP 板能处理 32 个模块内通信端口。

用户单元需要占用两个模块内通信端口，数字中继单元、模拟信令单元均占用一个模块内通信端口，MP 通过这些通信端口控制功能单元并获取功能单元的状态信息。

T 网的接续控制由 MP 经 15、16 槽位的 MPPP 通过 256kbit/s（4×64kbit/s）HDLC 信道实现。接续消息先由 MP 发至 15、16 槽位的 MPPP，然后 MPPP 发给主备用交换网，以保证主备用交换网的接续完全相同。15、16 槽位的 MPPP 使用各自的前 8 个时隙固定用于 MP 控制 T 网，构成两个通信端口（一个端口包含 4 对时隙），即控制 T 网接续的通信端口，也称为超信道。因此，15、16 槽位的 MPPP 剩余的 24 对时隙只能构成 24 个模块内通信端口。

STB：开通共路中继业务时配置，提供 NO. 7 信令信息的处理通道。

V5：开通 V5 业务时配置，提供 V5. 2 信令信息的处理通道。

U 卡：提供 ISDN 话务台用户与 MP 之间的消息传递通道。

有些单元、单板的通信与告警监控不需要使用模块内通信端口，主要是通过 MON 提供 RS485 串口、RS232 串口来实现，如 FBI、ODT、二次电源板等。烟雾、红外、温湿度主要是通过 PEPD 来实现监控。

⑤ 交换单元（简称 T 网）。交换单元由一对网板（DSN）、四对驱动板（DSNI）、一对光纤接口板（FBI）和网络层背板（BNET）组成，如图 6-3 的第 3 框所示，提供 64kbit/s 的动态话路时隙交换、64kbit/s 的半固定消息时隙交换和 n×64kbit/s 动态时隙交换等功能。其中，13、14 槽位的 DSNI 是 DSNI-C，称为控制级或 MP 级的 DSNI，为 DSN 与 MPPP 之间提供连接通道；其余槽位的 DSNI 是 DSNI-S，称为功能级或 SP 级的 DSNI，为 DSN 与用户、中继、模拟信令单元之间提供连接通道。FBI 实现光电转换功能，提供 16 条 8Mbit/s 的光纤传输接口，当两模块之间的信息通路距离较远、传输速率较高时，可以采用 FBI 光纤传输接口实现模块间连接。

8KB 交换网板 DSN 是一个单 T 结构时分无阻塞交换网络，容量为 8KB×8KB 时隙，两块

DSN 采用双入单出热备用的主备用工作方式，一对 DSN 提供 64 条 8 Mbit/s HW 线，HW 线号为 HW0～HW63。

a. 各 HW 线的作用。

HW0～HW3：用于消息通信，通过 DSNI-C（13、14 槽位的 DSNI）连接到 COMM。这 4 条 8Mbit/s HW 线经 DSNI-C 后降速成 32 条 1Mbit/s HW 线，从 DSNI-C 的后背板槽位引出分别接入各 COMM。在背板上 32 条 1Mbit/s HW 线的接头分别用标号 MPC0～MPC31 来表示，MPC0 与 MPC2 合成一个 2Mbit/s 的 HW 线连接到 COMM#13，MPC1 与 MPC3 合成一个 2Mbit/s 的 HW 线连接到 COMM#14，MPC4 与 MPC6 合成一个 2Mbit/s 的 HW 线连接到 COMM#15，MPC5 与 MPC7 合成一个 2Mbit/s 的 HW 线连接到 COMM#16，依次类推，两块 DSNI-C 是负荷分担方式工作的。特别提示，T 网与 COMM 之间在机架背板上的连接电缆千万不能接错。

HW4～HW62：主要用来传送话音信息（HW 线中的 TS126 和 TS127 等个别时隙用于传送消息，以实现功能单元与 MP 通信或模块间 MP 通信），可以灵活分配，分别通过三对 DSNI-S 连接到各功能单元，以及通过一对 FBI 连接到中心模块（CM）或其他近端 PSM。FBI 和 DSNI-S 都是热主备用的。

一对 DSNI-S 能处理 16 条 8Mbit/s HW 线，HW4～HW62 与各槽位 DSNI-S 的对应关系如下：

- 21/22 槽位 DSNI-S（或 FBI）：HW4～HW19。
- 19/20 槽位 DSNI-S：HW20～HW35。
- 17/18 槽位 DSNI-S：HW36～HW51。
- 15/16 槽位 DSNI-S：HW52～HW62。

HW63：用于自环测试。

b. HW 线的配置。从图 6-6 可见，交换单元（T 网）是整个交换系统的核心，各单元之间的联系都必须通过交换单元。MP 与 T 网之间通过 HW0～HW3 连接，只要机架背后连接电缆按要求正确连接和按要求正确配置控制 T 网的通信端口即可；用户单元、数字中继单元、模拟信令单元与 T 网是否能正确连接，关键就在于是否能正确进行 HW 线的配置。

HW4～HW62 一般的配置习惯如下：

- HW4～19 用于模块间的连接。如果不需要连接其他模块，则 FBI 所在槽位可以混插 DSNI-S，可以将 HW4～19 连接到功能单元。
- 从 HW20 开始，用于同用户单元的连接，依次增加，每个用户单元占用两条 HW 线。
- 从 HW61 开始，用于同数字中继单元与模拟信令单元的连接，依次减少，每个单元占用一条 HW 线。
- HW62 作为备用 HW 线，也可用于连接功能单元。

注意，机架背板上 HW4～HW62 的接头分别用标号 SPC0～SPC58 表示。物理电缆从 DSNI-S 对应的后背板槽位连接到功能单元，包含两条 8Mbit/s HW 线，即两个 SPC 号对应一个物理电缆。需要切记的是，HW 线号= SPC 号+4（由于 HW0～HW3 为系统内部使用）。

一个用户单元需要占用两条 8Mbit/s HW 线，则连接用户单元和 T 网的物理电缆所对应的两个 SPC 号，分别加 4 后正好就是该用户单元所占用的 HW 线号。

数字中继单元和模拟信令单元都只需要占用一条 8Mbit/s HW 线，因此中继层 $3n$ 和

3n+1两个槽位的单元共用一条物理电缆，从 3n 槽位连接到 DSNI-S，物理电缆中小 SPC 号（小 HW 线号）必须分配给 3n 槽位的单元使用，而大 SPC 号（大 HW 线号）必须分配给 3n+1 槽位的单元使用。如果使用 MDTI，则所在槽位需要连接两个物理电缆（4 条 8Mbit/s HW 线）到 DSNI-S。

⑥ 时钟同步单元。程控数字交换机的时钟同步是实现通信网同步的关键。其时钟同步系统由基准时钟板（CKI）、同步振荡时钟板（SYCK）及时钟驱动板（在 SM8 上，时钟驱动功能是由 DSNI 完成）构成，为整个系统提供统一时钟，又能对高一级的外时钟同步跟踪。在物理上，时钟同步单元与交换单元共用一个机框，其结构图如图 6-3 的第 3 框所示。

单模块独立成局时，本局时钟由 SYCK 同步时钟单元根据由 DTI 或 BITS 提取的外同步时钟信号或原子频标进行跟踪同步，实现与上级局时钟的同步。

多模块局时，其中一个模块同样从局间连接的 DTI 或从 BITS 提取到外同步信号或原子频标，实现与外时钟同步；然后通过模块间连接的 DTI 或 FBI，顺次将基准时钟传递到其他模块，其基本形式如图 6-8 所示。

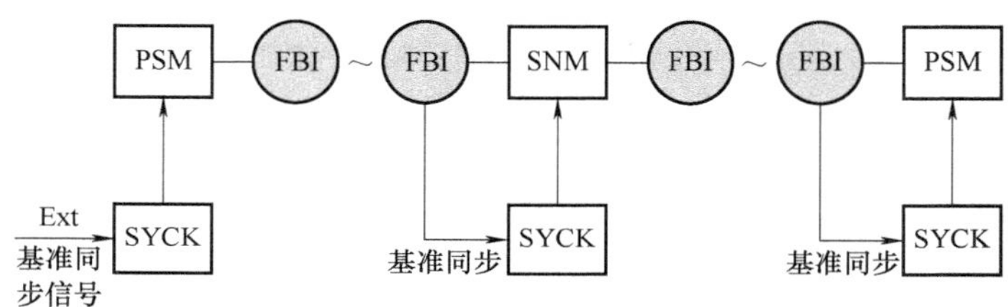

图 6-8　时钟同步示意图

（3）配置应用

8KB PSM（SM8）在实际应用中有以下几种典型配置。

① 用户中继模块。当 PSM 作为中心网的外围交换局时，可通过中继带远端模块局。其具体配置如下。

用户：9600L。　　中继：1200DT。

DTMF：300 套。　　MFC：180 套。

PSM 至 SNM 的交换时隙为 2048 个（16 条 8Mbit/s HW 线）。

② 纯用户模块。当 PSM 作为中心网的外围交换局时，只带用户。其具体配置如下。

用户：15360L。　　DTMF：480 套。

PSM 至 SNM 的交换时隙为 2048 个。

③ 纯中继模块。当 PSM 作为中心网的外围交换局时，全部或绝大部分配置为数字中继或模拟中继，不带用户。具体配置如下。

中继：6240DT。　　MFC：780 套。

④ 独立成局。PSM 单独作为一个完整的交换机系统，完成 PSTN、ISDN 用户接入呼叫处理，此时 PSM 不是 SNM 下带的外围交换模块，而是一个完整的交换局。具体配置如下。

用户：12480L。　　中继：2760DT。

DTMF：420 套。　　MFC：360 套。

2. 4KB 紧凑型外围交换模块（SM4C）

（1）模块物理配置

为了降低成本，对于 5000 用户和 600 中继以内的交换局可采用紧凑型外围交换模块配置方案。根据不同用户容量，将 4KB 紧凑型外围交换模块（SM4C）配置成单机架和双机架两种方式。单机架只配置控制架，由一个控制网络层（BCTN）和最多 5 个用户层组成；双机架配置由一个控制架和一个用户架组成。其控制架配置示意图如图 6-9 所示。

1	2	3	4	5	6	7	8	9	10	11	12	13	14	15	16	17	18	19	20	21	22	23	24	25	26	27
电源B	SMEM	MP			MP			MPMP	MPMP	MPPP	MPPP	STB	STB	PEPD	MON	TNET	TNET	ASIG	ASIG	ASIG	DTI	DTI	DTI	DTI	DTI	电源B
1	2	3	4	5	6	7	8	9	10	11	12	13	14	15	16	17	18	19	20	21	22	23	24	25	26	27
电源A		SLC	SLC	SLC	SLC	SLC	SLC	SLC	SLC	SLC	SLC	SLC	SLC	SLC	SLC	SLC	SLC	SLC	SLC	SLC	SLC	MTT		SP	SP	电源A
1	2	3	4	5	6	7	8	9	10	11	12	13	14	15	16	17	18	19	20	21	22	23	24	25	26	27
电源A		SLC	SLC	SLC	SLC	SLC	SLC	SLC	SLC	SLC	SLC	SLC	SLC	SLC	SLC	SLC	SLC	SLC	SLC	SLC	SLC			SPI	SPI	电源A
1	2	3	4	5	6	7	8	9	10	11	12	13	14	15	16	17	18	19	20	21	22	23	24	25	26	27
电源A		SLC	SLC	SLC	SLC	SLC	SLC	SLC	SLC	SLC	SLC	SLC	SLC	SLC	SLC	SLC	SLC	SLC	SLC	SLC	SLC	MTT		SP	SP	电源A
1	2	3	4	5	6	7	8	9	10	11	12	13	14	15	16	17	18	19	20	21	22	23	24	25	26	27
电源A		SLC	SLC	SLC	SLC	SLC	SLC	SLC	SLC	SLC	SLC	SLC	SLC	SLC	SLC	SLC	SLC	SLC	SLC	SLC	SLC			SPI	SPI	电源A
1	2	3	4	5	6	7	8	9	10	11	12	13	14	15	16	17	18	19	20	21	22	23	24	25	26	27
电源A		SLC	SLC	SLC	SLC	SLC	SLC	SLC	SLC	SLC	SLC	SLC	SLC	SLC	SLC	SLC	SLC	SLC	SLC	SLC	SLC	MTT		SP	SP	电源A

图 6-9　4KB 紧凑型外围交换模块控制架配置示意图

（2）功能单元

4KB PSM（SM4C）的主控单元、模拟信令单元、数字中继单元、交换单元集中在一框内。

① 通信板（COMM）：仅有 6 个槽位，第一对固定作为模块间通信，第二对作为模块内通信，第三对作为 NO. 7（STB）、V5 信令板。

② 数字中继单元（DTI）：标准配置情况下数字中继有 5 个槽位，其中 25、26 槽位 DTI 和 ODT 可以混插，这样可以配置 600 路 DT，或 480 路 DT+1 块 ODT，或 360 路 DT+2 块 ODT。如果中继不够，可以增加一层中继层 BDT。中继容量受 T 网资源限制，一般可配 12 块。

③ 模拟信令单元（ASIG）：标准配置情况下 ASIG 有 3 个槽位，可以灵活配置为 DTMF、MFC、TONE、CONF、CID 等，如果不够还可以占用中继槽位。

④ 交换单元和时钟同步单元：TNET 板集成了网板、网络接口板和时钟板的功能，实现时隙接续，产生系统时钟，并将 HW 信号和时钟信号驱动到各功能单元。

TNET 的交换容量是 4KB。HW 线的数量为 32 条 8Mbits/s，HW 线的分布如下：

HW0、HW2 用作通信。　　HW1、HW3 空闲。

HW30、HW31 自环。　　HW4～HW6 分配给 ASIG。

HW7～HW9 分配给 3 个 DT。　　HW10～HW17 分配给 2 个 ODT。

HW18～HW29 分配给 SP。

（3）配置应用

4KB 紧凑型外围交换模块（SM4C）可独立成局，也可作为外围模块接入中心模块，但一般不做近端，仅作为网络末端节点使用，不可再带下一级模块，一般不带 RLM（若中继够，可带）。

在 ZXJ10 的组网中，容量小于 2400L+600DT 的网络末端节点，一般配此模块（单机架）；容量小于 5280L+600DT 的网络末端节点，若暂时不会扩容，可考虑配此模块（双机架），否则配标准的 8KB PSM 或 RSM。

6.1.3　软件启动与系统配置

1. 系统软件的启动与关闭

（1）后台服务器的启动

① 后台服务器进程只能在 129～133 节点上启动；后台进程安装成功后，双击桌面快捷方式 ZxCenter，或从系统盘的 WINNT 目录下找到程序 ZxCenter. exe 并双击，可以启动后台服务器调度进程。后台进程安装成功后，每次重启计算机，都会自动启动后台服务器调度进程。后台服务器调度进程启动后界面如图 6-10 所示。

② 后台服务器调度进程会启动 SerAppMa. ini 文件中所有未被屏蔽的服务器进程，包括话单接受服务器进程、计费服务器进程、话务统计服务器进程、数据库代理服务器进程。

③ 后台服务器进程一定要启动，否则不能登录。

（2）后台服务器的关闭

① 用鼠标右键单击操作系统右下角 ZTE 图标，弹出界面如图 6-11 所示。选择“退出系统”菜单，可以退出后台服务器调度进程，并关闭所有后台服务器进程。

图 6-10　后台服务器调度进程启动后界面

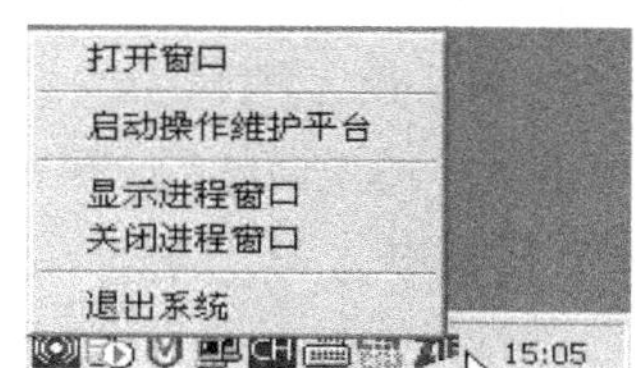

图 6-11　关闭进程

② 若要关闭某一个服务进程，则在图 6-10 所示的服务进程界面上单击鼠标右键，在弹出的菜单中选择“停止进程”菜单，可以关闭该服务进程；选择“重新启动进程”菜单，在后台服务器调度进程的控制下，该服务进程会重新启动。

（3）操作维护软件的启动与关闭

① 后台操作维护软件可以在 129~133 服务器、近端维护台、远端维护台、集中维护台上登录。

② 在近端维护台、远端维护台、集中维护台桌面双击“ZXJ10 后台维护系统（SysFaceC. exe）”图标或者在图 6-11 中选择“启动操作维护平台”菜单，或者从系统盘的 ZXJ10 目录下，找到程序 SysFaceC. exe 并双击，即可进入后台操作维护软件的登录界面，如图 6-12 所示。

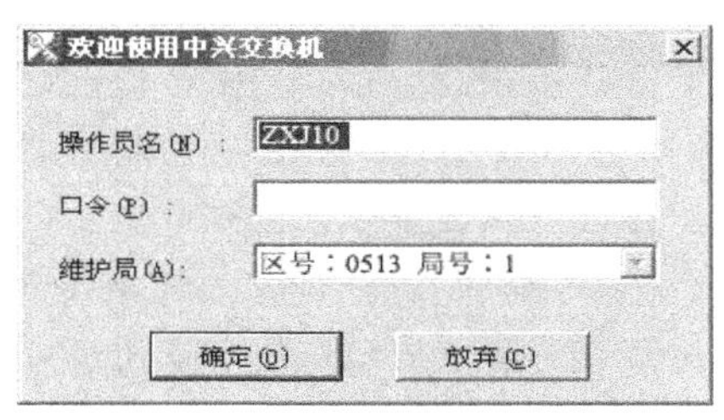

图 6-12　操作维护软件的登录界面

输入“操作员名”= ROOT，“口令”= 登录密码，在“维护局”将显示维护局的区号、局号。在集中维护台上可以选择进入不同局的后台操作维护系统界面。单击“确定”按钮或按<Alt+O>组合键进入后台操作维护系统的软件界面；单击“放弃”按钮或按<Alt+C>组合键，则退出客户端登录。

2. 后台操作维护软件的功能说明

（1）功能菜单说明

后台操作维护系统的主界面为浮动菜单，如图 6-13 所示。

图 6-13　后台操作维护系统的浮动菜单

所有操作维护指令都由菜单提供。除了“关于”菜单提供本系统的版本信息外，ZXJ10 局用程控数字交换机系统操作维护功能共分六大类。

① 计费系统：包括计费档案管理、计费自由报表、计费查询、计费结算汇总、计费要求设置、计费话单格式转换、计费日志管理和计费数据传送功能。

② 话务统计：包括任务管理与观察、统计结果定时输出、话务统计备份与恢复、日志管理。

③ 业务管理：包括 112 受理测量台、112 系统管理员、No. 7 信令跟踪、随路信令跟踪、呼叫业务观察与检索、呼叫动态跟踪、大话务量模拟呼叫器、ISDN 信令分析、通话路由查找、全局特殊业务设置功能。

④ 系统维护：包括告警局配置、后台告警、诊断测试、文件管理、操作员管理、版本升级、语音管理、时钟管理、日志管理、客户端注册进程属性配置、系统平台安全配置、系统平台安全检测、证书管理功能。

⑤ 数据管理：包括基本数据管理、七号数据管理、V5 数据管理、信令转接点管理、智能网数据管理、其他数据管理、动态数据管理、数据备份、数据传送和 FTP 配置管理功能。交换系统开通的数据配置就是利用“数据管理”功能来实现的。

⑥ SDH 管理：包括组网配置、内置网管、SDH 日志、SDH 备份、SDH 升级功能。

（2）数据传送

ZXJ10 交换机的数据配置等均是针对后台数据库进行的，要将修改的数据生效必须将数据发送到前台相应的 MP 中，然后才能生效。

选择数据管理→数据备份→数据传送，即可进行数据传送，界面如图 6-14 所示。

数据传送包括传送变化表和传送全部表。

① 传送变化表。修改后台数据，导致前台、后台数据库部分表不一致，这时需要传送变化表。当后台有变化表产生时，系统会自动在有变化表的模块前打勾，并且“传送方式”选择“变化表”，“校验包数据”复选框勾上表示传送时会校验数据，单击“发送”按钮即可传送变化表。当有重要数据如组网数据变化时，传送前会有一个告警界面，提请发送者注意。输入提示的“~！@＃＄％”6个字符，单击“确定”按钮即可传送。

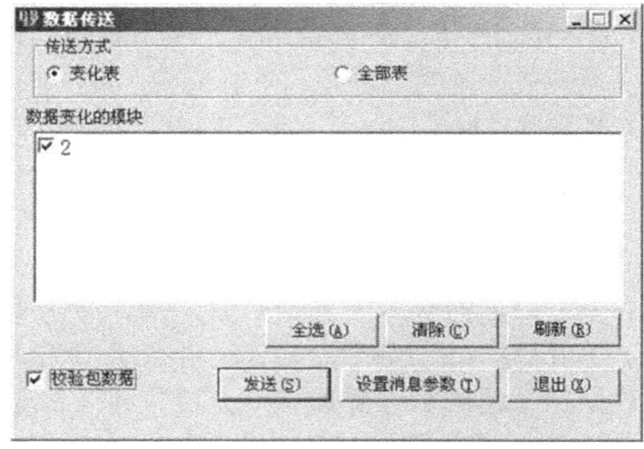

图 6-14 “数据传送”界面

② 传送全部表。在维护过程中，有时需要传送全部表以更新前台 MP 中的所有数据，“传送方式”中选择“全部表”，“所有的模块”中选择需要传送的模块，单击“发送”按钮，在出现的界面中按提示输入字符“~！@＃＄％”，单击“确定”按钮，系统开始向前台 MP 传送全部表。

③ 设置消息参数。设置消息参数不是必须的，通常只有在消息网络或者局域网络的链路状态急剧恶化时才进行，单击“设置消息参数”按钮可进行前后台通信参数的设定。

（3） 数据备份

为确保后台服务器在异常情况下能在最短的时间内恢复，同时也为了在做重要数据配置时能先保留原有的正确配置，ZXJ10 交换机提供了数据备份的功能，分为数据备份和自动数据备份两种方式。

数据备份主要有以下几种情况：生成备份数据库的 SQL 文件、从 SQL 文件中恢复备份数据库、生成指定数据表的 ZDB 文件、生成基本数据表的 ZDB 文件。

在后台操作维护系统选择数据管理→数据备份→数据备份与恢复，界面如图 6-15 所示。

① 生成备份数据库的 SQL 文件。将当前数据库中的内容备份出来，可以有 BCP 快速备份和 SQL 普通备份两种方式，通常采用 BCP 快速备份方式。注意，在恢复数据时和版本密切相关，某个版本下的备份数据只有仍采用该版本才能恢复入库，否则不成功。

② 从 SQL 文件中恢复备份数据库。将备份的后台数据库文件恢复入库，从而恢复以前备份的数据。

③ 生成指定数据表的 ZDB 文件。可以根据后台数据库生成相关模块的 ZDB

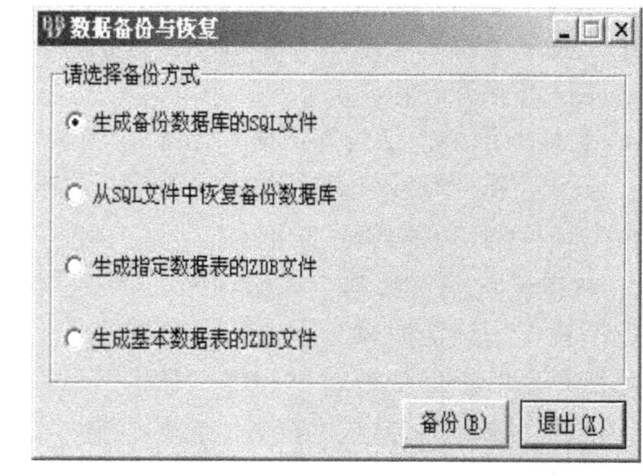

图 6-15 数据备份与恢复

文件，可根据需要生成不同的 ZDB 文件，也可全部生成。

④ 生成基本数据表的 ZDB 文件。可以根据后台数据库生成相关模块的基本表的 ZDB 文件，MP 利用这些基本表可以正常启动。如果硬件连接正常，则可以实现模块间正常通信。

3. 系统数据配置

所有有关交换机的信息都可以通过数据来描述，包括交换机的硬件配置、运行环境、编号方案、用户当前状态、中继路由资源的当前状态等，主要分为系统数据、局数据和用户数据三类。系统数据是只与交换机系统有关的数据，不论交换设备装在何种话局（如市话局、长话局、国际局）都是固定不变的。局数据是与各交换局的设备情况以及安装条件有关的数据，包括各种话路设备的配置、编号方式、中继线信号方式等。用户数据是交换局反映用户情况的数据，包括用户类别、用户设备号码、用户话机类别、新业务类别等。针对不同的交换设备，三类数据都有具体的表现形式。

针对 ZXJ10B 交换系统，系统数据、局数据和用户数据的配置可分为系统数据配置和业务配置两个方面，系统数据配置包括局容量数据配置、交换局配置和物理配置，是交换系统中相对固定的部分；业务配置包括用户业务和中继局向业务的数据配置，随着交换局应用的具体业务需求而定。

（1）局容量数据配置

局容量数据配置主要对本交换局的网络类型最大数、邻接局最大数、号码分析表容量、用户群最大数等整体容量进行规划配置。在开通交换系统之前，必须先进行局容量数据配置，此项一经配置确定，一般不再进行增加、修改或删除操作；若用户以后根据实际情况进行扩容或其他操作修改此表后，整个交换机系统必须重新启动，改动才能生效。

增加一个局及一个模块的局容量数据配置前必须确保后台服务器正常安装，并确定交换局的容量及模块的类型和容量，分为两项内容：全局容量规划和模块容量规划。

① 全局容量规划。全局容量规划可根据实际情况进行配置，“全局容量规划”界面如图 6-16 所示。用户可以使用系统提供的建议值；若有特殊需要，则可以根据实际情况直接在“当前值”中输入数值；无特殊情况或搞不清如何配置时，建议各参数全部选择建议值，否则会产生不可预料的结果。

设计容量	最小值	最大值	建议值	当前值
交换局网络类型最大数	1	8	1	1
邻接局最大数	0	255	32	32
号码分析表容量	0	8192	8192	8192
SCCP中GT翻译表容量	0	65535	1000	1000
路由链最大数	0	512	256	256
路由组最大数	0	1024	512	512
路由最大数	0	2048	1024	1024
7号链路最大数	0	1024	256	256
7号路由最大数	0	1024	512	512
业务音最大数	0	256	256	256
交换局内用户群最大数	0	8192	1000	1000

图 6-16 “全局容量规划”界面

② 模块容量规划。只有全局容量规划设置后，才可以进行增加模块容量规划的操作。根据界面提示，输入要增加的模块号，按实际情况选择模块类型，即可定义此模块的容量。用户可以按照实际配置容量进行数据设置，如无特殊使用情况可以使用系统提供的建议值，如图 6-17 所示。

修改模块容量规划

模块号 7　　模块参考类型 智能网/综合接口局交换模块

设计容量	最小值	最大值	建议值	当前值
总用户最大数	0	25000	10000	25000
V5用户最大数	0	25000	10	10
模拟用户板最大数	0	1000	480	480
数字用户板最大数	0	256	128	128
随路共路中继PCM最大数	0	1200	200	200
V5中继PCM最大数	0	200	10	10
业务数据区个数	1000	7600	4200	4200
智能业务呼叫数据区个数	10	3900	800	800
智能外设呼叫数据区个数	10	3500	500	500
ITU TCAP最大对话数	0	30000	10000	10000
ITU TCAP对话平均操作数	1	255	100	100
ITU MAP最大对话数	0	10000	5000	5000
ANSI TCAP最大对话数	0	30000	5000	5000
CDMA MAP最大对话数	0	10000	2000	2000
计次脉冲用户档案数	0	15000	0	0

存为模板 (S)　载入模板 (L)　全部使用建议值 (U)　确定 (O)　取消 (C)

图 6-17 “修改模块容量规划”界面

数据在后台服务器设置后，必须传送全部表到前台，整个交换机系统重新启动，设置才能生效。修改或者删除一个局及一个模块的局容量数据配置时，需要注意的是，修改时先全局容量规划，然后指定模块的容量规划；删除时先指定模块容量规划，然后全局容量规划。

（2）交换局配置

ZXJ10 交换机作为一个交换局在电信网上运行时，可以是单模块局，也可以是多模块局。无论是单模块局还是多模块局，ZXJ10 交换机都是作为电信网的一个交换节点存在，必须和网络中其他交换节点联网配合才能完成网络交换功能，因此在交换局开通使用之前必须对本交换局和相邻交换局的性质、相互关系等局数据进行描述。由于局数据是描述交换局特性的重要数据，关系到整个交换局的正常运行，因此数据的修改必须极其慎重。

交换局配置包括本交换局配置和邻接交换局配置。对于本交换局配置，包括本交换局配置数据和信令点配置数据，用户可以根据实际情况设置或修改；对于邻接交换局配置，用户只能增加、删除或修改与本交换局相关的信息。

① 本交换局配置。在进行本交换局配置前要了解有关本交换局局数据的信息。本交换局配置应包含以下数据：本交换局配置数据、本交换局信令点配置数据、移动关口局配置数据和全局鉴权配置。局向号用来标识本交换局与邻接交换局，其编码范围为 1~255。对于本局来说，其局向号是固定不变的，取值为 0。

a. 本交换局配置数据。在“设置本交换局配置数据”界面中，根据实际需要设置本交换局相关数据。如图 6-18 所示，输入“交换局名称”，在“基本网络类型”下拉菜单中选取“公众电信网”。ZXJ10 交换机最多可以作为 8 个不同类型的电信网的接口交换局。“交换局类别”和“信令点类型”根据实际需要进行选择。

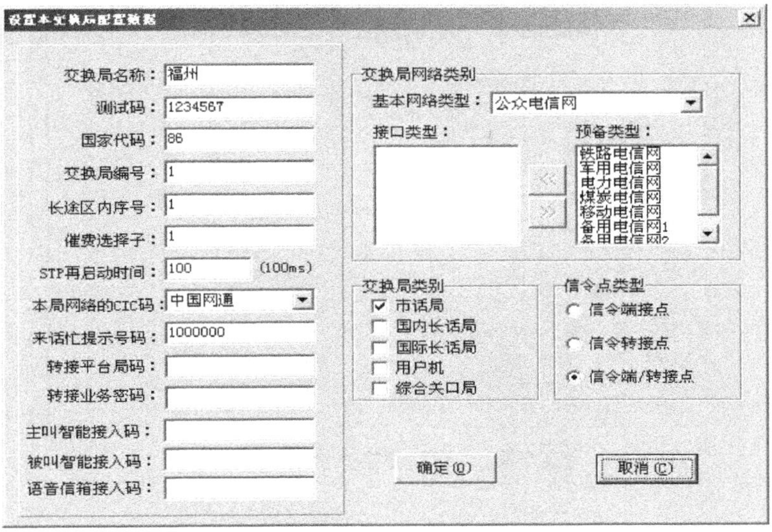

图 6-18　“设置本交换局配置数据”界面

b. 本交换局信令点配置数据。本交换局信令点配置数据包括配置本交换局的信令网类别、出网字冠和区域编码。如图 6-19 所示，在“设置本交换局信令点配置数据”界面，“OPC14”和“OPC24”分别为国际和国内的信令点编码；“出网字冠”表示本交换局出本网的字冠，多用于专网，公网一般为空；“区域编码”表示本交换局对应网的区域编码，至多 4 位，当中继管理中的出局路由中选择了“主叫号码加发长途区号”时，所发区号即为这里设置的区域编码；“GT 号码”是本局作为 SSP 并且对 SCP 通过 GT 寻址时需填写，否则可以不填，该号码由局方提供。

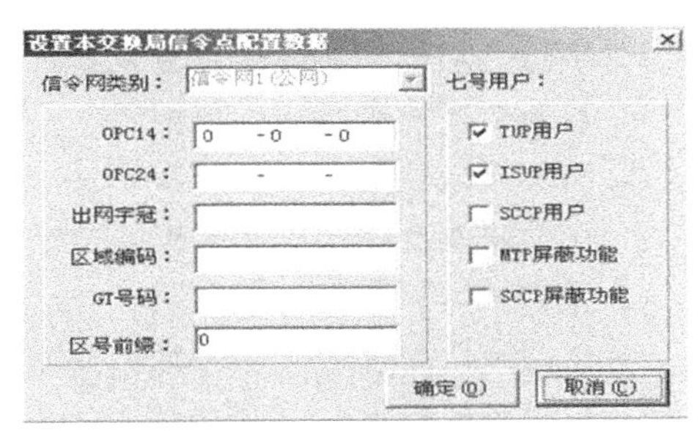

图 6-19　“设置本交换局信令点配置数据”界面

移动关口局配置数据和全局鉴权配置通常默认设置即可。

② 邻接交换局配置。邻接交换局是指和本交换局之间有直达话路连接或者有直达信令链路连接的交换局。

对邻接交换局进行配置前要具备邻接交换局的局数据有关信息。邻接交换局配置包括增加邻接交换局和邻接交换局其他参数的配置。

在“增加邻接交换局”界面中，根据邻接交换局的实际情况，输入相应的内容或根据其下拉菜单进行选择，如图 6-20 所示。国内开局通常“7 号协议类型”选择“中国标准”；“子业务字段 SSF”选择“08H”；“子协议类型”选择“默认方式”；“测试业务号”选择“0x01”；“CIC 全局编码”通常不使用，一般国内是根据 7 号 PCM 系统进行 CIC 全局编码的定义。邻接交换局其他参数的配置包括“标志位”和“有关的子系统”，通常默认设置即可。

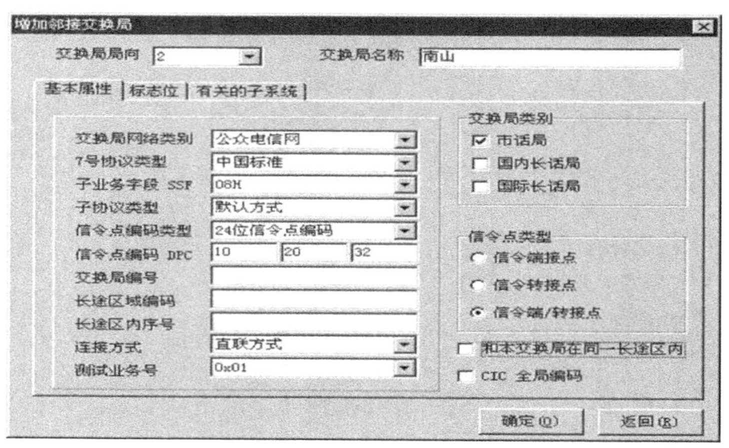

图 6-20 “增加邻接交换局”界面

(3) 物理配置

物理配置是为了描述 ZXJ10 交换机的各种设备（交换网、用户处理器、用户电路板等）连接成局的方式。下面就以新增一个模块为例来介绍物理配置的相关内容。

① 配置内容及简要步骤。

a. 根据新增模块的类型添加模块。

b. 根据新增模块实际配置分别添加机架、机框和单板。

c. 对新增模块进行通信板配置。

d. 对新增模块进行单元配置。

e. 在模块属性中根据实际组网要求设置模块组网连接。

② 配置内容及方法。

a. 新增模块。进入“新增加模块”界面后，用户根据界面提示选择“模块号”“模块名称”和“模块种类”。“模块号”的取值范围为 1~64，且 1 号模块固定为消息交换模块；2 号模块可固定为操作维护模块和交换网络模块、8KB 外围交换模块、16KB 外围交换模块、32KB 交换网络模块、64KB 交换网络模块、128KB 交换网络模块、256KB 交换网络模块、语音信箱模块的任意一种模块；用户在配置其他模块时，可以根据实际需要选择外围、远端、紧凑型外围、紧凑型远端模块类型的其中一种。

b. 根据新增模块实际配置，分别添加机架、机框和单板。

• 添加机架。交换机模块添加后，需要进行模块机架的添加。机架类型根据实际情况选择，同时可以对机架的 P 电源电压上下限进行设置，电压值低于或高于设置值时会产生 P 电源的欠电压和过电压告警。

• 添加机框。机架添加完成后可进行机架配置，包括机架属性、删除机架和新增机框的操作。

机框的作用是将各种插入机框的电路板通过背板组合起来构成一个独立的单元。ZXJ10 交换机的机框有 4 种：标准机框、CNET 机框、19in（1in = 0.0254m）6U 机框、RSUD 机框。根据实际情况选择，选择“机框号”并选定“机框类型”来完成机框的添加。

• 添加单板。在选中的机框中配置电路板，在插入电路板时要按照硬件实际情况插入相应的单板。

c. 通信板配置。通信板是模块处理机与其他各功能单元间消息传递的桥梁，系统通常采用默认方式配置所有的通信板。

d. 单元配置。通信板配置完成后，可以进行模块的单元配置操作，包括增加单元、修改单元和删除单元三个部分。增加单元包括增加无 HW 的单元（如同步时钟单元、P/A/B 电源单元、交换网接口单元等）和有 HW 的单元（如用户单元、数字中继单元、模拟信令单元等）。

对于有 HW 单元的配置，需要进行子单元配置、HW 线配置和通信端口配置。

• 子单元配置。在数字中继单元的“子单元配置”中，当中继子单元配置成随路信令时，通常选择信令类型=NO. 1，传输码型=HDB3，帧类型=16 Frame，硬件接口=E1；当中继子单元配置成共路信令时，传输码型=HDB3，硬件接口=E1；当中继子单元配置成 V5 信令时，传输码型、帧类型、硬件接口等都不需要配置。“CRC 校验”根据互连双方商定。“回声抑制”选项通常不选择，如选择该项，则对应的数字中继板必须是带有回声抑制功能的 DTEC 数字中继板。

在模拟信令单元的“子单元配置”中，可以根据实际需要配置双音多频、多频记发器、音子单元、64M 音板、会议电路、主叫号码显示（CID）等功能。需要注意的是，音子单元、64M 音板的子单元功能一般配置在 ASIG-3 板上。

• HW 线配置。在“HW 线配置”中，应根据实际情况选择“网号”和“物理 HW 号”。特别是 HW 线的配置必须和实际的 HW 电缆的连接相一致，而且 HW 线号=SPC 号+4，否则数据制作后发送到前台，该单元将无法正常工作。

• 通信端口配置。在“通信端口配置”中，通信端口可以使用默认值。

e. 在模块属性中根据实际组网要求设置模块组网连接。ZXJ10 交换机构成的交换局可由多个模块组成，模块间的有机连接构成交换机的模块间组网连接关系。在进行模块组网之前必须先配置好 MPMP 通信板，然后根据不同的接口类型进行相应的配置。

6.2　用户呼叫硬件工作机理

模块处理机（MP）与各子处理机（SP、DTI、ASIG）间的控制关系如图 6-21 所示。

相关消息通道如下。

① MP 与用户单元：MP→MPPP→DSNI-C→DSN→DSNI-S→SP。

② MP 与数字中继单元：MP→MPPP→DSNI-C→DSN→DSNI-S→DTI。

③ MP 与模拟信令单元：MP→MPPP→DSNI-C→DSN→DSNI-S→ASIG。

各功能单元之间的话音通道如下。

① 用户与用户：ASLC→SP→DSNI-S→DSN→DSNI-S→SP→ASLC。

② 用户与 DTMF：ASLC→SP→DSNI-S→DSN→DSNI-S→ASIG（DTMF）。

③ 信号音与用户：ASIG（TONE）→DSNI-S→DSN→DSNI-S→SP→ASLC。

④ 用户与中继：ASLC→SP→DSNI-S→DSN→DSNI-S→DTI。

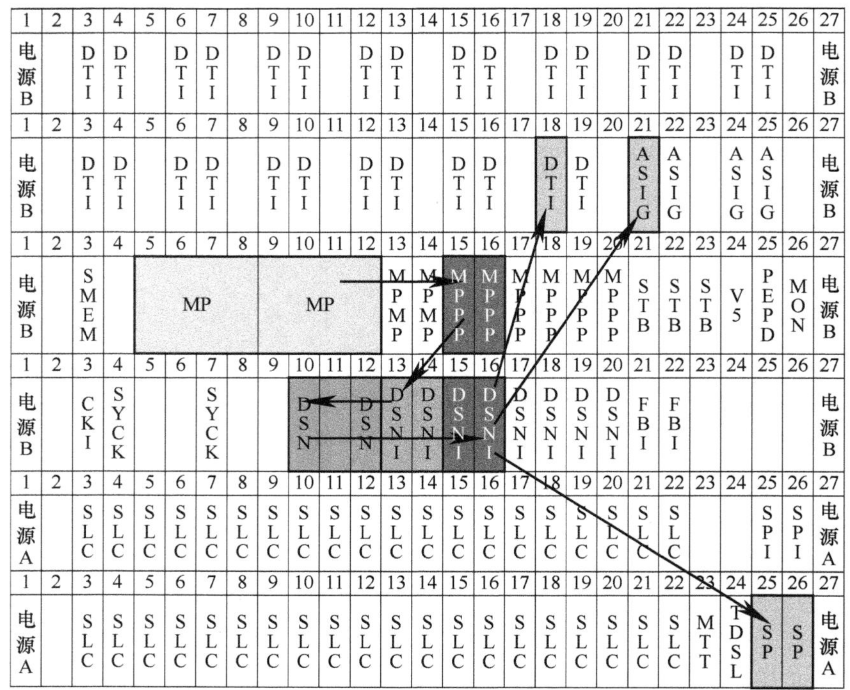

图 6-21　MP 与 SP、DTI、ASIG 间的控制关系

6.2.1　用户摘机到听拨号音

1. 用户摘机呼出

用户电路（SLC）具有 BORSCHT 功能，一旦用户摘机就能被交换机检测出来，如图 6-22 所示。

① 用户线环路电流发生了变化，摘机信息就能被用户电路的监视 S 功能检测出来。

② 用户处理机（SP）按照 192ms 周期定期扫描，获取该用户状态信息。

③ 用户处理机（SP）按照摘机识别逻辑运算确认用户摘机。

④ 通过消息通道 SP→DSNI-S→DSN→DSNI-C→MPPP→MP，用户处理机（SP）将摘机信息通过消息通道（SP→DSNI-S）之间的 HW 线（TS126、TS127）送入交换网络（DSN），然后由交换网络（DSN）经过模块内通信端口（DSNI-C→MPPP）送给 MP，进入摘机队列，等待 MP 分析（去话分析）。

2. 占用收号器（DTMF）并送拨号音

MP 获得摘机信息，对用户摘机信息进行分析（去话分析），如图 6-23 所示。

① 检查用户已放号，且用户电路状态非闭塞、无半固定连接。

② 用户属性中的相关参数已开通、呼出权限允许、音频允许、无热线功能、号码分析子等。

③ 模拟信令单元中有空闲 DTMF 收号器、音子单元等。

判定用户可以正常呼叫，MP 向 ASIG 发送命令占用收号器（DTMF）并由音子单

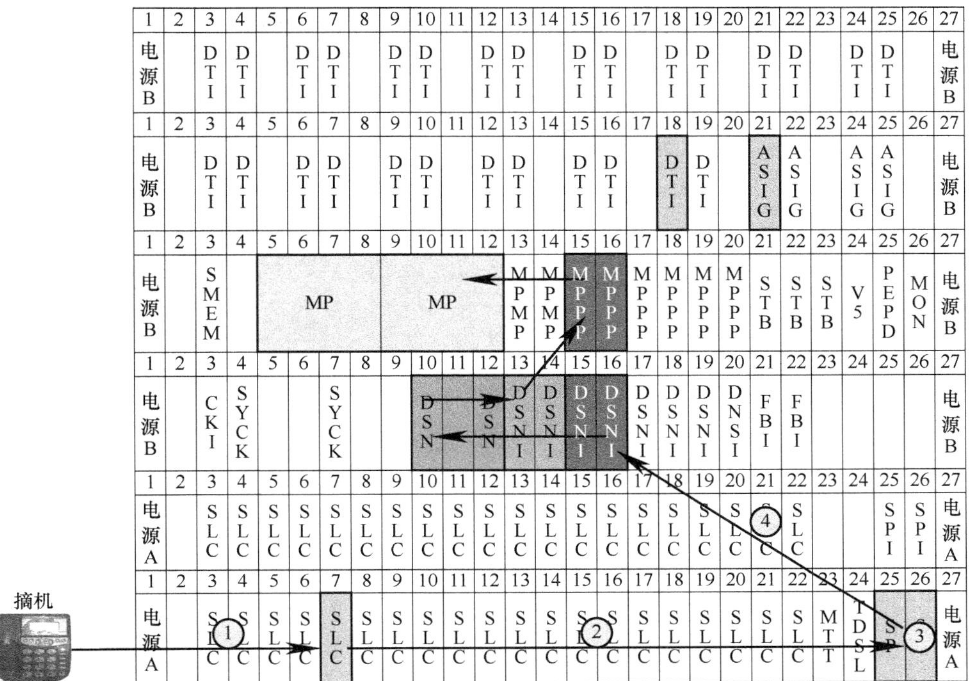

图 6-22　用户摘机呼出的检测与传送

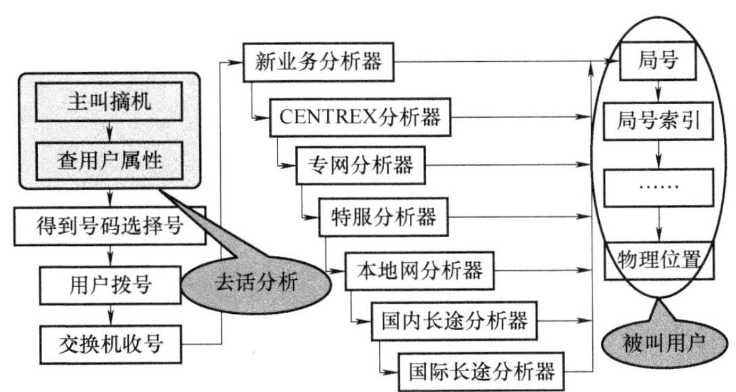

图 6-23　MP 获得摘机信息及去话分析

元（TONE）送出拨号音，如图 6-24 所示。其中，①表示摘机检测消息通道，②表示 MP 发送占用收号器（DTMF）并命令 TONE 送音的消息通道；③表示拨号音通道。

6.2.2　用户号码接收与分析

根据拨号方式不同，用户号码接收分为脉冲拨号号码接收和 DTMF 拨号号码接收，用户号码接收通道与信号音通道如图 6-25 所示，其中①表示脉冲号码接收通道；②表示 DTMF 号码接收通道；③表示信号音通道。

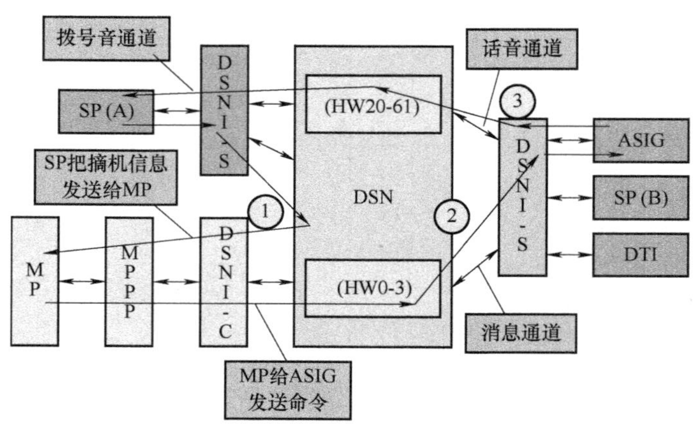

图 6-24　从用户摘机到听拨号音

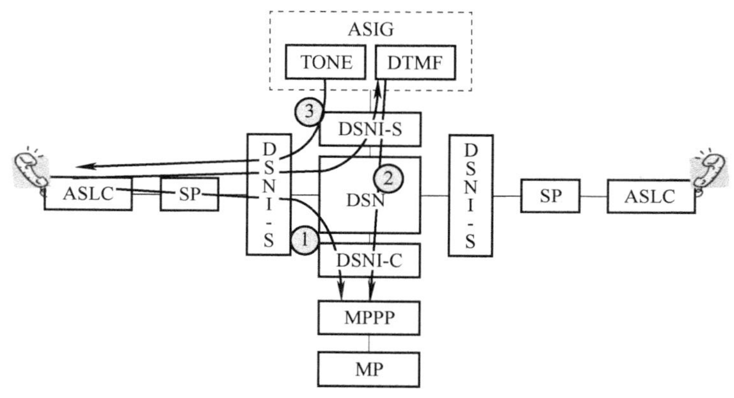

图 6-25　用户号码接收通道与信号音通道

1. 号码接收

（1）脉冲拨号号码接收

号码信息是由用户电路识别接收的，如图 6-26 所示。

① 脉冲拨号时，用户线环路电流会发生变化，就被用户电路监视 S 功能检测出来。

② 用户处理机（SP）按照 8ms 周期定期扫描，获取该用户状态扫描信息；按照脉冲前沿识别逻辑运算确认脉冲发生，并进行计数。

③ 用户处理机（SP）按照 96ms 周期进行位间隔识别，并存储号码。

④ 通过消息通道 SP→DSNI-S→DSN→DSNI-C→MPPP→MP，用户处理机（SP）将号码信息通过消息通道（SP→DSNI-S）之间的 HW 线（TS126、TS127）送入交换网络（DSN），然后由交换网络（DSN）经过模块内通信端口（DSNI-C→MPPP）送给 MP，等待 MP 进行分析（号码分析）。

（2）DTMF 拨号号码接收

号码信息是由 ASIG 接收的，如图 6-27 所示。

1	2	3	4	5	6	7	8	9	10	11	12	13	14	15	16	17	18	19	20	21	22	23	24	25	26	27
电源B		DTI	DTI		DTI	DTI		DTI	DTI		DTI	DTI		DTI	DTI		DTI	DTI		DTI	DTI		DTI	DTI		电源B
电源B		DTI	DTI		DTI	DTI		DTI	DTI		DTI	DTI		DTI	DTI		DTI	DTI		ASIG	ASIG		ASIG	ASIG		电源B
电源B		SMEM		MP				MP				MPMP	MPMP	MPPP	MPPP	MPPP	MPPP	MPPP	MPPP	STB	STB	STB	V5	PEPD	MON	电源B
电源B		CKI	SYCK			SYCK			DSN		DSN	DSNI	DSNI	DSNI	DSNI	DSNI	DSNI	DSNI	DSNI	FBI	FBI					电源B
电源A		SLC	SLC	SLC	SLC	SLC	SLC	SLC	SLC	SLC	SLC	SLC	SLC	SLC	SLC	SLC	SLC	SLC	SLC	SLC	SLC			SPI	SPI	电源A
电源A		SLC	SLC	SLC	SLC	SLC	SLC	SLC	SLC	SLC	SLC	SLC	SLC	SLC	SLC	SLC	SLC	SLC	SLC	SLC	SLC	MTT	TDSL	SP	SP	电源A

脉冲拨号

图 6-26　脉冲拨号号码的接收

1	2	3	4	5	6	7	8	9	10	11	12	13	14	15	16	17	18	19	20	21	22	23	24	25	26	27
电源B		DTI	DTI		DTI	DTI		DTI	DTI		DTI	DTI		DTI	DTI		DTI	DTI		DTI	DTI		DTI	DTI		电源B
电源B		DTI	DTI		DTI	DTI		DTI	DTI		DTI	DTI		DTI	DTI		DTI	DTI		ASIG	ASIG		ASIG	ASIG		电源B
电源B		SMEM		MP				MP				MPMP	MPMP	MPPP	MPPP	MPPP	MPPP	MPPP	MPPP	STB	STB	STB	V5	PEPD	MON	电源B
电源B		CKI	SYCK			SYCK			DSN		DSN	DSNI	DSNI	DSNI	DSNI	DSNI	DSNI	DSNI	DSNI	FBI	FBI					电源B
电源A		SLC	SLC	SLC	SLC	SLC	SLC	SLC	SLC	SLC	SLC	SLC	SLC	SLC	SLC	SLC	SLC	SLC	SLC	SLC	SLC			SPI	SPI	电源A
电源A		SLC	SLC	SLC	SLC	SLC	SLC	SLC	SLC	SLC	SLC	SLC	SLC	SLC	SLC	SLC	SLC	SLC	SLC	SLC	SLC	MTT	TDSL	SP	SP	电源

用户集线器

DTMF 拨号

图 6-27　DTMF 拨号号码的接收

① 用户所拨号码的 DTMF 音频信息被送到用户电路。

② 经过用户电路提供的话音通道上传至 SP，此时 SP 具有用户集线器功能。

③ 用户所拨号码的 DTMF 音频信息经 SP→DSNI-S→DSN→DSNI-S→ASIG 的话音通道送到 ASIG，被 DTMF 识别接收。

④ 然后通过消息通道 ASIG→DSNI-S→DSN→DSNI-C→MPPP→MP，ASIG 将号码信息送给 MP，等待 MP 进行分析（号码分析）。

2. 号码分析

ZXJ10 采用树形结构分析号码，主要通过号码分析选择子和号码分析器来进行。号码分析器是由一组具有共同属性的目的码构成的，共有 7 种号码分析器：新业务号码分析器、CENTREX 号码分析器、专网号码分析器、特服号码分析器、本地网号码分析器、国内长途号码分析器和国际长途号码分析器。通过不同的号码分析选择子，ZXJ10 为不同的用户定义了不同的号码分析表，使其具有不同的号码分析路径。对于某一指定的号码分析选择子，号码严格按照固定的顺序经过选择子中规定的各种分析器，由分析器进行号码分析并输出结果。因此，MP 得到号码信息后，根据号码分析选择子所包含的号码分析器，按照新业务号码分析器、CENTREX 号码分析器、专网号码分析器、特服号码分析器、本地网号码分析器、国内长途号码分析器和国际长途号码分析器的遍历顺序，对号码进行分析。若在“本地网分析器”识别出“本地网本局/普通业务”，则本次呼叫为局内呼叫接续（见图 6-28），此后将由被叫侧进行来话分析完成接续。若在“本地网分析器”识别出“本地网出局/市话业务”，则本次呼叫为出局呼叫接续（见图 6-29），通过中继电路给对端局转发号码后，由被叫局进行入局号码分析完成接续。

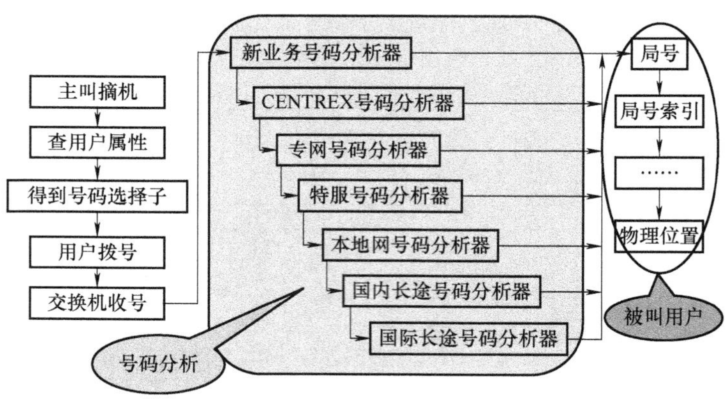

图 6-28　局内呼叫号码分析

6.2.3　主被叫用户通话

当被叫摘机应答后，与主叫用户摘机呼出相同的过程被 SP 检测摘机，并把摘机信息送给 MP。MP 对信息分析后，通过 MP 至 SP 之间的消息通道，分别给主被叫话音通道上的相关功能单元发送命令消息，使得主被叫进入通话状态。局内呼叫时主被叫通话的话音通道如图 6-30 所示，局间呼叫时主被叫通话的话音通道如图 6-31 所示。

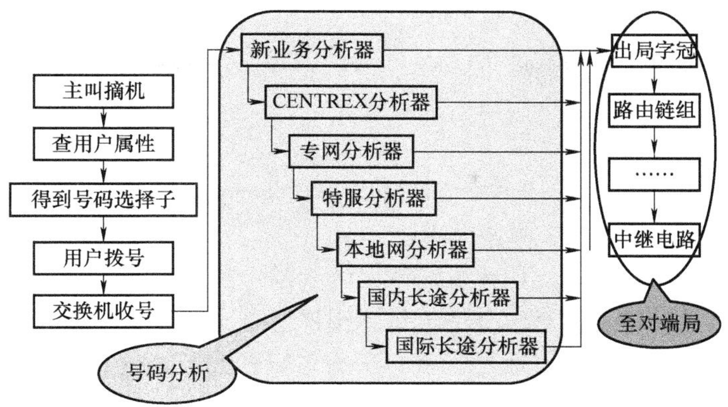

图 6-29　出局呼叫号码分析

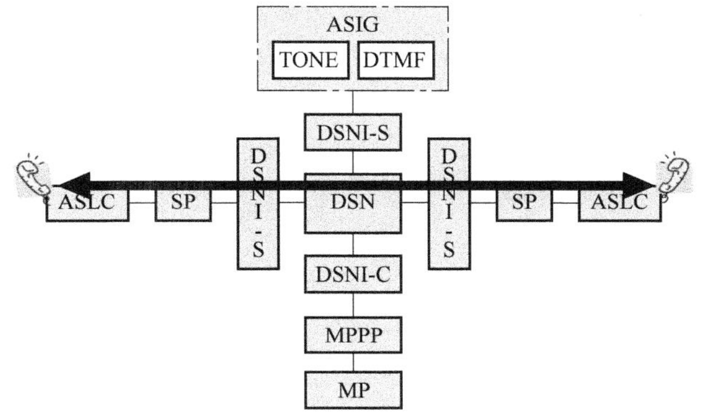

图 6-30　局内呼叫时主被叫通话通道

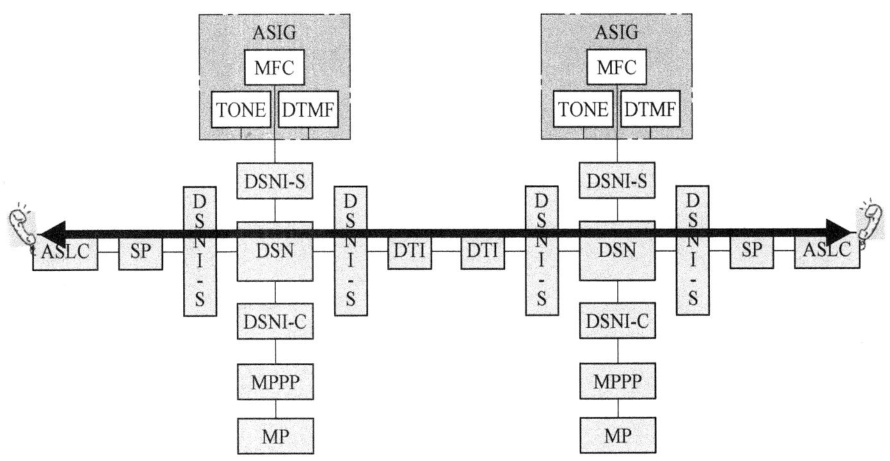

图 6-31　局间呼叫时主被叫通话通道

6.3　业务配置的基本流程

系统硬件配置为系统的正常开通运行提供了必要条件，而交换系统要想为不同用户提供相应的通信业务能力，必须进行业务配置。

6.3.1 用户业务配置流程

1. 普通用户业务配置

在明确号码资源进行规划、确定电话号码与用户单元电路分配方案的前提下，普通用户业务配置的基本过程可遵循以下步骤。

① 创建局号和百号组：建立用户电话可用的空闲号码资源。

② 普通用户放号：将电话号码分配给具体用户电路。

③ 创建号码分析数据：对电话号码进行分析，以便交换机能根据所接收电话号码判明局内呼叫还是出局呼叫，并找出被叫用户。

④ 修改用户属性：开放用户所需的基本通信业务功能，只需在“基本属性”子页面中勾选相应选项；若需要开放新业务功能（如呼叫转移、遇忙回叫、缩位拨号、免打扰、三方会议等），则进一步在“普通用户业务”子页面中勾选所需功能。

2. 用户群业务配置

用户群是指由若干本局用户根据不同属性要求而构成的一个逻辑单位，主要包括小交换机群、特服群和商务群（CENTREX）。

（1）小交换机群业务配置

连选是小交换机群业务的唯一特性。小交换机群把若干用户作为一个群，群中所有用户可以设置连选功能，且可由同一个号码接通，此号码称为引示线号码，其他号码均为非引示线号码。多次拨打引示线号码时，则群内用户轮流振铃。拨打非引示线号码时，若该用户忙并且有连选属性，则连选的用户话机振铃，主叫听回铃音；若该用户忙并且无连选属性，则主叫听忙音。

在明确用户小交换机群规划、确定用户电路已经放号开通并接上电话机或者与对端PABX的环路中继已经连接的前提下，小交换机群业务配置的基本过程可遵循以下步骤。

① 增加群并配置群属性：建立小交换机群并配置群属性。

② 增加群用户：把已经完成普通用户业务开通的号码纳入群中。

③ 配置用户线连选、优选和用户线类型：按照群业务需要配置相应功能。

（2）特服群业务配置

特服群主要用于完成一些特服功能，如110、114、119、120等。特服群必须要有话务台，话务台可以进行连选或优选。话务台的座席类型可以是标准话务台或者简易话务台。话务台登录或激活后用户才能拨打该特服群，否则听忙音。

在明确特服用户群规划、确定用户电路已经放号开通的前提下，特服群业务配置的基本过程可遵循以下步骤。

① 增加群并配置群属性：建立特服群并配置群属性。

② 增加群用户：把已经完成普通用户业务开通的号码纳入群中。

③ 增加特服号码分析：把特服分析器纳入号码分析选择子中，并添加特服号码分析。

④ 配置简易话务台数据：把群内每个用户配置成为简易话务台，按照座席、业务组和座席业务顺序配置相互对应关系。

⑤ 激活话务台：数据传送到交换机后逐个激活话务台。

(3) 商务群业务配置

商务群也称虚拟用户小交换机（CENTREX 或 CTX），是企业、机关团体、院校利用公用电话局设置的一个虚拟内部小交换机。虚拟用户小交换机的每个用户有两个号码（大号和小号），并可设置话务台用于转接来话。群内用户之间呼叫时拨小号码，一般设置为免费；群内用户拨打群外用户时，拨出群字冠+市话号码；群外用户拨打群用户时，直接拨群用户的大号；支持呼叫代答（同组代答和指定代答）业务；支持闭合用户群业务，在 CENTREX 群内某些用户组成闭合组，组内可互打，但不能呼叫组外用户，组外也不可呼入；自动报号功能包括 CTX 小号号码和 CTX 市话（大号）号码。

在明确商务用户群规划及大小号对应关系、出群拨号方式和出群字冠、确定用户电路已经放号开通的前提下，商务群业务配置的基本过程可遵循以下步骤。

① 增加群并配置群属性：建立商务群并配置群属性。

② 配置群内小号：建立小号字冠及号码。

③ 增加群用户：把已经完成普通用户业务开通的号码纳入群中，并建立大小号之间的对应关系。

④ 配置群内组：根据需要配置群内组及相应功能（可选项）。

⑤ 增加 CTX 号码分析：新建号码分析选择子，增加 CTX 分析器并将其纳入新增的号码分析选择子中，添加 CTX 号码分析。

⑥ 配置简易话务台数据：把计划当做话务台的用户配置成为简易话务台，按照座席、业务组和座席业务顺序配置相互对应关系。

⑦ 修改群属性：将商务群的号码分析选择子修改为步骤⑤新建的、包含 CTX 号码分析器及其号码分析的号码分析选择子。

⑧ 激活话务台：数据传送到交换机后逐个激活话务台。

6.3.2 中继业务配置流程

1. 随路中继业务配置

在与对端交换局协商好配合数据和确定有空闲中继电路可用的基础上，随路中继业务配置的基本过程可遵循以下步骤。

① 硬件连接：通过数字配线架（DDF）连接本局和对端局的 PCM 线缆。

② 交换局数据：配置局向号，明确对端局的交换局类型、信令点编码等。

③ 子单元配置：把相应数字中继 DTI 子单元配置为“随路信令”，并设置相关参数；检查配置 ASIG 子单元包含“多频记发器”，若不含则需添加。

④ 中继管理数据：按照中继电路组、中继电路分配、出局路由、出局路由组、出局路由链、路由链组的顺序配置出中继数据，按照中继电路组、中继电路分配的顺序配置入中继数据，注意与对端局之间出入时隙的对应关系、中继关系树的正确性。

⑤ 局码设置：出局号码分析，只要号码资源许可，一般是把对端局局号作为出局号码，出局路由链组是路由选择入口。

注意，自环方式进行随路中继数据配合调试时，需要两个 PCM 子单元进行收发线缆的对应连接，局码设置时需要进行被叫号码变换。

2. 共路中继业务配置

在与对端交换局协商好配合数据、确定有 7 号信令和空闲中继电路可用的基础上，共路中继业务配置的基本过程可遵循以下步骤。

① 硬件连接：通过 DDF 连接本局和对端局的 PCM 线缆。

② 交换局数据：配置局向号，明确对端局的交换局类型、信令点编码等。

③ 子单元配置：把相应数字中继 DTI 子单元配置为“共路信令”，并设置相关参数。

④ 中继管理数据：按照中继电路组（一般为双向）、中继电路分配、出局路由、出局路由组、出局路由链、路由链组的顺序配置中继数据，注意与对端局之间出入时隙的对应关系、中继关系树的正确性。

⑤ 7 号信令 MTP 数据配置：按照信令链路组、信令链路、信令路由、信令局向、PCM 系统的顺序配置 7 号信令 MTP 数据，注意与对端局之间的信令链路所用时隙、链路编码、信令局向、PCM 及其系统号等相关参数对应关系。

⑥ 局码设置：出局号码分析，只要号码资源许可，一般是把对端局局号作为出局号码，出局路由链组是路由选择入口。

3. 中继业务的自环调测

开通局向中继业务，自环是调测练习的常用方法，也是中继故障排除的检查方法之一。在进行自环调测时，需要注意以下几点。

① 自环调测必须至少有两个 PCM 子单元（E1 口）的情况下才能进行。

② 每个 PCM 子单元（E1 口）都有收发两条线，需要将两个 E1 口的收发线缆进行对应连接，即在 DDF 架上将一个 E1 口的发送线与另一个 E1 口的接收线连接，反之亦然。

③ 需要提前配置邻接交换局（局向号），而且共路中继自环时，邻接交换局的信令点编码不能与已用信令点编码相同（本局或者其他邻接交换局）。

④ 配置的两条信令链路需包含在同一信令链组中，链路编码一般从 0 开始。

⑤ 完成 7 号信令数据共路 MTP 管理配置后，必须在动态数据管理中进行中继线自环请求和信令链路自环请求。

⑥ 局码设置（出局号码分析）需要进行被叫号码变换，以免与本局号码冲突。

复习思考题

6-1　指出 PSM、SNM、MSM、OMM 的中文含义。

6-2　ZXJ10B 的 8KB PSM 作为中心网外围交换局的纯用户模块、纯中继模块、用户中继模块三种不同应用时，其典型配置的用户和中继容量分别是多少？

6-3　对于 ZXJ10B 的 SM4C PSM 典型配置的用户和中继容量可配多少？

6-4　ZXJ10B 的 8KB PSM 的功能单元主要由哪些组成？

6-5　对于 ZXJ10B，一个用户单元最多可配置多少用户？

6-6　对于 ZXJ10B，一个数字中继单元（DTI）配置多少子单元？当某个子单元使用随路信令时，应如何配置相关参数；当使用共路信令时，又该如何配置相关参数？

6-7　对于 ZXJ10B，一个模拟信令单元（ASIG）包含几个子单元，主要可以配置哪些资源功能（列举常用的 5 个）？

6-8　对于 ZXJ10B，模块内的消息传递通道（即通信端口）主要由什么电路板提供？

6-9　每块 MPMP 板能处理几个通信时隙？每个模块间通信端口由几对通信时隙构成？

6-10　一块 MPPP 板能处理多少个通信时隙？一对 MPPP 可以处理多少个模块内通信端口？对于 8KB PSM 控制架 15、16 槽位的 MPPP 板可以提供哪些通信端口？

6-11　对于两个局内用户进行呼叫时，其消息通道主要经过哪些部件？通话语音通道主要经过哪些部件？

6-12　用户所听到的拨号音和接收用户所拨 DTMF 号码主要经过哪些部件？

6-13　对于两个不同交换局用户进行呼叫时，其通话语音通道主要经过哪些部件？

6-14　ZXJ10B 系统配置主要包含哪几个方面的数据？

6-15　一个独立成局的 ZXJ10B 的 8KB PSM，其物理配置主要包含哪些内容？单元配置包含什么内容？

6-16　正常登录 ZXJ10B 后台维护操作系统需要运行什么程序？

6-17　开通 PSTN 普通用户主要有哪些步骤？各步骤的基本作用是什么？

6-18　ZXJ10B 交换机系统提供哪些号码分析器？

6-19　对于某一指定的号码分析选择子，各分析器按什么顺序分析号码？

6-20　小交换机群业务配置的基本过程主要有哪些步骤？

6-21　特服群业务配置的基本过程主要有哪些步骤？

6-22　商务群业务配置的基本过程主要有哪些步骤？

6-23　简述小交换机群、特服群和商务群的区别。

6-24　随路中继业务配置的基本过程主要有哪些步骤？

6-25　共路中继业务配置的基本过程主要有哪些步骤？

第 7 章　典型 IMS 交换设备

本章主要以华为 IMS 设备为例，介绍其系统设备组成、设备组网应用、业务配置的基本流程。

7.1　系统设备组成

IMS 设备是构建移动网与固定网融合的核心设备，采用先进的设计理念和制造工艺流程。在硬件上，机框、单板、接口均采用规范化、标准化的设计结构。

7.1.1　硬件组成

1. 机柜

整机采用 N68E-22 机柜。根据机柜内配置的组件不同，机柜分为综合配置机柜、业务处理机柜和网络机柜。综合配置机柜、网络机柜为必配机柜，业务处理机柜根据用户量或话务量进行配置。每个站点部署的前 2 个机柜为综合机柜，后续机柜采用业务处理机柜。机柜的摆放位置遵循从左到右的原则，依次为网络机柜、综合配置机柜和业务处理机柜。综合配置机柜和业务处理机柜最多配置 9 个机框。0 号机框为基本框，1~8 号机框为扩展框。机柜内部组件随组网形式及容量的不同而不同，视实际需求而定。整机配置如图 7-1 所示。

2. 机框

每个机柜最多可以配置 3 个 OSTA 2.0 机框，机框设计标准满足 NEBS GR-63-CORE 、ETSI 300019 Class 3.1 标准。每个机框共有 14 个标准单板插槽（1.2in/槽）(1in = 0.0254m)，统一后出线；机框下部配置 2 个风扇盒散热，前/侧进风，后出风；直流供电 -72 ~ -40.5V。机框外观如图 7-2 所示。机框采取中置背板，前后对插的方式。后插板作为前插板的后出接口板，前后插板一起作为一块完整的单板，如果单板不需要后出接口，可不配置后插板。机框一共提供 14 个业务槽位，其中 6、7 槽位为交换板槽位，其他槽位为通用服务器板（UPB）槽位，如图 7-3 所示。

3. 单板

单板分为前插板和后插板两类。前插板主要包括通用业务处理单板（USP）、交换单元（SWU）、媒体处理功能单板（MPF）和系统管理单元（SMU）4 种。后插板主要包括通用业务接口单元（USI）、交换接口单元（SWI）、网络接口单元（NIU）和机框数据总线模块（SDM）4 种。

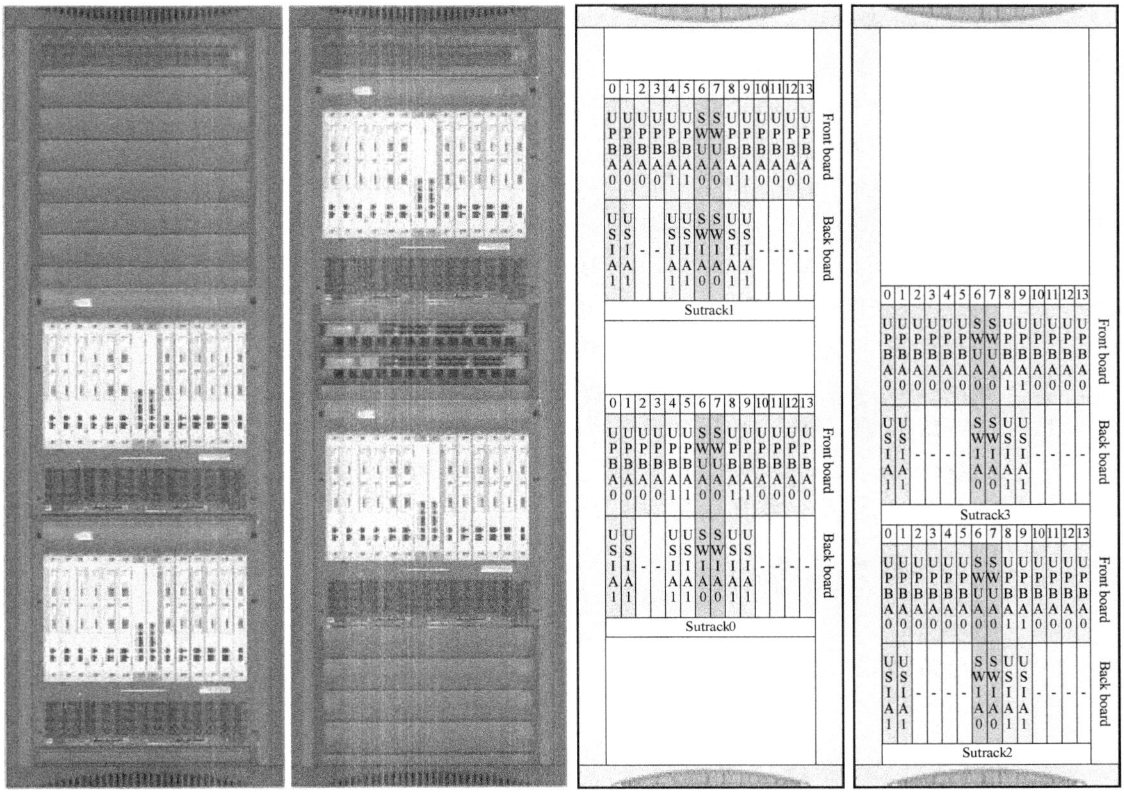

Sutrack1

	0	1	2	3	4	5	6	7	8	9	10	11	12	13
Front board	UPBA0	UPBA0	UPBA0	UPBA0	UPBA1	UPBA1	SWUA0	SWUA0	UPBA1	UPBA1	UPBA0	UPBA0	UPBA0	UPBA0
Back board	USIA1	USIA1	-	-	USIA1	USIA1	SWIA0	SWIA0	USIA1	USIA1	-	-	-	-

Sutrack0

	0	1	2	3	4	5	6	7	8	9	10	11	12	13
Front board	UPBA0	UPBA0	UPBA0	UPBA0	UPBA1	UPBA1	SWUA0	SWUA0	UPBA1	UPBA1	UPBA0	UPBA0	UPBA0	UPBA0
Back board	USIA1	USIA1	-	-	USIA1	USIA1	SWIA0	SWIA0	USIA1	USIA1	-	-	-	-

Sutrack3

	0	1	2	3	4	5	6	7	8	9	10	11	12	13
Front board	UPBA0	UPBA0	UPBA0	UPBA0	UPBA0	UPBA0	SWUA0	SWUA0	UPBA1	UPBA1	UPBA0	UPBA0	UPBA0	UPBA0
Back board	USIA1	USIA1	-	-	-	-	SWIA0	SWIA0	USIA1	USIA1	-	-	-	-

Sutrack2

	0	1	2	3	4	5	6	7	8	9	10	11	12	13
Front board	UPBA0	UPBA0	UPBA0	UPBA0	UPBA0	UPBA0	SWUA0	SWUA0	UPBA1	UPBA1	UPBA0	UPBA0	UPBA0	UPBA0
Back board	USIA1	USIA1	-	-	-	-	SWIA0	SWIA0	USIA1	USIA1	-	-	-	-

图 7-1　整机配置图

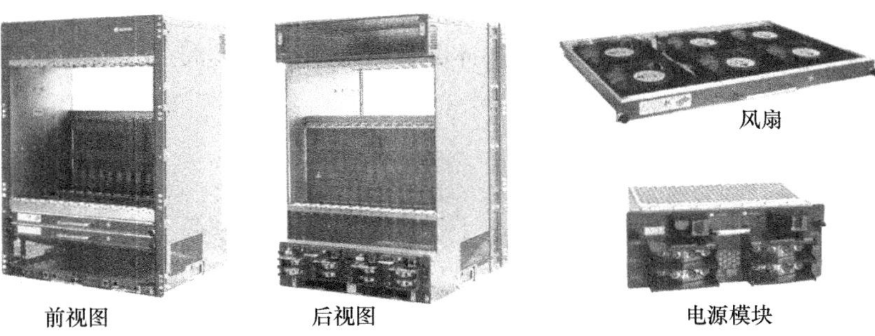

图 7-2　机框外观实物图

	0	1	2	3	4	5	6	7	8	9	10	11	12	13
BACK	通用槽位	通用槽位	通用槽位	通用槽位	通用槽位	通用槽位	SWI	SWI	通用槽位	通用槽位	通用槽位	通用槽位	通用槽位	通用槽位
FRONT	通用槽位	通用槽位	通用槽位	通用槽位	通用槽位	通用槽位	SWU	SWU	通用槽位	通用槽位	通用槽位	通用槽位	通用槽位	通用槽位

图 7-3　机框槽位示意图

① 通用业务处理单板（USP）：作为机框的业务处理单元，可通过在该板上安装业务应用软件实现数据业务处理。

② 交换单元（SWU）：通过 Base 交换平面与 Fabric 交换平面，完成对内（指同一机框内）和对外（指机框外）的信息交换功能。

③ 媒体处理功能单板（MPF）：作为媒体资源处理器 MRP6600 的业务处理单元，可通过在 MPF 单板上安装业务应用软件来实现数据业务处理。

④ 系统管理单元（SMU）：是机框的管理模块，完成机框设备管理、传感器/事件管理、用户管理、风扇框/电源框管理、远程维护等功能。

⑤ 通用业务接口单元（USI）：是处理器板与外部设备通信的接口板。

⑥ 交换接口单元（SWI）：是 SWU 板的接口板，作为 SWU 板与外部设备通信的接口。

⑦ 网络接口单元（NIU）：是 MPF 板的接口板，作为 MPF 板与外部设备通信的接口。

⑧ 机框数据总线模块（SDM）：作为机框的数据模块，通过其 8 位拨码开关定义机框号。它还记录了机框信息、系统性能参数等。

7.1.2 主要 IMS 网元设备

基于不同功能需要，可以利用前述的 4 种前插板和 4 种后插板构成不同的网元设备。

1. CSC3300 呼叫会话控制器

CSC3300 集成了 P-CSCF、I-CSCF、S-CSCF、E-CSCF、BGCF、IBCF、MRFC 多种实体功能于一体，可支持合一部署，也可根据需要灵活分设部署。实现用户访问控制、注册、认证、呼叫会话控制、媒体资源控制、业务触发等功能，具体来说就是由 P-CSCF 提供 SIP 代理功能、控制媒体网关设备、接入网管理、安全控制、紧急呼叫识别和路由、计费点控制，I-CSCF 提供运营商 IMS 网络入口、S-CSCF 分配、会话路由、控制媒体网关设备、拓扑隐藏，S-CSCF 提供用户注册、会话处理、业务触发、紧急呼叫路由、计费点控制，MRFC 提供解析来自 S-CSCF 及 AS 的 SIP 资源控制命令，对媒体资源功能处理（MRFP）进行控制。

2. HSS9820 归属用户服务器

HSS9820 归属用户服务器是 IMS 用户归属网络中存储用户信息的核心数据库，具有 IMS 的 HSS 和 SLF（用于选择 HSS）实体的功能。HSS9820 从逻辑上划分为 HSS-BE（存储用户数据）和 HSS-FE（信令接入、业务逻辑处理）两部分。

3. UAC3000 接入网关控制设备

UAC3000 提供接入网关控制功能（Access Gateway Control Function，AGCF），主要用于控制 H.248 用户、MGCP 用户、V5 用户、ISUP 用户、TUP 用户等接入至 IMS 网络中体验 IMS 提供的业务。UAC3000 与 UMG8900、SG7000 等产品配合组网时，可用作传统 PSTN 的 C4 局（汇接局）。图 7-4 所示为 UAC3000 在 IMS 网络中的典型组网。

4. ATS9900 通用语音应用服务器

ATS9900 产品继承了所有常见的 PSTN/ISDN 传统电信增值业务，并在此基础上增加了许多 IMS 独有的特色增值业务。运营商能够使用一套 ATS9900 产品同时为多个接入网（固定、移动等）提供相同的增值业务服务，并且能够获得多个接入网融合的特色业务。ATS9900 是一种实现电信业务的基于 SIP 的应用服务器，提供基本的语音业务和补充业务，也为个人用户和企业用户提供电信增值业务。

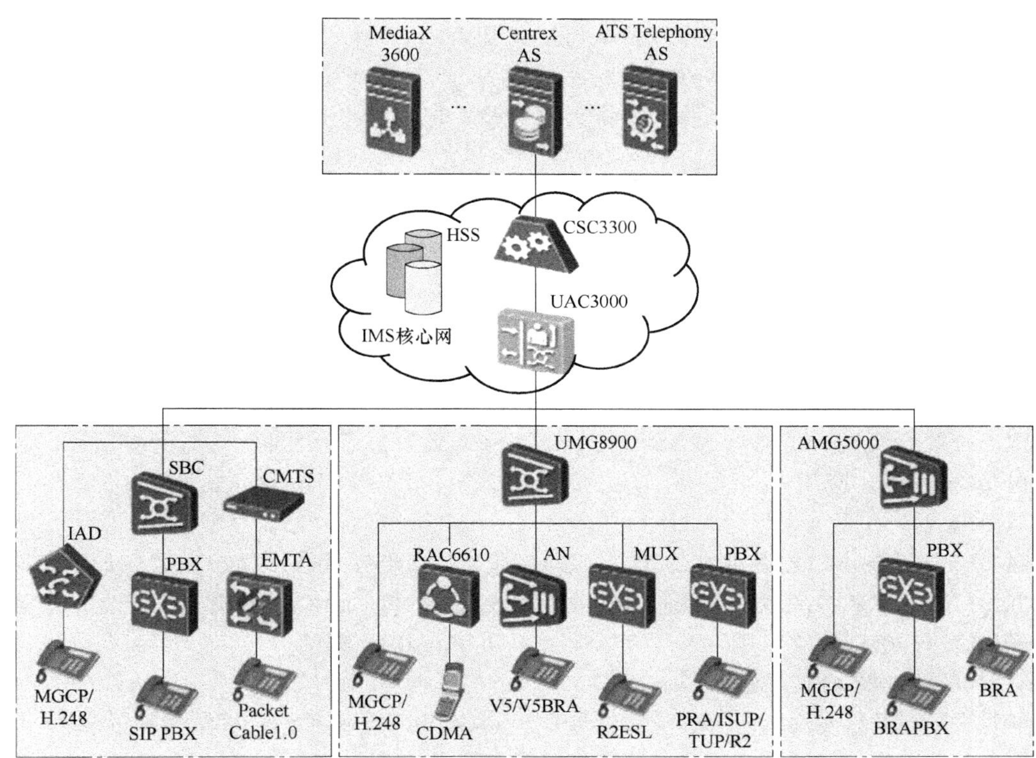

图 7-4　UAC3000 在 IMS 网络中的典型组网

5. MRP6600 媒体资源功能

MRP6600 用于提供媒体资源的承载功能，支持放音收号、媒体播放和录制、音视频会议、彩铃、彩影等多媒体音视频业务。MRP6600 具有丰富的音频编解码功能，并支持不同编解码之间的格式转换。通过编解码转换功能，实现采用不同编解码的网络互通，为用户提供放音收号、语音会议、视频会议等丰富的音视频业务。

6. SE2300/SE2600 会话边界控制器

SE2300/SE2600 定位在 IMS 网络的 ABG（Access Border Gateway），解决业务部署中遇到的 NAT/FW 穿越、安全、互通、QoS 等问题。

7. UMG8900 通用媒体网关

UMG8900 通用媒体网关基于标准的 NGN 架构，是华为公司提供的 NGN 解决方案中的关键设备。UMG8900 构架灵活，同一套软硬件平台可以作为 NGN 中接入层的多种业务网关进行组网，包括：中继网关（TG）、内嵌的信令网关（SG）、NGN 构架交换机应用（NGN Enabled Switch）、融合应用（TG/SG 融合）。

（1）中继网关应用

TG 为中继汇接网关设备，位于 NGN 的边缘接入层，同时连接 PSTN 和 NGN，把 PSTN 原有业务接入 NGN 中。UMG8900 可以作为 NGN 中的 TG 设备进行组网，支持 TDM 到 IP 分组网络的承载转换，支持 G. 711、G. 723、G. 726、G. 729 等多种语音编解码，支持传真和 MODEM 业务。UMG8900 设备作为 TG 应用时，同时支持两个 IP 网络之间的语音业务互通功能；作为 IP 互通网关应用时，两个 IP 网络内部的 IP 地址规划可以相同，也可以不同，通过 UMG8900 设备实现 IP 地址以及传输协议的变换。

(2) 内嵌 SG 应用

信令网关(SG)位于 NGN 的边缘接入层,连接传统的 PSTN 窄带网络,将 PSTN 中的信令转发到 NGN 中,实现网络之间呼叫控制面的互通。UMG8900 设备提供内嵌信令网关功能,在没有独立信令网关,或者网络中无 STP(Straight-Through Processing)设备的情况下,可使用 UMG8900 内嵌的信令网关进行组网。UMG8900 支持 M2UA、IUA、V5UA 等适配协议,可完成 SS7、ISDN 信令、V5 协议的 IP 适配和转发。

(3) NGN 架构交换机应用

UMG8900 硬件配置灵活,同时支持 TDM 中继和 IP 中继,并可以实现任意比例配置。设备支持多框级联和大容量 TDM 交换,支持纯 TDM 中继应用,通过与媒体网关控制器(MGC)联合组网,可以作为 NGN 构架的 PSTN 交换机进行组网,并同时支持 C5(本地)和 C4(汇接)应用。

(4) 融合应用

UMG8900 设备可以提供独立的 TG、SG 应用,支持业务承载转换、互通和业务流格式处理功能,以实现业务的融合,降低用户的网络建设成本。UMG8900 有着灵活的软硬件构架,通过软件升级即可支持固网和无线融合,共用核心 IP 承载网。

8. MediaX3600 会议系统

在全球经济迅猛发展的今天,会议系统已经逐渐成为企业和个人日常工作的基本工具。运营商引入会议业务可以在含金量很高的企业市场挖掘潜在的客户,增加运营收入;企业引入会议系统可以提高沟通效率、降低差旅成本和时间成本。

(1) 华为融合会议解决方案

华为公司推出了基于 3GPP IMS 的融合会议解决方案(Convergent Conference Solution,CCS),其主要特点为:

① 一套华为融合会议系统可同时提供多种会议类型,包括语音会议、数据会议、标清视频会议、高清视频会议、智真视频会议、Web 会议。

② 在华为融合会议系统中,会议业务与用户接入方式无关,用户可通过 2G/3G 手机、固定电话、IP 软/硬终端、Web 客户端等方式参加会议。

③ 华为融合会议系统采用电信级硬件平台,大容量、高可靠、统一管理,可由运营商部署,为广大企业用户提供会议业务;大中型企业也可以自己部署华为融合会议系统,满足企业对于融合会议、信息和通信技术(Information Communication Technology,ICT)集成、业务互通等需求。

(2) 应用场景

华为融合会议系统的应用场景有小容量全媒体会议、大容量全媒体会议、语音+标清视频会议、融合会议媒体平面等。

① 小容量全媒体会议。小容量全媒体会议应用于 SIP 网络。当采用 CSC3300 内置 HSS 来部署华为融合会议系统时,其组网架构和详细组网如图 7-5 和图 7-6 所示。

② 大容量全媒体会议。大容量全媒体会议(应用于 IMS 网络,需要外置 HSS)的组网架构和详细组网见图 7-7 和图 7-8,是在现有 IMS 网络中新增部署会议系统,或者在新建 IMS 网络的同时部署会议系统。

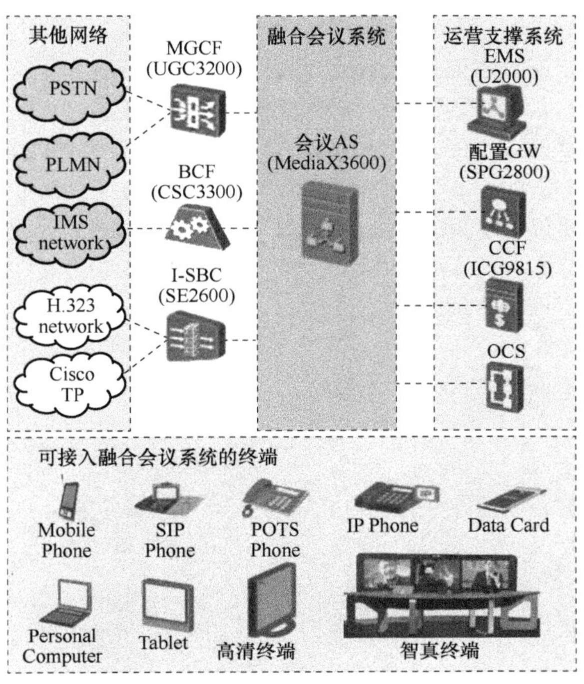

图 7-5　小容量全媒体会议（内置 HSS）组网架构

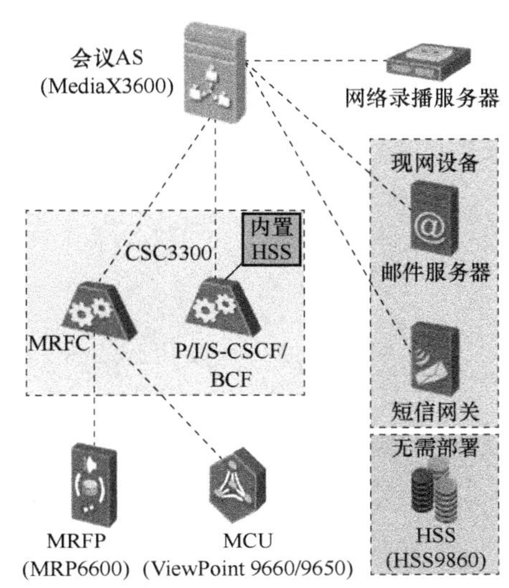

图 7-6　小容量全媒体会议（内置 HSS）详细组网

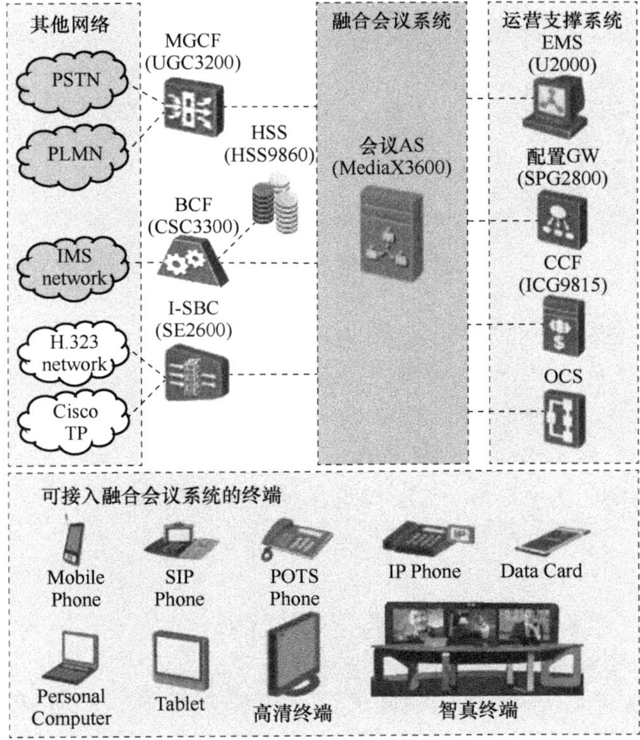

图 7-7　大容量全媒体会议（外置 HSS）组网架构

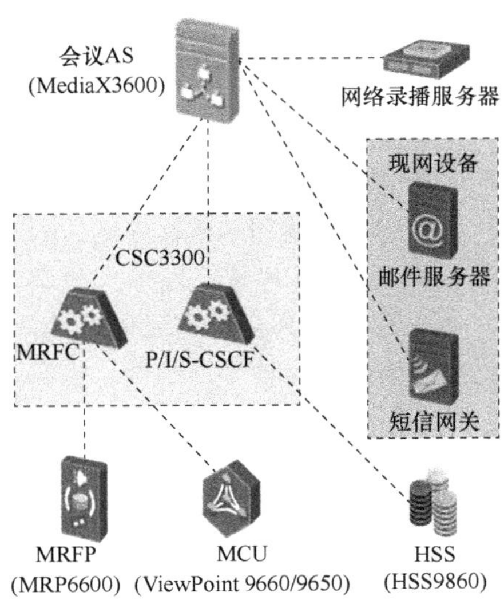

图 7-8　大容量全媒体会议（外置 HSS）详细组网

③ 语音+标清视频会议（应用于 GSM、UMTS、NGN 网络，无 HSS）。在 GSM、UMTS、NGN 网络中部署华为融合会议系统时，由于软交换存在不支持速率协商、双流等高清、智真视频会议的基本特性局限，只提供语音会议、标清视频会议和数据会议业务，其语音+标清视频会议的组网架构可以参照图 7-9，不提供图 7-9 中右下角所示的高清终端和智真终端。从图 7-10 和图 7-6 所示的详细组网来看，小容量全媒体会议中的 CSC3300 包含 MRFC、P/I/S-CSCF/BCF 和内置 HSS；而语音+标清视频会议中的 CSC3300 只包含 BCF 和 MRFC，且无内置 HSS。

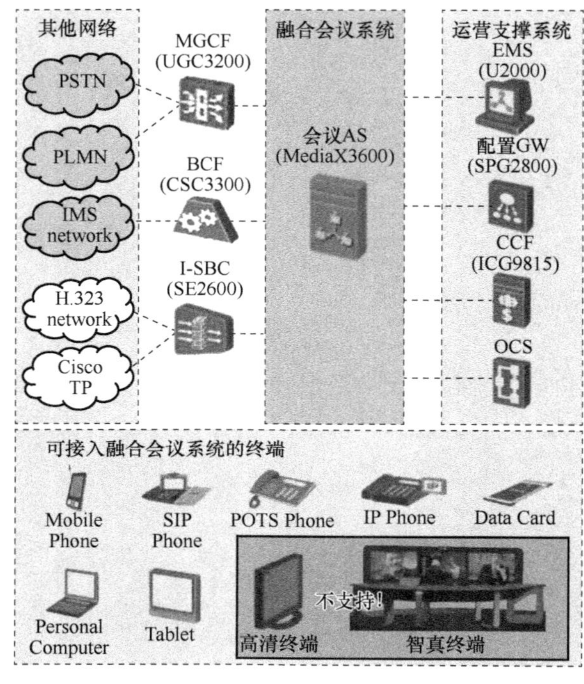

图 7-9 语音+标清视频会议组网架构

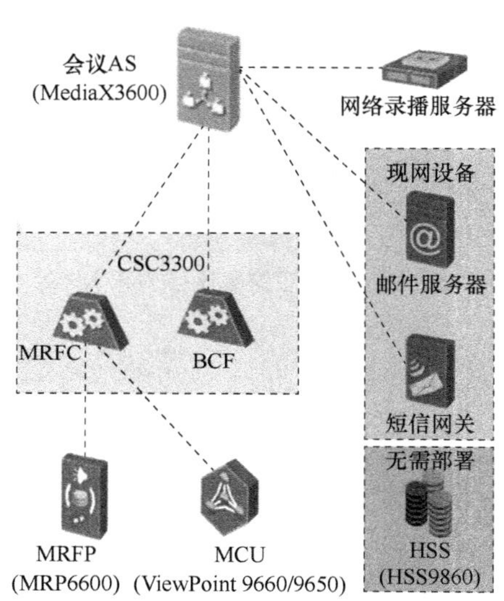

图 7-10 语音+标清视频会议详细组网

④ 融合会议媒体平面。通用融合会议媒体平面组网，如图 7-11 所示。

- PSTN、NGN、PLMN 网络中的终端通过 MGW 接入 MCU、MRFP。
- SIP 终端和 SIP 软终端通过 IP 网络、Internet 接入到 A-SBC。A-SBC 作为媒体代理，将 SIP 终端和 SIP 软终端接入 MCU、MRFP 获取音视频媒体资源。
- 思科网真会议系统和 H. 323 会议系统通过 I-SBC 实现与融合会议系统互通。

Web 会议媒体平面组网，如图 7-12 所示。

- Web 会议音视频媒体通道和普通会议的音视频媒体通道相同。
- Web Client/Web MC 和 SBC 建立 RTP 媒体通道，SBC 作为媒体代理，将 Web Client/Web MC 接入 MCU、MRFP 获取音视频媒体资源。
- Web Client/Web MC 与数据会议服务器建立 TCP 媒体通道，实现 Web 会议数据传输（如发送邮件邀请、屏幕共享、文档共享、白板共享、协同浏览、文件传输、问卷调查、即时消息、举手、会议录制）。

当企业侧没有部署企业防火墙时，不需要部署 SVN，Web Client/Web MC 直接接入

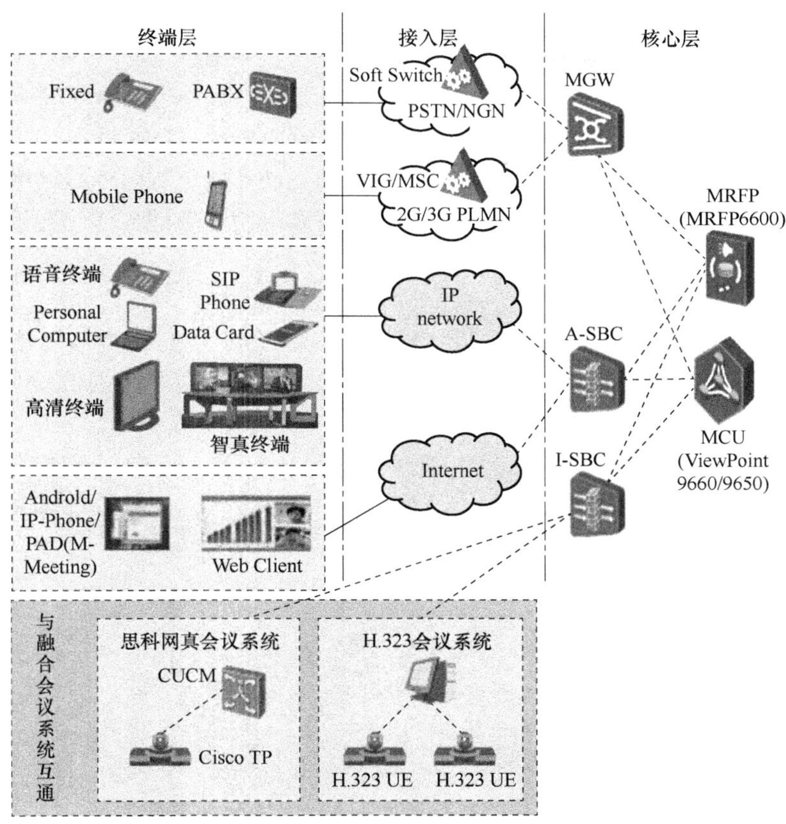

图 7-11　通用融合会议媒体平面组网图

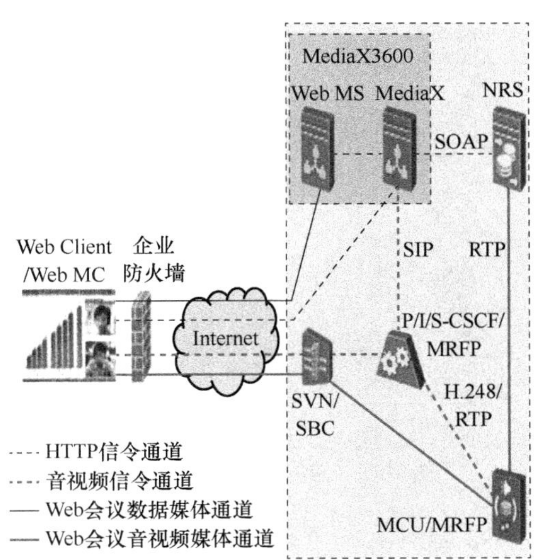

图 7-12　Web 会议媒体平面组网图

SBC；当企业侧部署了企业防火墙时，Web Client/Web MC 通过 SVN 进行防火墙穿越后接入 SBC。SVN 有两种部署情况，外置 SVN 和 SBC 内置 SVN。

7.2 设备组网应用

IMS 设备组网应用已成为国内运营商开展业务的重要支撑。IMS 设备开放的网络架构优势，可以打通异构网络之间壁垒，实现不同网系之间互联互通，有效隐藏网络拓扑，屏蔽网络本身的复杂性，可向用户提供随域接入、典型业务和定制业务的多样化通信服务。

7.2.1 接入网接入

IMS 是一个融合数据、语音和 IP 网络的开放体系，IMS 业务网络不依赖于任何具体类型的接入网络，用户终端设备可以通过各种宽带接入方式接入到 IMS 网络。

当前有如下几种接入方式：

① VoBB 用户接入：主要接入方式为 xPON、xDSL、LAN、WiMAX 和 CMTS 等。

② 固网网改用户接入：包括 POTS、V5 和 ISDN 用户接入，一般通过 AGCF 接入。

③ PBX 用户接入：包括 TDM-PBX 和 IP-PBX 用户接入。

接入网络组网全貌如图 7-13 所示。

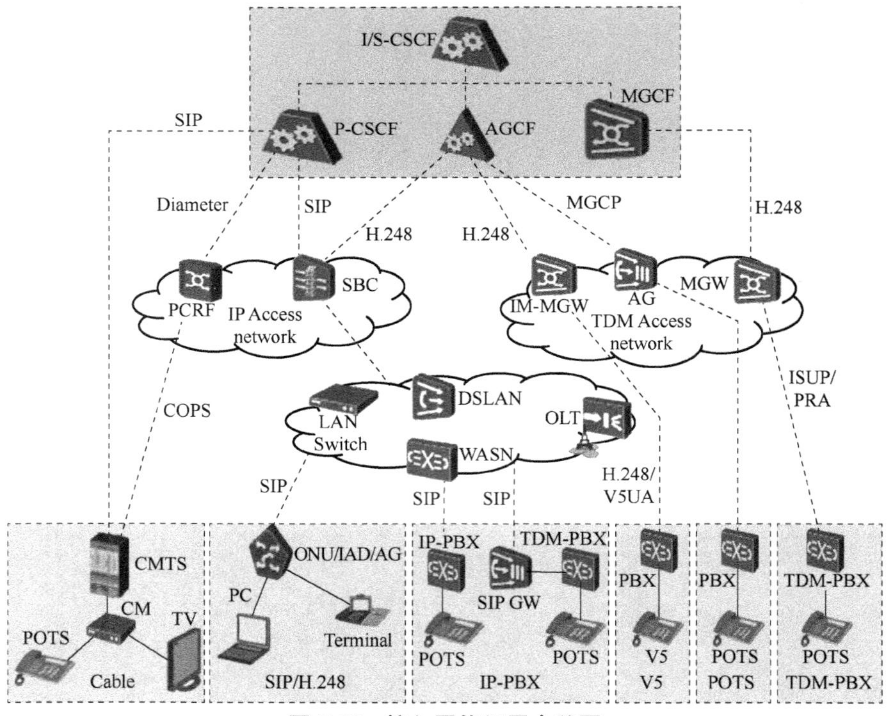

图 7-13 接入网络组网全貌图

7.2.2 网间互通

1. 通过 MGCF 互通

(1) 互通模型

IMS 网络通过 MGCF 可以与 PSTN/PLMN 网络互通，其互通模型如图 7-14 所示。

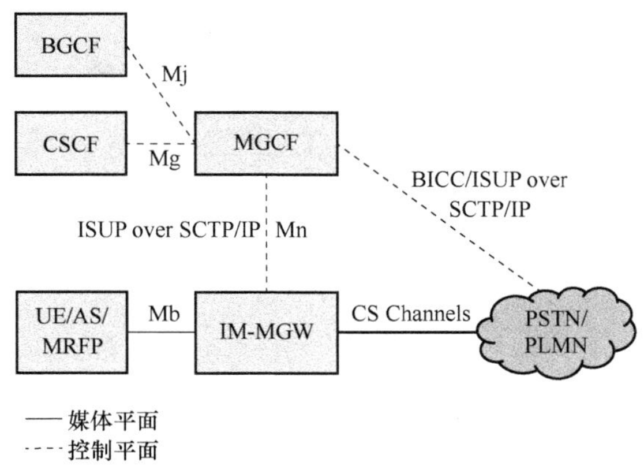

图 7-14　IMS 网络与 PSTN/PLMN 网络的互通模型

互通模型分为控制平面互通和媒体平面互通。

① 控制平面互通。MGCF 负责控制信令互通，负责 SIP 消息与 BICC/ISUP 消息的相互转换，并控制用户平面的 IM-MGW。

② 媒体平面互通。IM-MGW 负责资源预留、交换媒体数据、更改媒体连接，实现 IMS 网络和 PSTN/PLMN 网络之间编解码转换以及视频互通。

（2）典型组网

MGCF 互通最常用于 IMS 网络与 CS 网络互通。IMS 网络与 CS 网络的互通组网如图 7-15 所示。MGCF 位于控制平面，负责 SIP 信令与 ISUP/BICC 等信令之间的转换，并控制用户平面的 IM-MGW 完成媒体转换。IM-MGW 在 MGCF 的控制下负责媒体处理。

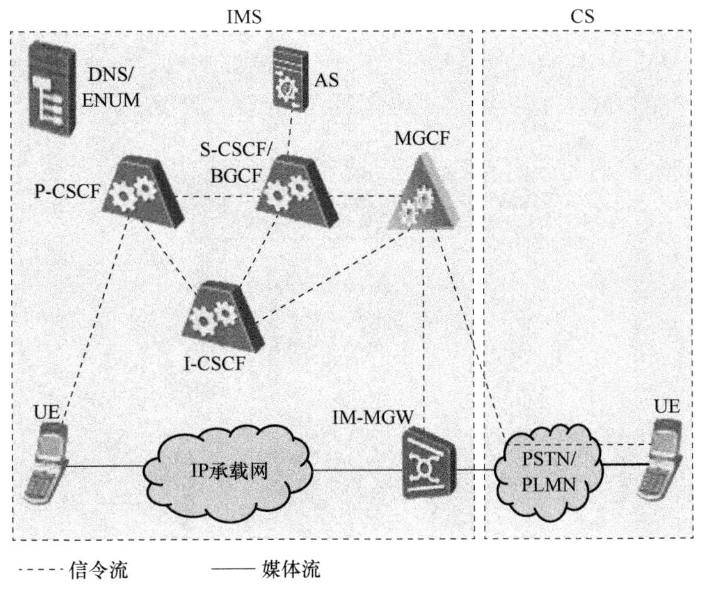

图 7-15　华为 IMS 网络与 CS 网络互通组网

（3）典型应用

① IMS 用户呼叫 PSTN/PLMN 用户应用场景，如图 7-16 所示。

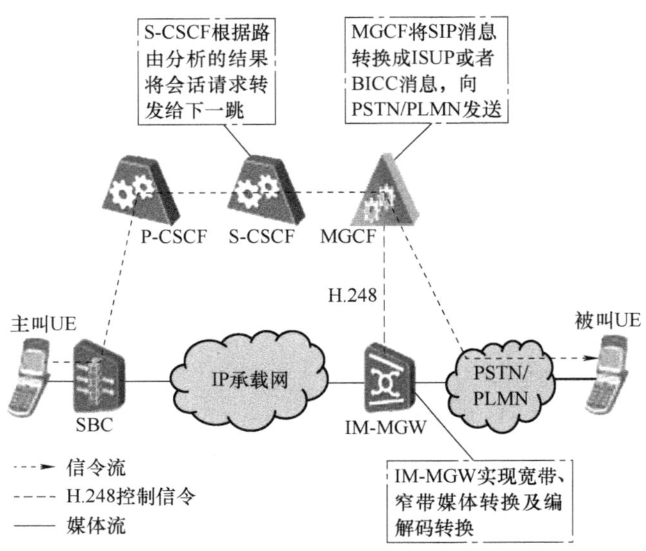

图 7-16　IMS 用户呼叫 PSTN/PLMN 用户应用场景

从主叫 UE 到主叫 S-CSCF 这一段的流程称为 MO 流程。

当 S-CSCF 收到会话请求后，判断被叫的 Request-URI 为 TEL URI 形式，对被叫号码进行 ENUM 查询。如果在 ENUM 服务器查询失败，S-CSCF 判断被叫用户为 PSTN 用户。S-CSCF根据路由分析的结果将会话请求转发给下一跳 MGCF。MGCF 将 SIP 消息转换成 ISUP 或者 BICC 消息，向 PSTN 或者 PLMN 网络发送，从而完成 IMS 网络到 PSTN/PLMN 网络的互通。

在媒体平面上，IM-MGW 负责控制媒体互通，完成编解码转换。

② PSTN/PLMN 用户呼叫 IMS 用户应用场景，如图 7-17 所示。

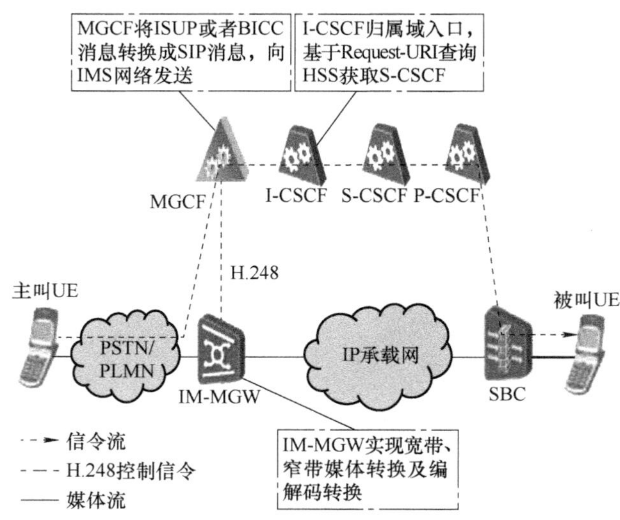

图 7-17　PSTN/PLMN 用户呼叫 IMS 用户应用场景

控制平面上 MGCF 收到 PSTN/PLMN 用户的 ISUP 或者 BICC 消息后，将消息转换成 SIP 消息。MGCF 通过路由分析功能分析被叫号码，选出被叫 I-CSCF，并向该 I-CSCF 转发消息。I-CSCF 经过查询 HSS 找到被叫用户的 S-CSCF，并向该 S-CSCF 转发 SIP 消息，再由被叫 S-CSCF完成到被叫 IMS 用户的路由。

从 I-CSCF 到被叫 IMS 用户的流程称为 MT 流程。

在媒体平面上，IM-MGW 负责控制媒体互通，完成编解码转换。

2. 通过 IBCF 互通

（1）互通模型

IBCF 与 CSCF 网元对接提供运营商 IMS 网络与其他运营商 IP 网络的互通能力（相当于关口局），IBCF 与 MGCF 网元对接提供运营商 CS 网络与其他运营商 IP 网络的互通能力，如图 7-18 所示。

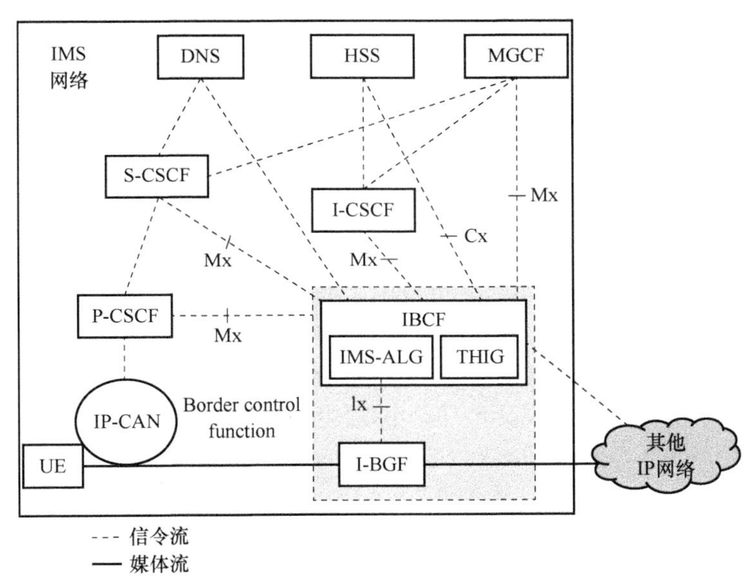

图 7-18　华为 IMS 网络 IBCF 互通模型

说明如下：

① IBCF 通过 Mx 接口（基于 SIP）与本域 IMS 其他的 SIP 网元实体交互，如与 P-CSCF、I-CSCF、S-CSCF、BGCF、MGCF 等网元交互。

② IBCF 通过 Ix 接口（基于 H. 248 协议）下发媒体信息（包括 QoS 信息和媒体绑定信息）给 I-BGF，控制 I-BGF 完成媒体 NAT、QoS 控制、编解码转换等功能。

③ IBCF 通过 ENUM/NP 接口（基于 DNS 协议）查询 DNS 服务器到下一跳路由地址。

④ IBCF 通过 Cx 接口（基于 Diameter 协议）查询 HSS 到本域 S-CSCF 的地址。

（2）典型组网

在华为 IMS 网络 IBCF 互通方案中，由 IBCF 和 I-BGF 完成与其他 IP 网络互通的会话控制、承载控制功能，如图 7-19 所示。

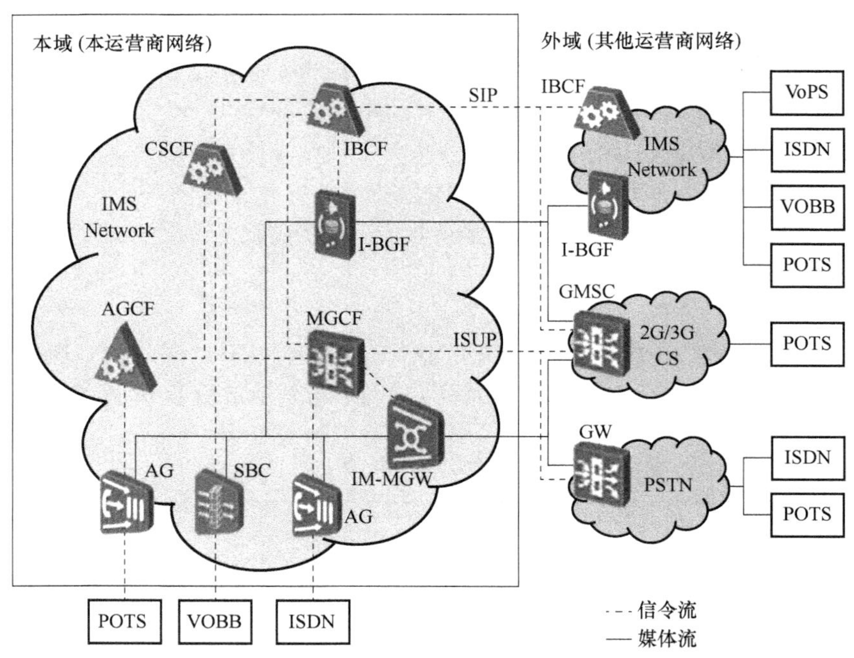

图 7-19　华为 IMS 网络 IBCF 互通的典型组网

3. 通过 AGCF 互通

AGCF 与 MGCF 的区别在于：MGCF 可以用于 IMS 网络与 PSTN/PLMN、NGN 网络互通，而 AGCF 只用于 IMS 网络与固定网 PSTN 的互通。图 7-20 所示为华为 IMS 网络与 PSTN 网络互通语音业务，其中 AGCF 网元设备是接入网关控制设备 UAC3000，CSCF 网元设备是呼叫会话控制器 CSC3300，TG/SG 网元设备是通用媒体网关 UMG8900。

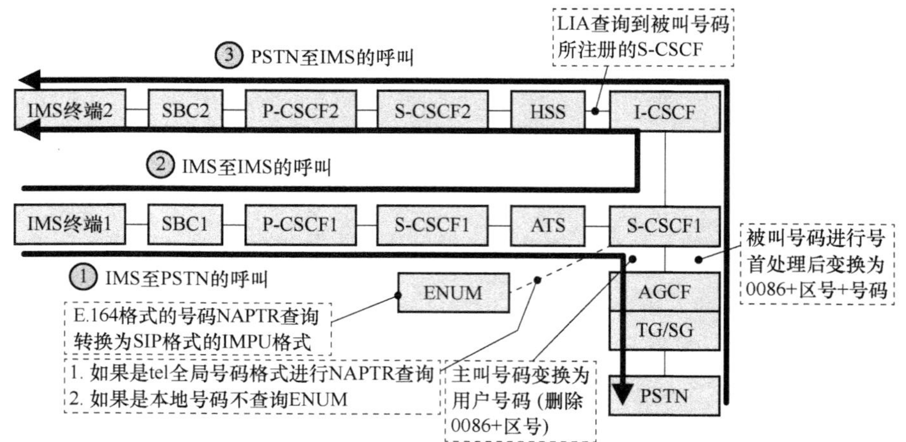

图 7-20　华为 IMS 网络与 PSTN 互通的典型组网

7.3　业务配置的基本流程

IMS 系统的业务配置包括 IMS 用户业务配置和 IMS 中继网关业务配置。

7.3.1　IMS 用户业务配置流程

1. IMS 普通用户业务配置

在明确号码资源进行规划、确定电话号码与 IP 地址分配方案的前提下，IMS 普通用户业务配置的基本过程可遵循以下步骤。

（1）IMS 用户开户

① 鉴权数据配置：配置 SIP 鉴权方式。

② 用户数据配置：增加一个用户与已设鉴权的 IMPI，并为其增加一个 IMPU 号码。

③ 签约数据配置：为该用户的 IMPU 设隐式注册集；设置注册权限；设置是否做漫游权限检查；关联拜访网络模板（需模板已配）；为该用户的两个 IMPU 共享 SP；设置别名组；为 IMPU 配置 iFC。

④ 业务应用配置：增加呼叫源（可选项）、多媒体用户和本局号码分析数据。

（2）验证签约用户数据

① 用户间拨打电话：可以使用 SIP URI 拨打方式，也可以使用 TEL URI 方式。

② 设置注册权限为“FALSE”，进行用户注册。注意观察结果，并信令跟踪进行分析。

③ 漫游权限检查标志是“TURE”，通过另一 IMS 域的 P-CSCF 进行接入注册。注意观察结果，并信令跟踪进行初步分析。

2. 连选业务配置

连选业务是在 IMS 用户开户的基础上，配置虚拟 PBX 数据和虚拟 PBX 用户数据。

（1）配置虚拟 PBX 数据

① 配置虚拟 PBX 业务开户数据：完成引示号用户开户及其业务发放数据配置；将 PBX 引示号设置为 PSI 并配置 PSI 用户的未注册触发规则，设置 PSI 和 AS 之间的对应关系。

② 添加虚拟 PBX 用户群：增加虚拟 PBX 业务数据。需要注意的是，此后步骤③④⑤均为可选项，如果不需要，可以直接进行“配置虚拟 PBX 用户数据”，即增加虚拟 PBX 用户。

③ 修改被叫侧路由模式：此为可选项。

④ 配置排队功能启用时的放音数据：此为可选项。

⑤ 配置虚拟 PBX 的计费方式：此为可选项。

（2）配置虚拟 PBX 用户数据

配置虚拟 PBX 用户数据的任务是在配置虚拟 PBX 数据的基础上，增加虚拟 PBX 用户并进行数据配置，实现虚拟 PBX 业务的应用。需要注意的是，如果 PBX 引示号占用户资源，则需将 PBX 引示号作为用户添加到虚拟 PBX 用户群中，且输入的“PBX 用户 IMPU”号码和“PBX 引示号”必须一致；如果 PBX 引示号不占用户资源（PSI 号码），则不可以将 PBX 引示号作为用户添加到虚拟 PBX 用户群中。具体步骤如下：

① 在 ATS 网元中，“增加多媒体用户数据”命令中勾选“虚拟 PBX”。

② 在虚拟 PBX 子菜单下定义激活标志，自定义规则集名称，填写选线号码（即引示线号码），与开通的用户公有标示一致。

③ 在虚拟 PBX 子菜单下，添加虚拟 PBX 用户群用户，并选择振铃模式：同振或者顺振，其中顺振还可选择顺序振铃、循环振铃和统一振铃。

（3）结果验证

① 多次拨打小交换机群引示线号码，群内引示线用户和有连选属性的非引示线用户将轮流振铃。

② 拨打群内非引示线用户的号码，如果该话机忙并且无连选属性，则主叫听忙音。

③ 拨打群内非引示线用户的号码，如果该话机忙并且有连选属性，则连选的话机振铃，主叫听回铃音。

3. 商务群业务配置

商务群（Centrex 群）也称虚拟用户小交换机。在 IMS 中，支持融合 Centrex，可由固网用户、移动用户、IMS 用户等共同组建。

简易商务群（不含话务台）的业务配置方法如下：

（1）配置 Centrex 群数据

① 增加群数据，设置群名、群号和容量等群属性。

② 增加群内分组数据，用于创建一个群内分组，每个群可以有多个群内分组，系统以群内分组为单位控制该群内分组的业务功能，每个 Centrex 群需创建至少一个群内分组。

③ 增加群内字冠，用于在用户发起群内呼叫时，进行号码分析。

④ 增加出群字冠，用于在用户发起出群呼叫时，进行号码分析。

（2）配置 Centrex 群用户数据

① 增加群用户数据，填写群号、用户分组号。

② 添加用户 IMPU 和用户短号，进行对应绑定。

③ 根据各自功能需要设置其他属性（可选），如同组代答、呼入呼出权限等。

（3）结果验证

① 进行群内小号之间拨打测试。

② 进行群内小号拨打出群号码测试。

7.3.2 IMS 中继网关业务配置流程

IMS 与 PSTN 网络互通语音业务是通过接入网关控制设备 UAC3000 来实现的。UAC3000 与 PSTN 进行 ISUP/TUP 中继对接时，可以采用 M2UA、M3UA 对等、M3UA 非对等三种方式实现互通。这里就以 M2UA 方式来实现，数据规划主要包括与 PSTN 对接的 ISUP/TUP 数据规划和路由数据规划。

1. 与 PSTN 七号中继的网关业务配置

（1）与 PSTN 七号中继对接的 ISUP/TUP 数据规划

基于 ISUP/TUP 中继互通，UAC3000 与 PSTN 通过 M2UA 方式对接时，UAC3000 侧的协议栈结构为 ISUP（或 TUP）、MTP3、M2UA、SCTP、IP，PSTN（MSC Server）侧的协议栈结构为 ISUP（或 TUP）、MTP3、MTP2、MTP1；UAC3000 通过 UMG8900 的内嵌信令网关与 PSTN（MSC Server）对接。其典型组网结构如图 7-21 所示。

图 7-21 M2UA 方式对接的典型组网结构

UAC3000 与 PSTN 对接的 ISUP/TUP 数据规划主要涉及如下内容。

① 增加内嵌式信令网关：涉及信令网关名称和媒体网关名称。

② 增加 M2UA 链路集：涉及链路集名称和信令网关名称。

③ 增加 M2UA 链路：涉及 BSG 模块号、链路名称、链路集名称和本地 IP 地址 1，并与对端 MGW 协商（本地端口号、对端 IP 地址 1 和对端端口号）。

④ 增加 MTP 目的信令点：涉及目的信令点名称和目的信令点编码（与对端协商）。

⑤ 增加 MTP 链路集：涉及链路集名称和相邻目的信令点名称（与对端 MGW 协商）。

⑥ 增加 MTP 链路：涉及 BSG 模块号、链路名称、链路类型、M2UA 链路集名称和链路集名称，并与对端协商（整型接口标识、信令链路编码等）。

⑦ 增加 MTP 路由：涉及目的信令点名称和链路集名称。

（2）与 PSTN 七号中继对接的路由数据规划

① 增加局向：涉及局向名称，与对端协商（对端局的类别、级别、目的信令点编码等）。

② 增加子路由：涉及子路由名称、局向名称等。

③ 增加路由：路由名称、子路由 1 等。

④ 增加呼叫源：呼叫源名称、路由选择源名称、失败源名称等。

⑤ 增加号码路由分析：路由选择名称、路由选择源名称、路由名称、信令优先级等。

需要注意的是，同一对接数据中相关参数的前后一致性。

（3）与 PSTN 七号中继对接的数据配置操作流程

UAC3000 与 PSTN 通过 M2UA 方式对接时，数据配置操作流程主要是 UAC3000 到 UMG8900 的 M2UA 链路数据、No. 7 信令数据、路由数据、中继群数据和中继电路等。

① 配置中继类型：将待用的 PCM 设定七号中继类型。

② 配置 M2UA 链路数据：包括增加信令网关、M2UA 链路集、M2UA 链路等，这些都是基础数据，一般不用改动。

③ 配置 MTP2 信令链路：增加 UMG8900 到 PSTN 之间的 MTP2 信令链路。

④ 配置 No. 7 信令数据：包括增加 UAC3000 到 NGN/PSTN 的目的信令点、MTP 链路集、MTP 链路和 MTP 路由等。

⑤ 配置路由数据：包括增加局向、子路由信息、路由信息、呼叫源和路由分析数据等。

⑥ 配置中继群数据：增加 SS7 中继群、媒体网关 T1 板信息等。

⑦ 增加 SS7 中继电路：若 ISUP 中继群支持 ANSI 信令，“电路工程号”参数必须依实际的规划配置。“电路的终端标识”参数的取值必须介于命令 ADD MGWT1 的参数“起始电路终端标识”和“结束电路终端标识”之间。

⑧ 配置出局号码分析数据：呼叫字冠、号码路由分析等。

⑨ 配置入局号码分析数据：呼叫字冠、入局被叫号码变换、入局路由分析等。

需要注意的是，数据配置过程中各命令之间的表间关系和路由数据的表间关系。

2. 与 PSTN 随路中继的网关业务配置

（1）与 PSTN 随路中继对接的路由数据规划

① 增加局向：涉及局向名称。

② 增加子路由：涉及子路由名称、局向名称等。

③ 增加路由：路由名称、子路由 1 等。

④ 增加呼叫源：呼叫源名称、路由选择源名称、失败源名称等。

⑤ 增加号码路由分析：路由选择名称、路由选择源名称、路由名称、信令优先级等。

需要注意的是，同一对接数据中相关参数的前后一致性。

（2）与 PSTN 随路中继对接的数据配置操作流程

UAC3000 与 PSTN 通过 M2UA 方式对接时，数据配置操作流程主要是 UAC3000 到 UMG8900 的随路信令数据、路由数据、中继群数据和中继电路等。

① 配置中继类型：将待用的 PCM 设定随路中继类型。

② 配置随路信令数据：包括增加 UAC3000 到 NGN/PSTN 的目的信令点等。

③ 配置路由数据：包括增加局向、子路由信息、路由信息、呼叫源和路由分析数据等。

④ 配置中继群数据和中继电路：增加 R2 中继群和 R2 中继电路。

⑤ 配置出局号码分析数据：呼叫字冠、号码路由分析等。

⑥ 配置入局号码分析数据：呼叫字冠、入局被叫号码变换、入局路由分析等。

需要注意的是，数据配置过程中各命令之间的表间关系和路由数据的表间关系。

复习思考题

7-1 华为 IMS 设备的硬件配置主要有哪几种机柜，一般应如何配置？

7-2 华为 IMS 设备的每个机柜共有几个单板插槽，一般应如何配置？

7-3 华为 IMS 设备的前插板和后插板分别有哪些？

7-4 华为 CSC3300 呼叫会话控制器主要集成了哪些实体功能？

7-5 UAC3000 接入网关控制设备主要提供了哪些用户接入？

7-6 可以采用哪些网元来实现 IMS 网络与其他网络互通，应用场合有何区别？

7-7 IMS 普通用户业务和连选业务配置的基本过程主要有哪些步骤？

7-8 UAC3000 与 PSTN 进行 ISUP/TUP 中继对接时，可以采用哪几种方式实现互通？

7-9 UAC3000 与 PSTN 对接的 ISUP/TUP 数据规划主要涉及哪些内容？

7-10 UAC3000 与 PSTN 对接的路由数据规划主要涉及哪些内容？

7-11 IMS 与 PSTN 七号中继对接的网关业务数据配置操作流程主要有哪些步骤？

7-12 IMS 与 PSTN 随路中继对接的网关业务数据配置操作流程主要有哪些步骤？

附　录　缩略语对照表

英文缩写	英文全称	中文含义
AAA	Authority Authentication and Accounting	认证、授权和计费
AAL	ATM Adaptation Layer	ATM 适配层
ACM	Address Complete Message	地址全消息
A-CPI	Application-Control Plane Interface	应用-控制平面接口
AF	Application Function	应用功能
AF-PHB	Assured Forwarding-PerHop Behavior	可靠转发 PHB
AG	Access Gateway	接入网关
AGCF	Access Gateway Control Function	接入网关控制功能
AH	Authentication Header	认证首部
AKA	Authentication and Key Agreement	密钥协定计划
AM	Admission Manager	接纳管理器
AMF	Access and Mobility Management Function	接入和移动管理功能
AMG	Access Media Gateway	接入媒体网关
ANC	Answer signal-Charge	应答信号，计费
ANM	Answer Message	应答消息
API	Application Program Interface	应用程序接口
ARP	Address Resolution Protocol	地址解析协议
ARPA	Advanced Research Projects Agency	高级研究计划局
ARS	Address Resolution Server	地址解析服务器
AS	Application Server	应用服务器
ASE	Application Service Element	应用业务单元
ASLC	Analog Subscriber Line Circuit	模拟用户电路
ATD	Asynchronous Time Division	异步时分
ATM	Asynchronous Transfer Mode	异步转移模式
ATIS	Alliance for Telecommunications Industry Solutions	世界通信产业解决方案联盟
AUC	AUthentication Center	认证中心
AUSF	Authentication Server Function	认证服务器功能
BA	Behavior Aggregate	聚集
BCP	Burst Control Packet	突发控制分组
BCSM	Base Call Status Module	基本呼叫状态模型

（续）

英文缩写	英文全称	中文含义
BDP	Burst Data Packet	突发数据分组
BE-PHB	Best Effort-PerHop Behavior	尽力而为 PHB
BGP	Boundary Gateway Protocol	边界网关协议
BGCF	Breakout Gateway Control Function	出局网关控制功能
BICC	Bearer Independent Call Control protocol	与承载无关的呼叫控制协议
B-ISDN	Broad band-ISDN	宽带综合业务数字网
BLCTL	Basic Level ConTroL program	基本级控制程序
BOM	Beginning Of Message	信息开始
BOSS	Business Operation Support System	业务操作支撑系统
BPPS	Bit Parallel Pachet Switch	并行比特分组交换
BRAS	Broadband Remote Access Server	宽带远程接入服务器
BSPS	Bit Sequence Pachet Switch	比特序列分组交换
BSS	Business Support System	业务支撑系统
CA	Call Agent	呼叫代理
CAS	Channel Associated Signaling	随路信令
CBK	Clear BacK signal	后向拆线信号
CBR	Constraint Based Routing	约束路由
CBR	Constant Bit Rate	恒定比特率
CCCH	Common Control CHannel	公共控制信道
CCF	Call Control Function	呼叫控制功能
CCH	Control CHannel	控制信道
CCITT	Consultative Committee of International Telegraph and Telephone	国际电报电话咨询委员会
CCS	Common Channel Signaling	公共信道信令
CDMA	Code Division Multiple Access	码分多址
CE	Customer Equipment	用户设备
CEF	Customer Equipment Forwarding	用户设备转发
CHF	Charging Function	计费功能
CID	Channel Indication	信道标识符
CID	Caller Identification Display	主叫号码显示（也称来电显示）
CIPOA	Classical IP Over ATM	ATM 上的传统 IP
CIR	Committed Information Rate	承诺的信息速率
CLF	CLear Forward signal	前向拆线信号
CLP	Cell Loss Priority	信元丢失优先级
CM	Control Memory	控制存储器
CM	Connection Management	连接管理
CM	Connection Manager	连接管理器
COM	Continuation Of Message	信息连续
COPS	Common Open Policy Service	公共开放策略服务
CoS	Class of Service	服务类型
CP	Control Plane	控制平面

（续）

英文缩写	英文全称	中文含义
CP	Content Provider	内容提供商
CPCS	Common Part Convergence Sublayer	公共部分汇聚子层
CPE	Customer Premise Equipment	用户边缘设备
CPI	Common Part Indicator	公共部分指示符
CPS	Common Part Sublayer	公共部分子层
CPU	Central Processing Unit	中央处理机单元
CR	Cell Relay	信元中继
CRC	Cyclic Redundancy Check	循环冗余校验
CR-LDP	Constrained Label Distribution Protocol	约束的标记分发协议
CS	Circuit Switching	电路交换
CS	Convergence Sublayer	汇聚子层
CS	Call Server	呼叫服务器
CSCF	Call Session Control Function	呼叫会话控制功能
CSI	Convergence Sublayer Identifier	汇聚子层指示符
CSPF	Constrained Shortest Path First	约束最短路径优先
CS-PHB	Class Selector-PerHop Behavior	类别选择 PHB
CU	Centralized Unit	集中式单元（中央单元）
CUPS	Control and User Plane Split	控制面和用户面分离
DCCH	Dedicated Control Channel	专用控制信道
D-CPI	Data-Control Plane Interface	数据-控制平面接口
DG	Datagram	数据报
DHCP	Dynamic Host Configuration Protocol	动态主机配置协议
DP	Data Plane	数据（转发）平面
DLC	Digital Line Circuit	数字用户电路
DLCI	Data Link Connection Identifier	数据链路连接标识符
DNS	Domain name system	域名系统
DoS	Depth of Search	深度搜索
DS	Directory Server	目录服务器
DSCP	Different Service Code Point	差分服务代码点
DSL	Digital Subscriber Loop	数字用户环路
DSLAM	Digital Subscriber Loop Access Multiplexer	数字用户环路接入复用器
DSN	Digital Switch Network	数字交换网络
DTMF	Dual Tone Multi-Frequency	双音多频
DU	Distributed Unit	分布式单元
DUP	Data User Part	数据用户部分
EF-PHB	Expedited Forwarding-PerHop Behavior	加速转发 PHB
EGP	External Gateway Protocol	外部网关协议
EIR	Equipment Identity Register	设备识别寄存器
EMS	Element Management System	网元管理系统
EOM	End Of Message	信息结束

（续）

英文缩写	英文全称	中文含义
EP	End Point	边缘端点
EPC	Evolved Packet Core	演进的分组核心网
EPS	Evolved Packet System	演进分组系统
E-RSVP	Extended Resource 213eservation Protocol	扩展的资源预留协议
ESP	Effective Safety Package	有效负载安全封装
FACCH	Fast Associated Control Channel	快速随路控制信道
FBC	Flow Based Charging	基于流的计费
FCCH	Frequency Corrected Channel	频率校正信道
FCS	Fast Circuit Switching	快速电路交换
FDDI	Fiber Distributed Data Interface	光纤分布数据接口
FDMA	Frequency Division Multiple Access	频分多址
FEC	Forwarding Equivalence Class	转发等价类
FEP	Front End Processor	前端处理器
FIFO	First In First Out	先进先出
FMC	Fixed-Mobile Convergence	固定网与移动网融合
FPS	Fast Packet Switching	快速分组交换
FR	Frame Relay	帧中继
FS	Feature Server	特征服务器
FS	Frame Switching	帧交换
FTP	File Transmission Protocol	文件传输协议
GCRA	Generic Cell Rate Algorithm	一般信元速率算法
GFC	Generic Flow Control	一般流量控制
GGSN	Gateway GPRS Supporting Node	GPRS 网关支持节点
GMSC	Gateway Mobile Switching Center	网关移动交换中心
GRE	Generic Route Encapsulation	通用路由封装
GSM	Global System for Mobile communication	移动通信全球系统
GSMP	General Switch management Protocol	通用交换机管理协议
GSTN	Global Switched Telephone Network	全球交换电话网络
HDTV	High Definition Television	高清晰度电视
HEC	Header Error Control	信头差错控制
HN	Home Network	归属网络
IAD	Integrated Access Device	综合接入设备
IAI	Initial Address message with additional Information	带附加信息初始地址消息
IAM	Initial Address Message	初始地址消息
ICCC	International Computer communication Conference	计算机通信国际会议
I-CSCF	Interrogation-CSCF	问询 CSCF
ICT	Information communication Technology	信息通信技术
IDN	Integrated Digital Network	综合数字网
IETF	Internet Engineering Task Force	互联网工程任务组
IFMP	Ipsilon Flow Management Protocol	Ipsilon 流管理协议

（续）

英文缩写	英文全称	中文含义
IGP	Internal Gateway Protocol	内部网关协议
IIF	Input Indication Field	输入端口指示
IKE	Internet secret-Key Exchange	Internet 密钥交换
IM	IP Multimedia	IP 多媒体
IM	Instant Message	即时消息
IMPI	IP Multimedia Private Identity	IP 多媒体私有标识
IMPU	IP Multimedia Public Unit	IP 多媒体公有单元（标识）
IMS	IP Multimedia Subsystem	IP 多媒体子系统
IM-MGW	IP Multimedia-Media GateWay	IP 多媒体-媒体网关
IN	Intelligent Network	智能网
INAP	Intelligent Network Application Part	智能网应用部分
IP	Internet Protocol	网际互连协议
IPDC	Internet Protocol Device Control	IP 设备控制
IPOA	IP Over ATM	ATM 上的 IP
IP-PBX	IP Private Branch eXchange	用户级交换机
ISC	International Softswitch Consortium	国际软交换联盟（协会）
ISC	International Switch Center	国际交换中心
ISDN	Integrated Service Digital Network	综合业务数字网
ISAKMP	Internet Safety Alliance and secret-Key Management Protocol	安全联盟和密钥管理协议
IS-IS	Intermediate System-Intermediate System protocol	中间系统-中间系统协议
ISP	Internet Service Provider	网络业务提供商
ISUP	ISDN User Part	ISDN 用户部分
ITU	International Telecommunications Union	国际电信联盟
ITU-T	International Telecommunications Union-Telecommunications Standardization Section	国际电信联盟电信标准部
IVC	Integrity Value Checked	完整性校验值
LAI	Location Area Identification	位置区标识码
LAN	Local Area Network	局域网
LANE	Local Area Network Emulation	局域网仿真
LAPD	Link Access Protocol of D-channel	D 通道链路接入协议
LC	Logical Connection	逻辑连接
LC	Subscriber Line Concentrator	用户集线器
LCN	Logical Channel Number	逻辑信道号
LDAP	Link Data Application Protocol	链路数据应用规程
LDP	Label Distribution Protocol	标记分发协议
LER	Label Edge Switch Router	标记边缘交换路由器
LFIB	Label Forwarding Information Base	标记转发信息库
LI	Length Indicator	长度指示
LIB	Label Information Base	标记信息库
LIS	Logical IP Subnetwork	逻辑 IP 子网

（续）

英文缩写	英文全称	中文含义
LLC	Logical Link Control	逻辑链路控制层
LLCTL	Low Level ConTroL program	L级控制程序
LM	Layer Management	层管理实体
LSA	Link Status Announce	链路状态公布
LSP	Label Switching Path	标记交换路径
LSR	Label Switch Router	标记交换路由器
LTE	Long Term Evolution	长期演进计划
L2F	Layer 2 Forwarding	第二层转发
L2TP	Layer 2 Tunnel Protocol	第二层隧道协议
MAA	Multimedia Authorization Answer	媒体鉴权应答
MAM	Maximum Allocation Multiplier	最大分配因子
MANO	Management and Orchestration	管理与编排
MAP	Mobile Application Part	移动应用部分
MAR	Multimedia Authorization Request	媒体鉴权请求
MARS	Multicast Address Resolution Server	组播地址解析服务器
MBMS	Multimedia Broadcast Multicast Service	多媒体广播组播业务
MC	Multipoint Controller	多点控制器
MCR	Minimum Cell Rate	最小信元速率
MCS	Multicast Server	组播服务器
MCU	Multipoint Controll Unit	多点控制单元
MEGACO	Media Gateway Controll Protocol	媒体网关控制协议
MEM	Micro-Electro-Mechanical	微机电
MF	Multi-Field	多字段
MFC	Multi-Frequency Controlled	多频互控
MG	Media Gateway	媒体网关
MGW	Media GateWay	媒体网关
MGC	Media Gateway Controller	媒体网关控制器
MGCF	Media Gateway Control Function	媒体网关控制功能
MGCP	Media Gateway Control Protocol	媒体网关控制协议
MIB	Management Information Base	管理信息库
MID	Multiplexing Identification	多路复用识别
MMD	Multimedia Domain	多媒体域
MMSC	Multimedia Messaging Service Center	多媒体消息服务中心
Mmtel	Multimedia Telephony	多媒体电话
MONET	Multidimensional Optical Network	多维光网络
MPEG	Motion Picture Experts Group	活动图像专家组
MPF	Media Processing Frame	媒体处理功能单板
MPLS	Multi-Protocol Label Switching	多协议标记交换
MPOA	Multiple Protocol Over ATM	ATM上的多协议
MRCS	Multi-Rate Circuit Switching	多速率电路交换

（续）

英文缩写	英文全称	中文含义
MRFC	Media Resource Function Controller	多媒体资源功能控制器
MRFP	Media Resource Function Processor	多媒体资源功能处理器
MRS	Management Route Service	管理路由服务
MRS	Media Resource Server	媒体资源服务器
MSB	the Most Significant Bit	最高有效位
MSF	MultiService Forum	多业务论坛
MTP	Message Transfer Part	消息传递部分
MTU	Maximum Transmission Unit	最大传输单元
NAS	Network Access Server	网络接入服务器
NAS	Non-Access Stratum	非接入层协议
NASS	Network Access Subsystem	网络接入子系统
NAT	Network Address Translation	网络地址翻译
NBI	North Bound Interface	北向接口
NCP	Network Control Protocol	网络控制协议
NEF	Network Exposure Function	网络开放功能
NF	Network Function	网络功能
NFV	Network Function Virtualization	网络功能虚拟化
NFVI	Network Function Virtualization Infrastruction	网络功能虚拟化设施
NFVO	NFV Orchestrator	NFV 编排者
NGN	Next Generation Network	下一代网络
NG-RAN	Next Generation Radio Access Network	下一代无线接入网
NHRP	Next Hop address Resolution Protocol	下一跳地址解析协议
NLPID	Network Layer Protocol Identifier	网络层协议 ID
NLRI	Network Layer Reachability Information	网络层可达信息
NNI	Network Node Interface	网络节点接口
NPL	National Physical Laboratory	国家物理实验室
NRF	NF Repository Function	网络存储功能
NSA	Non-StandAlone	非独立组网
NSP	Network Service Provider	网络服务提供商
NSSF	Network Slice Selection Function	网络切片选择功能
NWDAF	NetWork Analytics Function	网络数据分析功能
OAM	Operation Aministration and Maintenance	操作管理与维护
OCS	Online Charging System	在线计费系统
OIF	Output Indication Field	输出端口指示
OMAP	Operations & Maintenance Application Part	操作维护应用部分
OMC	Operations & Management Center	操作管理中心
OML	Operations and Management Link	操作和管理链路
OSA	Open Services Architecture	开放服务体系
OSF	Offset Field	偏移量
OSI	Open System Interconnection	开放系统互连

（续）

英文缩写	英文全称	中文含义
OSI/RM	Open System Interconnection Reference Model	开放系统互连参考模型
OSPF	Open Shortest Path First	开放式最短路径优先
OSS/BSS	Operation and Business Support System	运维和商业支持系统
OUI	Organizationally Unique Identifier	组织唯一性指示符
PBX	Private Branch Exchange	专用小交换机
PCC	Policy and Charging Control	策略与计费控制
PCF	Policy Control Function	策略控制功能
PCH	Paging Channel	寻呼信道
PCI	Protocol Control Information	协议控制信息
PCM	Pulse Code Modulation	脉冲编码调制
P-CSCF	Proxy CSCF	代理 CSCF
PDCP	Packet Data Convergence Protocol	分组数据汇聚协议
PDF	Policy Decision Fuction	策略决定功能
PDH	Plesiochronous Digital Hierarchy	准同步数字系列
PDU	Protocol Data Unit	协议数据单元
PE	Premise Equipment (router)	边缘设备（路由器）
PHB	PerHop Behavior	每跳转发行为
PLMN	Public Land Mobile Network	公共陆地移动网
PM	Physical Medium	物理媒质
PMD	Physical Medium Dependent sublayer	物理媒质关联子层
PNNI	Private Network Node Interface	专用网络节点接口
POTS	Plain Old Telephone Service	普通电话业务
PPP	Point to Point Protocol	点对点协议
PPTP	Point to Point Tunnel Protocol	点对点隧道协议
PS	Packet Switching	分组交换
PS	Policy Server	策略服务器
PS	Praised Service	奖赏服务
PSPDN	Packet Switched Public Data Network	分组交换公用数据网
PSTN	Public Switched Telephone Network	公用（共）电话交换网
PT	Payload Type	有效载荷类型
PTI	Payload Type Identifier	有效载荷类型标识符
PVC	Permanent Virtual Circuit/Connection	永久虚电路/连接
PVP	Permanent Virtual Path	永久虚通路（路径）
QoS	Quality of Service	服务质量
RACH	Random Access Channel	随机接入信道
RAM	Random Access Memory	随机存取存储器
RAN	Radio Access Network	无线接入网
RAS	Registration, Admission and Status	注册、准许和状态
RCS	Rich communication suite	融合通信
RD	Route Discriminator	路由识别器

（续）

英文缩写	英文全称	中文含义
RFC	Request For Comment	请求评论（IETF 文件类型）
RIP	Router Information Protocol	路由信息协议
RLG	ReLease Guard signal	释放监护信号
RN	Root Node	根节点
ROM	Read Only Memory	只读存储器
RSVP	Resource Reservation Protocol	资源预留协议
RTCP	RTP Controll Protocol	RTP 控制协议
RTP	Realtime Transport Protocol	实时传输协议
SA	Safety Alliance	安全联盟
SA	Stand Alone	独立组网
SAA	Server Assignment Answer	服务分配应答
SAP	Service Access Point	业务接入点
SAPI	Service Access Point Identification	业务接入点标识
SAR	Segmentation And Reassembly	分段和重装
SAR	Server Assignment Request	服务分配请求
SBI	South Bound Interface	南向接口
SBBC	Service Based Bearer Control	基于业务的承载控制
SCCP	Signaling Connection and Control Part	信令链路连接控制部分
SCH	Synchronous Channel	同步信道
SCP	Service Control Point	业务控制点
SCR	Sustained Cell Rate	确保信元速率
S-CSCF	Serving-CSCF	服务 CSCF
SCTP	Signaling Control Transmission Protocol	信令控制传输协议
SDCCH	Stand-alone Dedicated Control Channel	独立专用控制信道
SDH	Synchronous Digital Hierarchy	同步数字体系
SDN	Software Defined Network	软件定义网络
SDP	Session Description Protocol	会话描述协议
SDU	Service Data Unit	业务数据单元
SEG	Security Gateway	安全网关
SEPP	Security Edge Protection Proxy	安全边缘保护代理
SG	Signaling Gateway	信令网关
SGW	Signaling GateWay	信令网关
SGCP	Simple Gateway Control Protocol	简单网关控制协议
SGSN	Service GPRS Supporting Node	GPRS 业务支持节点
SIP	Session Initiation Protocol	会话发起协议
SLA	Service Level Agreement	服务等级协定
SLC	Subscriber Line Circuit	用户电路
SLF	Subscription Locator Function	订购关系定位功能
SM	Speech Memory	话音存储器
SMF	Session Management Function	会话管理功能

（续）

英文缩写	英文全称	中文含义
SMTP	Simple Mail Transmission Protocol	简单邮件传输协议
SN	Sequence Number	序号
SNAP	SubNetwork Access Point	子网访问点
SNAP	SubNetwork Access Protocol	子网络访问协议
SNMP	Simple Network Management Protocol	简单网络管理协议
SONET	Synchronous Optical Networking	同步光网络
SPC	Stored Program Control	存储程序控制
SSCS	Service-Specific Convergence Sublayer	业务特定汇聚子层
SS7	Signaling System 7	7 号信令系统
SSM	Single Segment Message	单段信息
SSP	Service Switching Point	业务交换点
ST	Segment Type	信息段类型
STD	Synchronous Time Division	同步时分
STF	Start Field	开始码
SVC	Switched Virtual Circuit/Connection	交换虚电路/连接
TC	Transmission Convergence	传输汇聚
TCA	Traffic Conditioning Agreement	流量调节协定
TCAP	Transaction Capability Application Part	事务处理能力应用部分
TCH	Traffic Channel	业务信道
TCP/IP	Transmission Control Protocol/Internet Protocol	传输控制协议/网际互连协议
TDM	Time Division Multiplexing	时分复用
TDMA	Time Division Multiple Access	时分多址
TDP	Tag Distribution Protocol	标记分发协议
TE	Traffic Engineering	流量工程
TED	Traffic Engineering Database	流量工程数据库
TFIB	Tag Forwarding Information Base	标记转发信息库
TG	Trunking Gateway	中继网关
TIB	Tag Information Base	标记信息库
TISPAN	Telecommunications and Internet converged Services and Protocols for Advanced Network	电信和互联网融合业务及高级网络协议
THIG	Topology Hiding Internet Gateway	网络拓扑隐藏互联网关
TLS	Transport Layer Security (protocol)	安全传输层（协议）
TLV	Type-Length-Value	类型-长度-值
TMG	Trunking Media Gateway	中继媒体网关
TOS	Type of Service	服务类型
TS	Time Slot	时隙
TSI	Time Slot Interval	时隙间隔（也称时隙交换器）
TTL	Time to Live	存活时间域
TUP	Telephone User Part	电话用户部分
UA	User Agent	用户代理

（续）

英文缩写	英文全称	中文含义
UAA	User Authorization Answer	用户鉴权应答
UAC	User Agent Client	用户代理客户
UAR	User Authorization Request	用户鉴权请求
UAS	User Agent Server	用户代理服务器
UBR	Unspecified Bit Rate	未指定的比特率
UDM	Unified Data Management	统一数据管理
UDP	User Datagram Protocol	用户数据报协议
UDR	Unified Data Repository	统一数据存储
UDSF	Unstructured Data Storage Function	非结构化数据存储功能
UE	User Equipment	用户终端
UMTS	Universal Mobile Telecommunication System	通用移动通信系统
UNI	User Network Interface	用户网络接口
UPF	User Plane Function	用户平面功能
URL	Uniform Resource Location	统一资源定位符
UUI	User-User Indication	用户间指示
VBR	Variable Bit Rate	可变比特率
VC	Virtual Channel	虚信道
VC	Virtual Circuit	虚电路
VCC	Voice Call Continuty	语音呼叫切换（连续性）
VCC	Virtual Channel Connection	虚信道连接
VCI	Virtual Channel Identifier	虚信道标识符
VIM	Virtualised Infrastructure Manager	虚拟化基础设施管理者
VNFM	VNF Manager	VNF 管理者
VLR	Visitor Location Register	访问位置寄存器
VN	Virtual Network	虚拟网络
VN	Visited Network	拜访网络
VNF	Virtualized Network Function	虚拟网络功能
VOBB	Voice over Broad Band	宽带电话
VOD	Video On Demand	视频点播
VoIP	Voice over IP	IP 语音
VP	Virtual Path	虚通路
VPC	Virtual Path Connection	虚通路连接
VPI	Virtual Path Identifier	虚通路标识符
VPDN	Virtual Private Dial Network	拨号虚拟专用网络
VPN	Virtual Private Network	虚拟专用网络
VRF	VPN Route/Forwarding	VPN 路由/转发表
vSR	virtual Service Router	虚拟化业务路由器
WAN	Wide Area Network	广域网
WDM	Wavelength Division Multiplexing	波分复用
WFQ	Weighted Fair Queuing	加权公平排队

参考文献

[1] 马忠贵，李新宇，王丽娜，等. 现代交换原理与技术［M］. 北京：机械工业出版社，2019.
[2] 罗国明，陈庆华，邹仕祥，等. 现代交换原理与技术［M］. 4 版. 北京：电子工业出版社，2021.
[3] 张中荃. 现代交换技术［M］. 3 版. 北京：人民邮电出版社，2019.
[4] 张中荃. 交换技术与设备应用［M］. 北京：人民邮电出版社，2010.
[5] 陈庆华. 现代交换技术［M］. 北京：机械工业出版社，2020.
[6] 王丽君，陈积常. 现代交换技术［M］. 武汉：华中科技大学出版社，2018.
[7] 王珺，江凌云. 交换技术与通信网［M］. 北京：清华大学出版社，2019.
[8] 杨放春，孙其博. 软交换与 IMS 技术［M］. 北京：北京邮电大学出版社，2007.
[9] POIKSELLKA M，MAYER G. IMS：IP 多媒体子系统概念与服务：原书第 3 版［M］. 望育梅，周胜，译. 北京：机械工业出版社，2011.
[10] 强磊，饶少阳，陈卉，等. IMS 核心原理与应用［M］. 北京：人民邮电出版社，2008.
[11] 中兴通讯股份有限公司软件开发部. ZXJ10 程控数字电话交换机技术手册［Z］. 2009.
[12] 中兴通讯股份有限公司软件开发部. ZXJ10 程控数字电话交换机数字中继、用户和用户群配置手册［Z］. 2009.
[13] 中兴通讯股份有限公司软件开发部. ZXJ10 程控数字电话交换机界面手册数据配置与管理分册：上、下册［Z］. 2009.
[14] 华为技术有限公司软件开发部. IMS 产品文档（产品版本 V200R011C10）［Z］. 2015.
[15] 华为技术有限公司软件开发部. Convergent Confenrence Solution（产品版本 V200R003C10）［Z］. 2015.
[16] 张锦超. IP 多媒体子系统（IMS）体系结构与实验网组建［D］. 广州：华南理工大学，2010.
[17] 解炜. IMS 系统网络架构和流程优化研究［D］. 秦皇岛：燕山大学，2016.